대한민국
미식보감 味食寶鑑
KOREAT

대한민국
미식보감 味食寶鑑

초판 1쇄 인쇄 | 2017년 12월 15일
초판 1쇄 발행 | 2017년 12월 22일

지은이 | 김영상 외 7인
펴낸이 | 박영욱
펴낸곳 | (주)북오션
기 획 | 퍼블리시스원

편 집 | 허현자 · 김상진
마케팅 | 최석진
디자인 | 서정희 · 민영선

주 소 | 서울시 마포구 월드컵로 14길 62
이메일 | bookrose@naver.com
네이버포스트 : m.post.naver.com ('북오션' 검색)
전 화 | 편집문의: 02-325-9172   영업문의: 02-322-6709
팩 스 | 02-3143-3964

출판신고번호 | 제313-2007-000197호

ISBN 978-89-6799-342-9 (03980)

이 도서의 국립중앙도서관 출판예정도서목록(CIP)은 서지정보유통지원시스템
홈페이지(http://seoji.nl.go.kr)와 국가자료공동목록시스템
(http://www.nl.go.kr/kolisnet)에서 이용하실 수 있습니다.
(CIP제어번호: CIP2017029319)

대한민국 미식보감

味食寶鑑
KOREAT

김영상 외 7인 지음 | 퍼블리시스원 기획

한국판 미쉐린가이드 *Koreat*

북오션

미식의 의미에
대하여

_ 문정훈 서울대학교 농경제사회학부 교수(푸드비즈니스랩 소장)

미식은 맛있는 것을 추구하는 것이 아니다. 미식은 까다로움에 관한 것이다. 맛있는 것만을 추구하는 것을 우리는 '탐식'이라고 해야 한다. 그것은 마치 사람을 바라볼 때 외모만으로 섣부른 판단을 내리는 것과 같다. 외모는 한 꺼풀의 아름다움일 뿐이고, 음식에서 맛은 혀 위의 쾌락일 뿐이다.

미식을 하기 위해선 먼저 음식에 대한 관심과 지식이 필요하다. 지식의 획득을 위해선 '학습'이라는 노력이 요구된다. 조리법에 대해 알아야 하고, 식재료에 대해서도 이해해야 한다. 지리적 특성과 기후도 파악해야 하고, 문화와 역사에 대해서도 공부해야 한다. '문송(문과라 죄송)'한 분들에겐 죄송한 말씀이지만, 영양학·농학·토양학·작물학·생화학·식품공학에 대해서도 어느 정도 식견이 필요하다.

이 정도의 노력 없이 미식가가 되겠다는 것은 실은 미식가가 되는 게 아니라 탐식가가 되겠다는 것일지도 모른다. 자, 그러면 이런 지식만 습득하면 미식가가 되는 것일까?

이런 학습을 통해 얻은 음식에 대한 지식이 풍부한 사람을 우리는 음식전문가 또는 식품전문가라고 한다. 하지만 그를 미식가라 부르지는 않는다. 미식가는 여기에 두 가지의 덕목이 더 요구된다.

첫 번째는 무엇보다도 내가 뭘 원하는지, 내 취향이 무엇인지를 알아야 한다는 점이다. 전문가와 미식가의 출발은 비슷한 수준의 풍부하고 정교한 지식이지만, 취향에 대한 이해를 하고 있느냐 아니냐에 따라 전문가와 미식가로 달라진다. 기네스 오리지널과 기네스 드래프트가 무엇이 다른지에 대한 지식을 아는 사람은 전문가가 될 순 있겠지만, 이에 대한 자신의 취향이 없으면 미식가가 될 수는 없다. 전문가는 지식을 전파하지만 미식가는 문화를 만들어낸다. 문화는 취향에서 출발한다.

미식가가 전문가와 다른 두 번째 덕목은 '요구하는(demanding)' 태도다. 미식가는 지식을 전파하는 것이 아니라 셰프에게 요구해야 하고, 농부에게 요구해야 하고, 서비스 인력에게 요구해야 한다. 감자탕에 점질 감자 품종을 쓰는 식당이 있다면 셰프에게 분질 감자를 쓸 것을 제안하거나, 이를 쓰는 식당을 찾아내고 주위 사람들과 이야기를 나눠야 한다. 식당에서 밥을 먹고 나올 때 "이곳에선 어떤 품종의 쌀을 쓰나요?"라는 질문을 공손하게, 그러나 진지하게 던질 수 있는 사람이 미식가가 될 수 있다. 감자튀김을 먹는데 지겨운 케첩만 나온다면 내 취향에 맞는 마요네즈를 갖다줄 수 있겠냐고 요구하는 것. 이것이 미식가가 되기 위한 시작일 수도 있다.

이렇게 가치사슬의 반대쪽 끝단에서 요구해야 산업이 바뀐다. 까다로운 미식가가 많을수록 외식업이 바뀌고, 식품 도소매 유통업이 바뀌고, 농업이 바뀐다. 남이 주는 대로 먹는 행동을 버리고 각자가 내 취향을 말하기 시작할 때 식문화가 발전한다. 이런 시대가 열릴 때 소비자가 행복해진다. 먹거리 관련 산업 경쟁력이 강화되고 외식업자와 농민도 행복한 세상을 맞이한다.

미식 문화가 발전한 나라는 대체로 식품안전도 훌륭하다. 농업 역시 발전한다. '닭이냐 달걀이냐' 같은 문제이지만, 현대사회에서는 소비자가 생산자를 바꾼다. 우리는 더 까다로워져야 한다.

'코릿(KOREAT)'은 2017년으로 세 번째 해를 맞았다. 100인이 각자의 까다로움으로 외식업계를 요모조모 뜯어보고 뒤집고 까본 과정과 결과를 이 책에 고스란히 담았다. 우리 100인은 이 책이 단순한 맛집 가이드에 그치지 않기를 바란다. 독자의 까다로운 취향을 만들어가는 데 코릿이 친절하지만 강력한 방아쇠가 되기를 희망한다. 그리하여 소셜네트워크서비스(SNS)를 가득 채우고 있는 '왔노라, 먹었노라, 찍었노라'는 클리셰 페스티벌에 종지부를 찍게 되길 바란다. 우린 더 까다로워져야만 할 가치가 있다.

셰프의 철학과 스토리,
진정한 맛의 가치

_ 조유미('퍼블리시스원' 대표)

밀라노 출장길에 실제로 생긴 일이다.

자그마한 식당에서 코스를 주문했는데, 내 기억으론 생전 들어본 적이 없는 생소한 것이 나왔다. 그러더니 샐러드, 파스타가 테이블에 놓이고, 생선류가 나오더니 마지막으로 스테이크가 올라왔다.

정말 맛있었다. 먹다 보니 배가 불러, 생선부터 음식을 많이 남겼다. 결국 스테이크는 거의 손도 대지 못했다.

그런데 갑자기 주방에서 셰프가 나왔다. 매우 성난 얼굴이었다. "당신 무슨 문제 있습니까?", "맛이 없습니까?"라며 화를 벌컥 냈다.

나는 변명으로 "맛있는데 배가 너무 불러요"라고 했다. 그랬더니 천천히 다 먹을 수 있을 때까지 기다리고, 음식점 문도 늦게 닫겠다는 것이다. 게다가 와인도 서비스로 주겠다고 했다.

옛날 생각이 났다. 어렸을 때 어머니가 만들어주신 음식은 먹을 만큼 담아 정말 맛있게 다 먹어야 했다. 남긴 음식이 아까워서라기보다, 그 음식을 만들기 위해 당신이 얼마나 힘들게 준비했는지, 그 시간과 정성을 알기에 그랬던 것이다.

밀라노의 그 셰프도 어머니처럼 예술가의 마음으로 음식을 만들었으니, 그렇게 당당히 음식을 남기지 말고 먹으라고 요구했을 것이다.

코릿에서 만난 셰프님들의 음식은 정말 예술이었다. 구슬땀을 흘리며 장인정신으로 만든 음식을 푸드트럭에서 파는 것, 그 자체는 중요한 게 아니었다. 당신들의 소중한 그 음식의 가치를 알아주는 사람들이 행복하게 먹어주니 그저 감사할 따름이다. 내로라하는 셰프들도 훌륭한 주방 대신 덥고 좁은 푸드트럭 안에서 하루 종일 요리하는 것을 마다하지 않았다. 먹는 사람의 행복한 미소에 피곤한 줄 몰라 했다.

먹는 사람의 감동도 중요하지만, 만드는 사람의 철학과 그 스토리도 매우 가치 있다고 생각하기에 우리는 코릿을 책에 담았다.

한 장 한 장을 넘길 때 환상적인 음식을 맛보듯, 많은 분들이 '코릿' 속에 담긴 많은 셰프들의 맛있는 이야기를 맛보시기를 바란다.

맛집 존재 이유는 스토리다

_ 권용국(《헤럴드경제》 논설실장)

맛집 방송을 볼 때 항상 느끼는 것 중 하나는 시식자들의 표현이 대개 비슷하다는 점이다. "입에서 살살 녹아요. 담백해요. 보약 먹는 것 같아요."

그중 단연 최고는 "어릴 적 엄마가 만들어준 그 맛이에요"다. 헌데 그 음식은 반죽도, 육수도 온갖 최고급 재료를 고차원적으로 배합하고 숙성시켜 만든다. 비법 레시피가 있는 음식이다.

어릴 적 어머니가 그렇게 만들어주셨을 리 없다. 비법 맛집의 자녀들만 인터뷰하는 것도 아닐 테고. 당연히 엄마의 맛이란 그 당시처럼 맛있게 먹었다는 극찬의 의미다. 마치 시간을 되돌려주는 것처럼.

반대로 어떤 음식점에 가도 그때 그 맛이 아닌 게 있다. 어머니는 50년 전 어느 무더운 날, 친정집에 다녀오다 읍내에서 먹은 평양냉면을 다시는 드실 수 없다. 아버지도 한국전쟁 당시 시골집에 들어가 훔쳐 먹은 보리밥과 고추잎나물을 다시는 맛볼 수 없다. 그때 그 상황을 만들 수 없기 때문이다. 이럴 땐 그저 추억하는 것이 방법이다.

그래서 음식은 타임머신이다. 이 정도 알고 나면 아마추어 미식가 축에 들어갈 자격은 갖췄다.

하지만 적어도 한국사회에서 지인들 간에 미식가라고 불리는 건 아주 곤란한 질문에 자주 맞닥뜨릴 각오를 해야 한다. 맛도 좋고 모임에도 어울리는 음식점 몇 개쯤은 줄줄이 내놓을 줄 알아야 하기 때문이다. 대개 미식가들은 모임이나 약속 때면 밑도 끝도 없는 질문을 받기 일쑤다. "어디 뭐 맛있는 거 없어?" 세상에 이런 황당한 질문이 있나 싶다. 그건 "내가 먹고 싶은 음식을, 그것도 맛있게 잘하는 집을 추천해보라"는 얘기다. 맛집 정보에 예지력까지 겸비해야 하는 일이다.

질문이라면 응당 "해산물 좋은데"이거나 "맛난 중국음식", 그게 아니라면 적어도 "계절음식 좀 먹을 만한 곳" 정도로 범위를 좁혀줘야 한다. 그렇다 해도 다들 만족하는 곳을 추천하긴 쉽지 않다. 당연한 일 아닌가. 음식도 취향이 다르고 분위기도 제각각인데. 심지어 수저를 들 때 얼마나 허기졌느냐까지, 여기에 요즘 가장 핫한 기준인 가성비까지 고려해야 한다. 타임머신론이나 추억팔이로는 언감생심이다.

하지만 길이 영 없는 건 아니다. 그 집의 스토리다. 주방장의 정열과 고집을 엮어 풀어놓으면 음식을 대하는 자세가 달라진다. 그런 점에서 《대한민국 미식보감 코릿》은 음식을 좋아하는 사람들에게 도움이 되기에 충분한 책이다.

이 책을 기획한 김영상은 '엄마의 맛'에 흠뻑 빠진 인물이었다. 그런 그가 셰프들의 정열과 스토리, 맛과 힐링까지 탐험하는 팀을 진두지휘했다. 이보다 믿을 만한 음식 스토리는 없다.

음식은
스토리다

10년 가까이 된 얘기다. 대통령 순방 때 청와대 출입기자로 인도에 출장을 갔다. 호텔은 좋았지만, 음식이 문제였다. 카레(curry)가 입맛에 영 맞질 않았다. 인도 특유의 향신료 냄새도 고역이었다. 사흘간 계란프라이로 버텼다. 허기지면 배가 고통스럽다는 것을 새삼 깨달을 정도였다. 다음 여정은 캄보디아였다. 씨엠립공항에서 내려 앙코르와트를 방문하는 일정이었다. 앙코르와트에 도착하기 앞서 어느 호텔에서 점심을 먹게 됐다. 큰 기대를 안 했다. 뷔페식을 고르던 중 우연히 베트남 쌀국수가 눈에 띄었다. 한 그릇을 먹었다. 아, 정말 맛있었다. 국물도 끝내줬지만, 고추(베트남 작은고추)와 어우러져 얼큰한 쌀국수의 맛이 황홀했다. 연거푸 세 그릇을 먹었다. 아니, 먹었다기보다는 집어 삼켰다는 표현이 어울릴 것이다. 너무 배가 고팠기에 체면 불구하고 '폭풍 흡입'했다. 세 그릇째를 비우자 포만감이 들면서 그제야 살 만했고, 며칠간의 이어진 출장도 소화할 수 있었다.

낯선 나라에서 나를 배고픔에서 건져준 그것이 베트남 대표음식인 분짜(Bun Cha)였다는 것은 나중에 알았다. 분짜는 서민적인 음식이고, 베트남 노점상이나 간이식당에서 주로 볼 수 있다는 것도 훗날 알게 됐다. 아무튼 새콤달콤하게 맛을 낸 국물에 그린파파야와 매운 고추를 넣고 쌀국수를 적셔 입으로 훅 빨아들일 때의 느낌, 낯선 땅에서 만난 그 느낌은 이후 내 친구가 됐다. 가끔 입맛이 없을 때면 베트남 쌀국수집을 가곤 한다. 쌀국수를 젓가락으로 걷어올리며 10여 년 전의 인도, 캄보디아 그리고 내 젊은 날을 반추한다. 음식이 '스토리'임을 베트남 쌀국수를 통해 새삼 배웠다.

그렇다. 음식은 사연이자 추억이며, 인연이자 헤어짐이다.

"마셔. 장손은 마셔도 되는겨. 할미 앞에선 술도 괜찮은겨."

외할머니는 그렇게 말씀하시며 막걸리를 권했다. 40여 년 전, 내가 중학생 때의 일이다. 리(里)로 들어가는 일은 언제나 쉽지 않았다. 읍내에서 마을로 가는 버스는 하루에 두 번만 다녔다. 버스를 기다리는 것은 일종의 '인내'였다. 정류장에서 두세 시간을 기다리기 일쑤였다. 읍내에서 다소 벗어난 곳엔 외할머니 친구 분이 사셨다. 버스정류장에서 기다리다 지치면 외할머니는 내 손을 잡고 친구 분의 집으로 향했다. 늘 얼굴을 보는 두 분이지만, 만날 때마다 10년 만에 만난 사람처럼 반가워했다. 외할머니 친구 분은 늘 부뚜막으로 안내했다. 그러곤 솥에서 콩나물국을 한 가득 퍼 그릇에 담아 내밀었다. 막걸리 주전자와 함께…. 시렁에서 꺼낸 사발에 담은 막걸리 한 잔을 놓고 두 분은 버스가 올 시간까지 쉴 새 없이 소곤거렸다. 손자한테 막걸리 한 모금 주면서….

어린 나는 막걸리보다는 콩나물국에 손이 갔다. 하루 종일, 아니 며칠이고 끓이고 끓인 콩나물국에 담긴 찬밥 한 덩이, 진한 국물과 밥알, 그런데도 오독오독 씹히는 찰진 콩나물. 그 속에서 우러나오는 그윽하고 고소한 국물맛과 오장육부를 관통하는 포만감, 그게 좋았다. 콩나물국은 그렇게 내 어린 시절의 '혀'를 지배했다.

지난 추석 전이었다. 벌초 길에, 인삼랜드 휴게소에서 잠시 쉬었다. 어머니는 차 트렁크에서 바리바리 싼 짐을 꺼내셨다. 피크닉 돗자리를 땅에 깔더니 짐을 푸신다. 음식이다.

"우리 아들, 밥 못 먹고 내려왔지? 엄마가 밥 좀 싸왔지."

"휴게소에서 창피하게…."

말은 그렇게 했지만, 진하디 진한 어머니의 정(情)이 느껴졌다.

"우리 장남, 콩나물국 좋아하잖아. 조금 떠 먹자."

음식은 소박했다. 콩나물국, 밥 그리고 김치. 정말 허겁지겁 먹었다. 바로 옆 대형 버스가 주차돼 있었는데, 버스 안의 사람들이 다 내려다보았다. 전혀 부끄럽지 않았다. 콩나물국에 밥 말아 두 그릇을 뚝딱 해치웠다.

"근데 와이프가 끓이면 이런 콩나물국 맛이 안나요. 엄마 콩나물국은 정말 최고예요."

든든한 배 덕분에 벌초를 쉽게 끝낼 수 있었다.

콩나물국에 한정된 얘기지만, 누구나 음식엔 저마다의 사연이 있다. 콩나물국은 내게 '어머니'이자, 그 옛날 외할머니와의 추억을 끄집어내주는 '향수'다. 누군가에겐 돼지국밥이, 또 누군가에겐 우거짓국이 그런 대상일 것이다. 음식은 자기만의 스토리이기 때문이다.

시골 음식을 빼곤 맛에 관한 한 문외한이었던 내가 '한국판 미쉐린 가이드'를 표방하는 '코릿(KOREAT)'을 만난 것은 행운이었다. 요리축제인 코릿의 존재를 알게 됐고, 아주 우연히 파트너로 일하게 됐다. 코릿은 내 과거의 입맛 사연으로 흠뻑 빠져들게 할 만큼, 흥미진진한 푸드 스토리 그 자체였다.

이 책은 기자들이 2017년 9~10월 두 달여 간 대한민국 맛집에 대해 심층 취재한 것을 정리한 기록이다. 발품을 많이 팔았으니 '맛집 대탐험'이라고 해도 과언이 아니다. 책에는 셰프들의 정열과 철학, 그들만의 비법이 담긴 음식 스토리, 맛과 힐링 등이 담겨 있다. 중간중간 유명인사나 맛 마니아의 음식철학도 넣었다. 책장을 넘기면 대한민국 고수 셰프들이 왜 구슬땀을 흘리며 요리에 정진하는지, 그 맛집이 왜 맛집인지, 요리와의 소통이 세상을 얼마나 아름답고 행복하게 해주는지 알게 될 것이다.

이 책은 프리미엄 음식을 표방했지만, 음식 마니아만을 위한 것은 아니다. 음식 초보자도 맛의 세계를 쉽게 이해할 수 있도록 했다.

기획콘텐츠는 물론 사진 저작권 공유를 허락해준 '퍼블리시스원'과 조유미 대표에게 감사드린다. 전국 맛집 현장을 발바닥이 닳도록 뛰어다닌 동료들, 환경파괴로 멸종 위기에 빠진 감자·옥수수 등 '지구촌 식재료'의 참상(?)을 세계를 돌며 낱낱이 고발한 수작(秀作)의 글을 흔쾌히 제공해준 〈헤럴드경제〉의 '리얼푸드팀'에게 고마움을 표한다. 지구 원조 식량의 위기를 다룬 생생한 해외탐방은 미래의 건강한 먹거리를 다 같이 고민할 수 있는 기회가 될 것이다.

'음식 고수가 되는 법'은 여기엔 없다. 이 책을 내는 이유는 하나다. 음식을 통해 사람들이 더 많은 행복을 찾았으면 한다. 단지 그뿐이다.

재차 강조하지만 이 책은 '맛집 순위 매기기'가 아니다. 맛집 가이드라는 이름은 거부한다는 뜻이다.

귀하고 소중한 사람을 만날 때, 힐링여행을 할 때, "뭘 먹지?"란 생각에 머릿속이 복잡해진다면 그때 이 책을 펴보시라. 단박에 고민이 해결될 것이다.

음식의 오묘하고 황홀한 세계에 초대한다.

김영상

PART 1 맛은 셰프다 :
요리와 음식에 빠진 사람들

맛은 스토리다 :
건강한 한 끼가 납신다, 맛에 빠진 사람들

PART 3 맛은 소통이다 :
'공감의 한 끼', 2017 코릿 스토리

 PART 4

맛은 공존이다 :
'맛'의 실종 위기, 지구의 강력한 경고

맛은
셰프다

요리와 음식에 빠진 사람들

01
끝없는 한식 탐험,
그렇지요, 인연(因緣)이죠

'두레유' 유현수 셰프

처음부터 오로지 '한식'이었다. 순전히 한식이 좋아 부엌칼을 쥐었다. 양식과 퓨전의 광풍에도 한눈 한 번 판 적 없었다. 해외 '미쉐린' 레스토랑으로 떠난 것도 한식을 위해서였다. 한식의 다이닝화를 위해 선진 레스토랑 경험이 절박했다. 돌아와서는 행자 생활을 자처했다. 한식의 뿌리, 채식을 알고 싶었다. 선재스님을 찾아가 1년간 채식을 배웠다. 계절에 맞는 제철 식재료 활용법과 발효법을 익혔다. 속세를 미식(美食)으로 물들인 건 한식 파인다이닝 '이십사절기'를 통해서였다. 이십사절기는 2016년 미쉐린 별 1개를 받으며 세간의 이목이 집중됐다.

'일'을 낸 주인공은 유현수 셰프다. 유 셰프는 총괄을 맡던 이십사절기를 떠나 2017년 1월부터 '두레유'에서 자기 이름을 걸고 모던한식을 선보이고 있다.

두레유가 '2017 코릿' 톱랭킹에 당당히 이름을 올린 것은 이십사절기에서 쌓은 내공이 보통이 아님을 입증한다.

"한식이 가장 익숙한 음식이기에 (코릿에) 뽑힌 게 아닐까요?"

말은 담담했다.

서울 가회동 두레유의 유현수 오너셰프. 스타 셰프인 그는 한식의 정통성에 창의적 조리법을 이용한 모던한식을 선보이며 묵묵히 한식 셰프의 길을 걷고 있다. 모던한식계의 스타 셰프다.

　　30대 셰프가 내놓는 음식은 어떨까? 직접 맛을 봤다. 요리는 코스로 구성됐다. 상다리가 휘어질 정도로 푸지게 차린 한정식도, 콩알만 한 음식을 대접에 내고 '있는 체'하는 모양새도 없었다. 코스의 단계마다 마치 배우들이 무대에서 제 역할을 하고 퇴장하듯 각각의 완성도를 지니고 있었다.

　　"한 상 차림인 한정식은 셰프의 의도가 필요 없지만, 코스는 다르죠. 시작부터 마무리까지 어떤 요리를 어떻게 먹어야 할지 세심하게 신경 썼습니다."

　　가장 먼저 제공되는 것은 씨간장이다. 유 셰프가 직접 담가 7년간 숙성한 씨간장은 모든 코스요리의 출발점이다. 오목한 테이스팅 종지에 씨간장을 따라봤다. 한 스푼도 안 될 만큼 적었지만, 쿰쿰하면서도 깊고 풍부한 내음이 식탁을 순식간에 덮는다. 젓

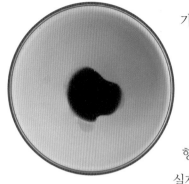

가락에 찍은 간장이 혀끝에 닿자 복잡하고 미묘한 함미(鹹味)가 식욕을 돋운다.

"스타터를 어떤 방식으로 해야 하나 많은 고민을 했어요. 옛날 우리 밥상에서 어르신들께서 식사 전 간장을 찍어드셨던 기억을 되살렸죠. 메주의 향, 세월의 향을 느끼며 식사를 하셨으면 합니다."

실제로 두레유의 씨간장은 외국인들이 더 좋아한다. 일본의 기코만 간장 맛이 전부였던 외국인들에게 새로운 동양의 맛을 일깨운다. 와인 마리아주로도 인기가 좋다.

드디어 식사가 시작됐다. 두레유 '달코스'에는 은은한 감태죽과 살얼음 물김치를 시작으로 계절침채샐러드, 따뜻한 채소요리, 청국장어회, 관자구이와 해초어장폼, 나물어탕수, 연잎연저육찜, 토장설야멱 진지상 그리고 디저트와 차가 순서대로 테이블에 올라온다.

유자소스의 상큼함이 미각세포를 깨우면서 갈아 올린 참외의 은근한 단맛에 미소가 번진다. 철갑상어에 들기름, 오독오독한 식감을 더하는 척수와 청국장의 점성, 캐비어의 조화도 새롭다. 우럭을 통째로 튀겨 달큰한 소스를 더한 나물어탕수는 전통과 현대의 조화라고 해도 손색이 없다. 코스 말미에는 구절판용 방짜유기에 9가지 찬과 된장찌개, 떡갈비를 낸다. 산해진미를 먹어도 '밥' 없으면 허전한 손님들을 위한 배려다.

설야멱적, 현대적인 스타일로 재해석

유 셰프의 또 다른 야심작은 '설야멱적(雪夜覓炙)'이다. 눈 오는 겨울밤 야외에서 화로를 놓고 고기를 구워 먹는 기생과 선비들의 모습을 그린 단원 김홍도의 풍속도 〈설후야연(雪後夜宴)〉에서 따왔다. 고기를 굽다가 눈 속에 넣어 급랭하는 과정을 반복하는 방법을 현대적인 스타일로 재해석했다고 한다. 고온과 저온을 오가며 조직이 무너지면서 육질의 부드러움이 극대화되는 원리다.

"'옛날 사람들은 뭘 먹었지'라는 생각에서 고서와 그림을 찾아보기 시작했어요. 조

1. 은은한 감태죽과 살얼음 물김치. 감태죽이 따뜻하게 속을 데워주고 물김치가 산뜻하게 입맛을 깨운다.

2. 연잎연저육찜. 연잎을 살짝 들춰내면 부드럽게 잘 삶아진 돼지수육이 숨어 있다. 산삼배양근까지 곁들여 활력이 솟아나는 듯하다.

3. 나물어탕수. 우럭과 나물을 튀겨 우엉간장소스를 곁들인 나물어탕수는 달큰함과 바삭한 식감이 조화를 이룬다.

4. 전복구이와 게우(내장) 소스. 탱글탱글한 전복 살과 너무 퍽퍽하지 않은 소스가 감칠맛을 더한다.

5. 침채(沈菜). 샐러드로 먹는 침채는 고춧가루를 넣지 않고 제철 뿌리채소를 풍부하게 사용한다. 유자·사과 드레싱으로 맛을 내 산뜻하고 상큼하다.

6. 청국장어회. 지리산에서 양식한 철갑상어를 숙성시킨 뒤 청국장, 영양 부추, 캐비어, 척수를 올려냈고 산초가루로 마무리했다.

선시대 의궤에 기록된 주안상, 반상, 죽상, 연회 음식 등을 살폈죠. 한식은 연속된 전통의 일환이기에 역사와 흐름을 짚어가는 것이 큰 도움이 됐습니다."

유 셰프의 호기심은 오래전 주방 문턱을 넘었다. 낮에는 도서관에서 고서에 탐닉했고, 밤이면 주방으로 돌아와 탐험하듯 요리했다. 서양의 계량화된 레시피와 달리 우리 문헌은 체계화된 조리법이 없었다. 한 소끔, 두 되…. 두루뭉술한 표현이 전부였다. 직접 부딪쳐보는 수밖에 없었다. 그가 선보이는 창의적 요리는 과거에서 얻어온 한식 DNA에 집요한 노력을 더한 결과다.

"모던한식, 뉴코리안 퀴진 같은 용어가 나온 게 10년이 채 되지 않아요. 제가 1세대 모던한식 셰프죠. 누구도 가르쳐줄 사람이 없어요. 여전히 시행착오를 거쳐가는 단계입니다."

유 셰프는 모던한식의 패러다임을 만들어가는 중이다. 청담동이 아닌 북촌, 한옥으로 입성한 것도 한식의 오리지널리티를 계승하려는 열정과 무관치 않다.

그가 생각하는 한식, 나아가 음식의 미래는 뭘까? "한식이 세계에서 최고? 이건 아니에요. 다만 우리가 나고 자란 이 땅, 이곳에서 얻은 재료, 이것이 우리에게 가장 이롭다는 믿음은 분명해요. 한식의 다이닝 문화를 잘 만들어가고 싶어요. 국가 경쟁력에도 도움이 되고 싶고요. 대를 잇는 식당, 한국인들이 자부심을 가질 수 있는 한식을 만드는 게 꿈입니다."

유 셰프의 '한식 대탐험'은 아무리 생각해도 현재 진행형이다. 계속 진화한다는 뜻이다.

유 셰프는 젊고 촉망받는 셰프지만, 모던한식에 관한 한 경지에 올랐다는 평가를 받고 있다. 얼굴도 많이 알려져 유명세도 오래전에 탔다. 이름이 여기저기 오르내리니, 그를 둘러싼 해시태그도 많다. 해시태그에선 유 셰프의 요리 내공은 물론 그만의 음식철학을 엿볼 수 있다.

해시태그로 알아보는 유현수 셰프
#사찰음식 유현수 셰프의 뿌리는 사찰음식이다. 사찰음식은 고승들의 수행식일 뿐

모던한식을 전문으로 하는 파인 다이닝 레스토랑이 주로 청담동에 둥지를 튼 것에 비해 두레유는 북촌에 입성했다. 한식의 오리지널리티를 살리겠다는 셰프의 의도가 엿보인다.

만 아니라 서민의 밥상 위에서 피어난 한식의 기본이다.

유 셰프가 한식을 배우기 위해 찾아간 스승도 40여 년 사찰음식의 대가 선재스님이었다. 선재스님은 국내 최고의 사찰음식 전문가로 꼽힌다. 스님에 따르면 좋은 음식이란 '철따라 때에 맞춰 먹는 음식'이다. 곧 제철 음식을 말한다. 제철 음식이란 첫 번째, 봄·여름·가을·겨울 등 자연의 리듬에 맞춰 제철에 거둔 재료로 조리한 음식이다. 두 번째는 지근거리에서 거둔 신선한 재료로 만든 음식이다. 내가 태어나고 자란 땅에서 같이 호흡하고 같은 물을 먹고 햇볕을 쬐인 곡식들이 내 몸과 가장 잘 어울린다. 세 번째, 가공하지 않은 자연 그대로의 재료로 만든 음식이다. 마지막으론 여러 가지 음식이 잘 조화가 되도록 지혜를 발휘해 먹는 것이다. 이는 모두 유현수 셰프가 그대로 물려받은 요리철학이기도 하다.

한국의 사찰음식은 전 세계적으로 주목받는 한류의 주역이기도 하다. 최근 세계 최고급 미식 여행 패키지인 '프라이빗 제트 투어(1인당 약 1억5000만 원)' 프로그램이 한국의 짧은 일정 중 진관사('사찰음식 명장 2호' 계호스님이 주지스님으로 있는 곳)를 선택할 정도로 뜨거운 관심을 받고 있다.

#컬래버레이션 두레유는 그가 오너셰프로 있는 곳이지만, '두레'와의 컬래버레이션으로 탄생한 곳이기도 하다. 60여 년 전 경상남도 밀양에서 처음 문을 연 두레는 1988년 서울 인사동에 자리를 잡고 2대에 걸쳐 한국 전통음식을 선보이고 있다. 유 셰프는 이 '두레'와 자신의 성인 '유'를 붙여 두레유를 탄생시켰다. 그는 두레유 오픈 당시 "겨울에 얼어붙었던 땅에 생명의 힘이 풀과 나무에 흐르면 꽃이 피어나듯 열정으로 음식을 만들어 접시 위에 꽃을 피우고 싶은 마음"이라고 했다.

#냉장고를 부탁해 '요리 동네'에선 진작부터 유명하긴 했지만 그가 대중적으로 인기를 끌게 된 것은 TV 프로그램 〈냉장고를 부탁해〉를 통해서부터다. 잔망스러운 예능감이나, 화려한 입담 없이도 그는 꽤 높은 승률을 기록했다. 첫 등장 때부터 그는 쟁쟁한 셰프들 사이에서도 주눅 드는 기색이 전혀 없었다. 자신감 넘치는 꼿꼿한 표정도 그랬지만, 뚝심 있는 눈빛과 태도는 시청자의 눈길을 사로잡았다. 외부의 상황에도 흔들리지 않는 균형 잡힌 모습으로 말이다. 특히 이 프로그램에서 그의 요리실력뿐 아니라 마음씀씀이를 엿볼 수 있게 했다.

2017년 봄, 15분 요리 하나로 가수 바다의 눈물샘을 자극하기도 했다. 당시 유 셰프는 가수 바다를 위해 "엄마의 손길이 느껴지는 바다 향기 가득한 전복요리를 보여드리겠다"며 김치전복말이를 만들었다. 설탕, 식초, 깨를 밥에 섞은 뒤 김발 위에 시어머니표 김치를 깔고, 전복튀김을 얹은 뒤 돌돌 말아낸 요리였다. 평소 음식에 플레이팅을 잘 하지 않는다는 그는 이날만큼은 바다를 위해 김치전복말이를 하트로 모양 낸 뒤, 굴소스로 'You Raise Me Up'이란 메시지를 새겼다.

유 셰프는 "시어머니께서 담가주신 김치와 그 안에는 친정어머니를 떠올리게 하는 전복을 활용했다"며 "두 어머님을 모두 생각하는 마음으로 요리했다"고 했다. 현장에서 이를 본 바다는 눈물을 흘리고 말았다. 돌아가신 어머니를 추억하게 했던 것.

바다는 "요리가 처음 나왔을 때 '저 음식을 어떻게 먹지' 하는 생각이 들었다"며 "어머니가 돌아가시고 삼일장이 있었다. 삼일장 직후 녹화가 있어 무대에 올라야 했는데, 그때 부른 노래가 'You Raise Me Up'이었다. 오케스트라가 50분 넘게 대기하고 있었기 때문에 엄마 영정사진 앞에서 울지도 않고 이 노래를 계속 연습해야만 했다"고 털어놨다. 그러면서 "제 인생의 스토리를 담아서 〈냉장고를 부탁해〉에서만 밟을 수 있는 추억을 밟게 해주셨다"고 눈물지었다. 유 셰프의 섬세함을 알 수 있는 순간이었다. 그는 단순히 허기를 채우는 음식을 넘어 위로와 감동을 주는 셰프다. 음식은 역시 스토리임을 새삼 확인해준 순간이었다.

#김장김치 씨간장만 잘 만드는 게 아니다. 유 셰프의 김장김치에도 뭔가 특별한 비법이 숨어 있다. 유 셰프는 CJ제일제당 쿠킹클래스의 일일 '김치선생님'으로 활약한 바 있다. 그의 김치철학은 '좋은 재료가 9할'이라는 것이다. 간수가 빠진 천일염과 아스타 수치가 95% 이상인 선홍빛 고춧가루, 발효를 여러 번 한 액젓 등을 사용한다. 또 무는 채칼 말고 칼로 썰어야 한다고 강조한다. 칼로 썰어야 채소의 결을 보존할 수 있고, 물이 많이 빠지지 않아 오랫동안 김치를 맛있게 먹을 수 있단다. 여기에 유 셰프만의 특별 첨가물이 있다. 홍시와 생새우다. 그는 "단맛을 낼 때는 설탕 대신 완전히 익어 흐물흐물해진 홍시를 넣어보라"며 "홍시를 넣으면 김치의 아삭한 식감을 오래 즐길 수 있다"고 귀뜀한다. 취향에 따라 갈치젓이나 굴을 양념에 넣어도 좋지만 유 셰프가 추천하는 별미는 생새우다. 가장 깔끔하게 시원한 맛을 돋운다.

대표인물	유현수 셰프	요리장르	한식
주 소	서울 종로구 북촌로 65	전 화	02-743-2468
홈페이지	https://www.dooreyoo.com		

100인 선정단의 한줄평

• 토니유 셰프의 뚝심 있는 한식 요리들, 섬세한 플레이팅, 익숙한 식재료의 낯선 조리법.
• 아름다운 한옥과 어울리는 개성 있는 음식, 직접담근 장류, 장아찌의 정성이 느껴지는 곳.

02

맛있는 행복,
건강한 행복을 팝니다

'진진' 왕육성 셰프

#. 영화 <쿵푸팬더>의 한 장면. 타고난 먹보이자 뚱뚱한 팬더 포. 먹을것이라면 자다가도 벌떡 일어나고, 한입에 만두 20여 개쯤은 한꺼번에 집어넣을 수 있는 대식가다. 거위 아빠 핑은 국수가게 주인이다. 가게는 동네에서 최고로 인기 있는 맛집이다. 아빠는 포가 대를 이어 국수가게를 하길 원하지만, 포는 천방지축이다. 철드는 것은 일찌감치 포기했다. 산꼭대기 쿵푸 본산지의 대사부인 우그웨이는 조만간 닥칠 대재앙을 예고한다. 여태까지 본 적 없는 매우 강력한 적이 쳐들어올 것을 예감한다. 우그웨이는 세상을 구할 영웅으로 포를 지명한다. '재앙의 순간에 용의 전사가 세상을 구한다'는 건 동네의 오랜 전설이다. 하지만 포는 코웃음친다. "몸도 뚱뚱하고, 씨움도 못하는 내가 무슨 용의 전사야?"라며 말이다. 대사부의 제자인 시푸는 포를 제자로 거둔다. 식탐에만 관심이 있는 포가 수련을 할 리가 만무하다. 어느 날 시푸는 만두를 이용해 포의 수련을 돕는다. 먹을것을 미끼(?)로 사용하니 효과 만점이다. 포는 결국 동료 전사들과 함께 적의 침공을 막고, 동네를 구한다. 용의 전사가 된 어느 날, 요리사 아빠 핑에게 국수의 비밀을 묻는다. 국수

28

동네 아저씨같이 편한 인상의 왕육성 진진 셰프이지만 중화요리 하나만 놓고 보면 절대고수의 향기가 난다.
오래전 강호를 떠난 무림 고수의 포스? '왕 사부'라는 호칭이 더 어울린다.

국물을 어떻게 만들기에 사람들이 좋아하느냐고. 아빠는 얘기한다. "비법? 없어.
국물은 맹탕이야. 그냥 사람들이 맛있게 먹는 거야. 맛있다고 믿으면 맛있는 거
야." 국물의 비밀이야 왜 없겠는가. 요즘말로 레시피는 따로 없다는 것이지만, 오
로지 오랜 경험의 손맛으로 국물을 낸다는 뜻일 게다. 시푸나 핑이나 내공이 장난
아니다.

진진(津津)의 왕육성 셰프. 그는 〈쿵푸팬더〉의 시푸 사부, 국수가게 주인 핑의 길을
동시에 걸어온 사람이다. 중국요리의 국내 최고봉 셰프 중 하나로 꼽히는 그는 수많은
요리사 제자를 길러낸 사부이고, 직접 손으로 최상의 음식을 만들어온 요리사다.

그런 그가 제2의 인생을 펼치고 있다. 진진에서 말이다. 진진은 코리아나호텔 중식당 '대상해'의 오너셰프였던 왕 셰프가 새로운 인생을 준비하면서 서울 마포구의 성산동에 오픈한 곳이다. 요리 경력만 40년 이상인 왕 셰프가 남은 인생을 쏟아붓고 있는 곳이 진진이다. 인생으로 치면 대기업을 은퇴하고, 중소기업이나 자영업에서 새로운 정열을 바치고 있는 셈이다.

"왜 진진을 오픈했냐고요? 사실 호텔식 중국요리를 사람들이 자주 맛보기엔 (가격대가) 부담이 되는 것은 사실 아닙니까. 좀 더 많은 사람들이 호텔 음식을 보다 저렴한 가격으로 맛보게 하는 데 남은 인생을 투자하기 위해 진진을 운영합니다."

왕 셰프 말대로 호텔 중식당 음식을 일반 골목으로 옮겨온 진진은 요즘말로 '가성비 갑'으로 인기 폭발의 맛집이 됐다. 진진을 모른다면 중국음식을 좋아한다고 말할 수 없을 정도로, 중식 마니아 사이에서 진진은 최고 식당 중 하나로 꼽힌다. 그러다 보니 예약은 필수다. 미리 손을 써놓지 않고 불쑥 갔다가는 기나긴 줄에 지쳐 발길을 돌리기 일쑤다.

진진의 인기 비결 중 하나는 물론 이런 왕 셰프의 존재감과 무관치 않다. 왕 셰프는 이연복 셰프와 함께 중식계의 양대 산맥으로 불리는 이다. 무협지로 따지면 강호 한 문파의 문주라고 할까. 수많은 중식 셰프를 길러내 중식 요리사들의 선생님으로 통한다.

탄탄한 내공의 왕 셰프가 운영하는 진진은 매우 흥미롭고 독특한 곳이다. 일단 중국집이지만 탕수육이나 자장면이 없다. 식사 메뉴로는 XO볶음밥과 물만두 정도일 뿐이며 면요리로는 3호점에서 유일하게 짬뽕만 점심에만 영업을 한다.

"자장면이 메뉴에 없는 이유는 별다른 것은 없어요. 다만 자장면 등은 어디서나 쉽게 먹을 수 있잖아요. 쉽게 먹을 수 없는 고급 호텔식 중식의 저변을 퍼뜨리는 데 초점을 두다 보니 그렇게 됐습니다. 즉 고급 중식요리만을 대중화하는 게 목표다 보니…."

말끝을 흐리는 고수 셰프에게 진진에 손님이 몰리는 이유를 물어봤다. 무슨 비결이 따로 있느냐고.

"진진만의 비법이요? 요리 하나하나에 담은 진실성이죠. 항상 최고의 호텔급 재료

1. 대게살을 버섯과 채소들로 함께 볶아낸 '대게살 볶음'. 볶음요리라고 하기에는 걸쭉하다. 게살수프 정도라고 할까? 그래도 상관없다. 맛있으니까.
2. 대만에서 재배한 특수 채소인 카이란을 굴소스와 소고기에 함께 볶아낸 요리 '카이란 소고기 볶음'.

31

를 구입해 마진 안 따지고 착한 가격으로 손님들에게 선보이는 겁니다. 경영철학도 하나 있기는 있죠. 모든 직원들이 일할 때 행복해야 한다는 것입니다. 저기압으로 들어온 손님이 행복하게 나갈 수 있도록, 우리는 행복을 파는 거죠. 그런 '진실'을 손님들이 알아주는 겁니다."

진진의 대표요리는 멘보샤다. 왕 셰프의 음식솜씨를 집대성한 결과물 중 하나다. 바삭한 느낌이 혀를 대만족시켜주는 멘보샤를 맛보려는 손님이 몰리다 보니, 멘보샤는 일약 진진의 상징이 됐고, 어느 날 '마포 중식의 아이콘'으로 떠올랐다. 멘보샤 외에도 오향냉채, 깐쇼새우, 만두 등 정통 호텔식 프리미엄 중식요리를 내놓는데, 이 역시 진진의 명성이 헛된 것이 아님을 입증하듯 품격 있는 맛을 자랑한다.

도제식 가르침 속에서 치열하게 요리에 정진했던 많은 나날, 데고 할퀴고 베이면서 식재료를 만졌던 수많은 나날을 보낸 후 고급 호텔에서 주방 대장을 했던 사람은 뭔가 다른 법이다. 음식철학이 확고하다.

진진의 팥소 없는 찐빵 격, 멘보샤의 황홀한 맛

"모든 음식은 무조건 맛있어야 합니다. 배가 불러도 젓가락이 가는 음식을 만드는 게 목표입니다."

첫째도 맛, 둘째도 맛, 셋째도 맛이란다. 예의상 겉으로라도 한 번쯤은 '건강'을 내세울 법한데, 이 고수 셰프는 뭔가 다른 색깔을 추구하는 느낌이 든다. 한 차원이 좀 다른….

"물론 건강을 위해 기름기 있는 음식은 덜 먹고 나트륨도 줄여야겠지만 어쩌다 한 번 하는 외식인데, 너무 건강에만 치우치면 맛있게 먹었다고 할 수 없습니다."

진진을 찾는 손님들은 대부분 미식가이거나 음식 관련 지식인이 많다. 평범한 맛보다는 스토리가 있는 음식을 원하는 이들이다. 부담 없는 착한 가격에 행복한 음식을 먹을 수 있어 일반 손님들도 문전성시를 이룬다.

"한번은 어느 단골이 모 호텔이 맛집이라고 해서 소문을 듣고 갔는데 가격만 비싸고 기대치 이하로 나와 화가 났다며 '자신의 입맛에 보상 받으러 왔다'고 오신 적이 있

진진의 대표메뉴 멘보샤. "멘보샤? 어 ㅇㅈ!" '급식체'로 표현하자면 정말 그 맛은 오지고 지리다. 빵 사이에 다진 새우살을 넣고 튀긴 중국요리로, 바삭한 빵을 한입 물고 나면 안에는 부드럽고 촉촉한 새우살들이 마중 나온다. 한 접시만 먹고 가기에는 살짝 아쉽다.

어요. 저를 믿고 오신 거지요. 그런 일이 있을 땐 뿌듯함을 느끼곤 합니다."

팥소 없는 찐빵에 비유되는 멘보샤 역시 무조건 맛에 비중을 뒀다. 맛의 비결은 섬세함이다. 멘보샤는 다진 새우를 식빵 사이에 끼워 기름에 튀긴 음식이다. 식빵이 타지 않게 하면서도 새우가 완전히 익어야 하는 온도를 알고 만들어야 제대로 된 맛을 느낄 수 있단다. 온도를 본능적으로 감지하는 능력, 고수 셰프의 초절정 기술 중 하나다.

진진을 운영하면서 왕 셰프는 더욱 소박하고 여유로워졌다. 오너셰프를 벗어나면서 운영과 명성에 대한 부담감도 훌훌 털었다.

"요리를 처음엔 먹고 살기 위해 시작했습니다. 끝없는 욕심도 있었고, 후회와 고민도 많았지요. 하지만 인생 2막을 설계하면서 모든 것을 내려놓았더니 참 편합니다. 지

신선한 우럭이 통째로…. 홍콩 여행 가이드 책자에서만 볼 법한 비주얼이다. 우럭을 쪄서 대파, 생강과 간장소스를 부어 만든 중국식 요리 '칭찡우럭'.

금은 요리 만드는 자체가 고통이 아닌 행복으로 다가오니까요."

음식이 세상을 아름답고 주변을 행복하게 할 수 있다는 것, 음식 행복전도사로서의 그 깊은 이치를 깨달은 것일까? 왕 셰프는 인생 2막을 살면서 후배 양성에도 온 힘을 쓰며 '사부의 길'을 여전히 걷고 있다. 직접 음식후학을 길러내는데, 후배들의 음식솜씨가 발전할 수 있도록 도와주는 멘토 역할이 그렇게 즐거울 수가 없단다. 다른 것은 다 내려놨는데, '사부의 보람'은 영원히 안고 가고 싶다는 일말의 욕심은 여전히 가슴에 걸치고 있는가 보다.

"음식은 배가 고파서 먹는 게 아닌 쾌락을 느껴야 합니다. 즐거움을 주지 못하면 음식이 아니죠."

왕 셰프가 마지막 대화에서 내놓은 말이지만, 꼭 후배 셰프들에게 주는 메시지 같다.

대표인물　왕육성 셰프　　　　　　　　요리장르　중식
주　　소　서울특별시 마포구 잔다리로 123　　전　화　070-5035-8878
홈페이지　https://jinjinseoul.modoo.at
100인 선정단의 한줄평
· 국내 최고 수준의 중국음식이면서, 국내 최고 수준의 가성비 식당.
· 우리나라에 있는 모든 중국요리의 벤치마킹 대상이자 맛의 정점을 찍어내는 곳. 맛이나 디스플레이, 손님을 대하는 마인드 등 모든 것이 완성도 있는 곳.

03
정통 중화요리의 맥을 잇는다,
'41년 도원' 셰프들과의 여정

'도원' 츄성뤄 셰프

1976년 10월 1일. 더 플라자 호텔(당시 서울프라자호텔) 설립과 동시에 중식 레스토랑 '도원(桃園)'이 들어섰다. 당시 명동의 사보이호텔에 '호화대반점'이라는 중식 레스토랑이 있긴 했지만, 한국의 5성급 호텔로선 최초였다. 더 플라자 호텔 3층에 위치한 도원은 '복숭아꽃이 만개하는 언덕'이라는 뜻으로, 삼국지의 유명한 고사성어 '도원결의(桃園結義)'에서 차용한 이름이다. 사람들이 뜻을 모아 중요한 일을 결의하는 장소를 상징한다.

2017년에 41주년을 맞은 도원은 '중화 셰프의 보증수표'로 신뢰받으며 정통 중화요리의 뿌리와 자부심을 이어가고 있다. 흥미로운 것은 갓 지난 불혹(不惑)의 도원 역사를 탐험하다 보면 걸출한 셰프들의 발자취를 밟지 않을 수 없다는 점이다.

도원의 4대 수석셰프인 츄성뤄(Chu Sheng Lo) 셰프도 선배들의 '요리 삶'을 그대로 계승했다. 츄 수석셰프는 대만 출생이다. 여섯 살이던 지난 1976년 온 가족이 전라북도 정읍으로 이주해왔다. 그의 할아버지는 대만에서 큰 레스토랑을 운영했다. 한국에 아들과 손자까지 다 데리고 와서는 정읍과 익산에서 계속 레스토랑을 운영했다.

'중화 셰프의 보증수표'로 이름난 도원. 그 도원을 이끄는 츄성뤄 셰프의 팔 곳곳엔 덴 자국이 눈에 띈다. 불판을 다루며 요리와 사투를 벌였던 오랜 세월은 그의 가슴에 훈장으로 남아 있다.

그것은 가업이었다. 어릴 때부터 할아버지와 부모님을 이어 3대째 중화요리를 배운 그는 열아홉 살 때인 1991년 '서울로 가야겠다'고 결심했다. 서울 압구정동에 소재한 '만다린'이란 중화요릿집에서 셰프로 취업을 했고 9년간 일했다. 당시 더 플라자 호텔 중식당 도원의 수석셰프였던 주업림 셰프의 눈에 띄었다. 주 셰프는 어느 날 우연히 만다린에서 음식을 먹게 됐고, 맛에 매료됐다. 주 셰프는 츄 셰프를 2000년 도원의 주방으로 스카우트했다.

"스카우트 제의를 받고 바로 다음 날 더 플라자 호텔로 출근했어요. 처음엔 정식직원도 아니고 견습생으로 3개월을 보냈습니다. 이후 튀김만 3년을 했고, 식사 5년, 해산물요리, 소고기요리, 메인요리 등을 거쳐 2015년에 수석셰프가 됐습니다."

튀김요리만 12년, 팔 곳곳엔 덴 자국

참으로 고생 고생했다. 츄 셰프는 만다린에서도 튀김요리만 9년을 했다. 도원에서의 3년을 더하면 총 12년간 튀김요리만 한 셈이다. 그래서인지 그의 팔에는 유난히 덴 자국이 많다.

초창기 도원에는 셰프가 24명이나 됐다. 요즘엔 18명으로 줄었지만 당시엔 주방기구, 서비스 등을 전부 인력으로 해결해야 하는 때여서 셰프 비중이 더 높았다. 도원은 순전히 실력만으로 수석셰프를 뽑는다. 셰프 경력이 길다고 자연스럽게 대장(?)이 되는 구조가 아니다.

"서로 경쟁을 통해 실력을 겨루고, 언제든 실력이 뒤지면 다시 내려가기도 합니다. 음식에 대한 정진을 최고로 치는 것, 그게 고객에 대한 예의입니다."

그러고 보니 주방에서의 경쟁은 무림세계의 양보 없는 무예 대결만큼 치열하다. 중식 셰프의 최고난이도인 '불판'을 쥘 수 있는 자격은 원래 딱 4명에게만 주어졌다. 24명 중 4명만이 '불판의 주인'이 되는 것이니, 셰프 인생도 참 호락호락하지 않은 셈이다.

츄 셰프처럼 도원에서만 17년 근무한 셰프는 많지 않다. 츄 셰프가 도원의 수석셰프 자리에 오른 건 순전히 그의 노력과 실력 덕분이라고 주변에선 평가한다. 츄 셰프

1. 도원의 자연송이 불도장. 품격이 있는 메뉴로, 원기회복 보양식으론 으뜸이다.
2. 도원 유림장어 샐러드. 바삭하게 튀겨낸 민물장어에 도원만의 천연 특제 간장소스로 한껏 맛을 냈다.

는 셰프들 사이에서도 단연 성실한 셰프로
통한다.

"입맛이 바뀔까 봐, 제가 고객 입맛을 제
대로 못 맞출까 봐 술과 담배는 거의 하지
않습니다."

어쩌다 술자리가 있으면 다음 날 출근에
지장이 있을 수 있어 호텔에서 그냥 묵은
적도 많단다.

츄 셰프는 해황소스와 유림장어, 수제
건전복 등을 직접 개발해 도원의 요리 수준
을 한 단계 끌어올렸다는 평가를 받는다.

도원의 비취소스 도미구이. 건강 메뉴가 그리
울 때 최고의 친구가 되는 메뉴다.

임진강에서 공수한 민물참게로 맛을 낸 해황소스는 노란색의 소스로, 도원에만 있다.
한 숟가락에 참게 내장이 10마리가 들어갈 정도로 귀하며, 11월과 12월에만 맛볼 수
있다. 또 완도산 전복을 도원의 셰프들과 함께 건조해 합리적인 가격에 고품질의 건전
복을 직접 탄생시키기도 했다.

"전복을 죽염이나 소나무에도 붙여보고, 응달에도 말려보고 몇 달간 했는데 다 실
패했어요. 그러다 호텔 옥상에 하루짜리, 이틀짜리 등등 다양한 날짜로 다 말려보고
연구한 끝에 노란색 건전복이 탄생했죠. 고생은 했지만, 고객들에게 질 좋은 전복을
합리적인 가격에 선보일 수 있어 뿌듯합니다."

그는 유림장어를 만들어 대박을 친 주인공이기도 하다. 간장에 식초를 넣은 샐러
드소스로 장어에 계절 채소, 간장소스, 건전복 등을 섞어 깊은 맛을 나는 장을 만들어
인기다.

츄 셰프는 2015년부터 도원의 4대 수석셰프를 맡고 있다. 그에 앞서 1~3대의 수석
셰프는 도원의 역사를 만들어온 산증인이다.

초창기부터 지난 2007년까지 무려 30년간이나 1대 수석셰프였던 주업림 셰프는 한
국 중식의 '4대 문파'로 불리는 '아서원', '홍보석', '호화대반점', '팔선' 중 아서원의 전

통을 잇고 있다. 아서원은 일제강점기에 서울 북창동 일대에서 제일 먼저 개점한 곳이다. 주업림 셰프는 상추쌈과 해삼요리, 홍소대배츠 등을 개발한 인물이다.

상추쌈은 양상추에 갖은 채소와 소고기를 다져 매콤하게 만든 굴소스가 압권이며, 국내에선 도원이 최초로 선보였다. 홍소대배츠는 붉은색을 띨 때까지 조린 상어지느러미 요리로, 도원에서는 기존 서해산 건해삼을 사용하지 않고 동해산 해삼을 수습 후 건조하는 방법을 전수해 보다 영양가 높은 해삼을 사용하게 됐다.

2대 수석셰프인 유방녕 셰프는 해산물요리에 강점이 있었던 도원에 처음으로 제철 채소를 활용한 요리를 선보였다. 산둥지역의 채소요리를 적극 내놨는데, 수타요리와 해삼주스가 대표적이다. 해삼주스는 한국만의 독특한 중식요리를 개발하기 위해 한국인이 좋아하는 식재료인 삼겹살에 해삼을 더해 국물이 있는 조림형태로 개발한 것이다. 주스는 삼겹살을 뜻하는 단어다. 해삼주스는 많은 미식가와 정·재계 유명인들에게 당시 큰 사랑을 받았다. 그는 2007년부터 2011년까지 도원의 수석셰프를 역임했다.

3대 수석셰프인 유원인 셰프는 도원의 육수 비법인 '상탕육수'를 개발한 주인공이다. 도원은 2011년부터 모든 육수의 베이스로 상탕육수를 사용하기 시작했다. 그는 상탕육수 개발로 불도장을 개편해 보다 고급스럽고 도원만의 맛있는 불도장을 선보였다. 또 기존 돼지등심을 사용하던 탕수육에서 항정살과 같은 과일을 넣은 소를 얹어 개발한 탕수육을 내놓았다. 일명 '도원 항정살 탕수육'이다. 유원인 셰프는 탕수육을 광동, 북경, 사천, 상해, 한국식(도원 항정살 탕수육) 등 총 5가지로 선보여 다양한 맛을 손님에게 선사했다.

현재는 4대 수석셰프인 츄성뤄 셰프가 호텔 '도원'을, 3대 수석셰프였던 유원인 셰프는 '도원스타일'이란 레스토랑을 각각 지휘하고 있다. 두 셰프는 경쟁 및 협력 구도를 통해 전통과 현대의 조화와 균형을 이루며 정통 중화요리의 맥을 잇고 있다.

게으름과 자만, 셰프에게는 최대 적(敵)

게으름과 자만을 경계하는 셰프들의 눈빛은 도원 음식이 진화하는 비결이다. 도원은 2017년 초 메뉴 콘셉트를 처음으로 바꾸는 특단을 내렸다. '컨템포러리 차이니즈

도원 하면 떠오르는 탕수육.
이색 탕수육이 생각날 때 도
원은 찾을 만한 곳이다. 도원
에서는 5가지 탕수육을 맛볼
수 있다. 도원 항정살 탕수육
은 이 중 한국식으로 개발한
메뉴다.

다이닝'에서 '어센틱&모던 차이니즈 퀴진'으로 한 단계 업그레이드한 것이다.

도원의 신규 메뉴는 기름지고 몸에 좋지 않은 음식이라는 인식이 강한 기존 중식과 달리 '약과 음식은 그 근원이 같다'는 의미의 '약식동원(藥食同源)' 콘셉트를 표방했다. 계절성, 특수성, 고급성, 지역성, 브랜드 등 총 5가지를 고려해 기름으로 튀기고 볶는 조리법 대신 냉채, 구이, 찜, 조림 등 건강한 오일프리 조리법에 현대적인 터치가 가

도원 북경오리. 바싹하고 기름기 뺀 최고의 북경오리. 중국 광동 출신 바비큐 전문 셰프가 선보이는 도원의 별미다.

미된 메뉴다.

특히 2015년부터 셰프가 식재료의 사냥꾼으로 나서는 '셰프 헌터 프로젝트'를 가동했다. 음식은 더 이상 기술만 부리는 시대는 지났고, 좋은 식재료에 창의성을 입혀야 '새로운 도원'으로 도약할 수 있다는 확신이 프로젝트 기획의 이유였다.

옛 도원의 모습을 그리워하는 이들에겐 반가운 소식도 있다. 도원은 옛 도원요리들을 다시 테이블에 올려놓는단다. 상추쌈과 전복땅콩소스, 사천식 관자, 난자완스, 옛날식 라조기 등 약 20년 전 인기를 끌었던 요리를 준비한다. '그때 그 도원요리'로 정통 중화요리의 맥을 잇겠다는 것이다.

"대를 이어온 도원만의 장점을 극대화하기 위해 기존 도원에서 사랑받은 요리를 샥스핀을 제외하고 다시 부활시킵니다. 도원 셰프라는 자부심을 잊지 않고, 한국에서 가장 사랑받는 중식 레스토랑이 될 수 있도록 할 겁니다."

츄 셰프의 '도원 플랜'은 끝이 없다.

도원의 수석셰프 계보 및 주요 요리

① 주업림(1대 수석셰프, 1976~2007년): 홍소대배츠, 해삼요리, 상추쌈

② 유방녕(2대 수석셰프, 2007~2011년): 수타요리, 채소요리, 해삼주스

③ 유원인(3대 수석셰프, 2011~2015년): 상탕육수 개발, 불도장 개편, 도원 항정살 탕수육

④ 츄셩뤄(4대 수석셰프, 2015년~현재): 해황소스, 유림장어, 수제 건전복

대표인물	츄셩뤄 셰프		요리장르	중식
주 소	서울 중구 소공로 119 더 플라자 호텔 3층		전 화	02-310-7300
홈페이지	www.hoteltheplaza.com/kor/dini			

100인 선정단의 한줄평

• 서울 시내 중식당 중 최고 중 한 곳!
• 더 플라자 호텔 중식당 도원은 시청이 내려다보이는 뷰와 함께 식사 메뉴가 너무 좋은 중식당. 특히 도원의 짬뽕은 최고!

04
나는 전 세계 순대 쫓아
떠나는 순대여행자

'순대실록' 육경희 대표

전 세계 20개국 40개가 넘는 도시. 단순 여행이 아닌 '순대 여행'을 위해서만 방문한 곳이라면 좀 놀랍지 않을까. 《순대실록》의 저자인 육경희 대표는 평범한 순대를 만들고 싶지 않아 지구 여섯 바퀴를 돌며 전 세계 순대를 탐험했다. 그는 '비어 있는 창자를 맛있는 속으로 채우는 소울푸드(soul food)'로서 순대의 보편성을 전 세계 곳곳에서 확인했고, 여행 이후 전통순대에 대한 자신감이 더 생겼다.

육경희 '순대실록' 대표를 만났다. 첫마디가 범상치 않다.

"젊은이들 사이에서 소시지가 순대로 불리는 그날까지 순대에 대한 연구를 놓지 않을 겁니다."

순대에 푹 빠져 '맛있는 기행을 떠나다'는 부제로 넣은 책 《순대실록》을 쓴 저자답다.

육 대표가 운영하는 순대실록은 지난 2011년 서울 대학로에 터를 잡았다. '냄새 나고 지저분한' 순대의 이미지와는 달리 특유의 깔끔함과 젊은 감성으로 근처 성균관대 학생들과 대학로를 찾는 사람들에게 입소문이 나기 시작했다. 실제로 순대실록이 처음 생겼을 땐 대학로 일대에 순댓집은 순대실록 한 군데였다. 하지만 이후 순대요리를

"평범한 순대를 만들고 싶지 않았다." 육경희 순대실록 대표는 최고의 순대를 만들기 위해 지구 여섯 바퀴를 돌며 전 세계 순대를 탐험했다. 그런 결실을 모아 만든 게 음식점 순대실록이다.

찾는 젊은 사람이 늘면서 6년 새 7곳으로 늘어나기도 했다. 순대실록의 인기와 영향력은 그만큼 하늘 높은 줄 몰랐다.

"전통성을 살리되 현대인을 위한 순대를 만들고 싶었어요. 특히 젊은 감성의 순대를 원했지요."

순대실록이 2016년부터 제15, 16회 대학로축제 후원업체로도 활약한 것은 대학로 대표 맛집의 명성을 재확인한 것이다.

순대에 대한 고루한 이미지, 그걸 벗겼다

순대와 젊은이…. 육 대표가 주목한 것은 두 단어였다. 기존 젊은 사람이 갖는 순대에 대한 고루한 이미지를 지우는 게 중요했다. 육 대표 본인도 순대를 즐겨 먹는 편이 아니었다. 돼지 특유의 냄새가 심하다고 생각했다. 자신부터 달라져야 한다고 여겼다.

"일단 저부터 맛있게 먹을 수 있는 순대를 만들자고 다짐했습니다. 제가 싫어하는 것을 손님에게 팔 수는 없잖아요?"

순대의 역사부터 파기 시작했다. 현재 순대실록에서 판매하는 전통순대 조리법의 근간이 된 18세기 말에 쓰인《시의전서(是議全書)》를 비롯해《시경》의 갹(膓), 호메로스의《오디세이아》에 등장하는 염소순대 등 다양한 고대 문헌에서 순대의 근원을 찾아 순대의 역사적 맥을 잡았다. 실제 서울 종로구 동숭동에 위치한 순대실록의 전통순대는《시의전서》의 '도야지 슌대'의 조리법을 바탕으로 새우젓과 과거엔 없던 현재의 채소 등을 추가해 요즘 사람들의 입맛에 맞게 재현한 것이다.

매일 공수되는 질 좋고 신선한 재료를 활용해 일단 돼지 특유의 누린내를 잡았다. 함께 나오는 광천토굴새우젓도 개발했다. 섭씨 15도로 맞춰진 굴속에 장시간 숙성한 새우젓은 감칠맛과 향이 뛰어나다.

"재료 준비에만 이틀, 사흘이 걸릴 만큼 손이 많이 가고 재료비 부담 역시 작지 않지만 '순대가 이렇게 맛있는 줄 몰랐다'는 손님들의 반응을 보며 보람을 느낍니다."

육 대표는 정작 프랜차이즈엔 관심이 없다. 남들은 쉽게 큰돈을 벌 기회라고 이야기하지만, 가맹점을 운영하면 이익에 집중하기 때문에 그만큼 육 대표가 추구하는 순대의 다양성, 전통성 등의 본질에서 벗어날 가능성이 높다고 보기 때문이다. 단순한 돈벌이 수단이 아닌 하나의 예술문화, 육 대표에게 순대는 이렇게 다가선다.

"푸드컬처리스트로 남고 싶습니다. 오래, 아주 오래전의 순대 문화를 치열하게 연구해서 잘 복원하고 이를 바탕으로 미래의 순대를 개발하는 일, 그게 제가 할 일입니다."

순대에 빠진 미식가들이 육 대표의 '차기 작품'을 고대하는 이유다.

순대의 깜짝 변신, 주변에서 주류로 진입

순대실록과 같은 순대 맛집의 존재 이유는 순대를 식탁의 정중앙에 진입시킨 것일

1. 대학로 자락, 동숭동 인근에 위치한 순대실록은 특유의 순대 맛을 찾아온 손님들로 항상 가득 찬다. 순대실
   록의 내부 전경이 정겹다.
2. 순대실록의 순대는 재료와 레시피, 둘 모두 특별하다. 전통순대 조리법 '도야지순대'를 바탕으로 만든 순대
   는 잡내가 나지 않는다.

게다.

"화려하고 복잡한 '걸작'을 요리할 필요는 없다. 다만 신선한 재료로 좋은 음식을 요리하라."

'미국 요리의 대모' 요리연구가 줄리아 차일드(Julia Child)가 한 말이다. 그의 말처럼 좋은 요리는 구하기 힘든 재료의 비싼 음식보다 좋은 재료로 누구나 쉽게 맛볼 수 있는 음식일지도 모르겠다. 흔한 메뉴지만 특별한 노하우로 많은 이들의 사랑을 받는 국내 맛집들, 그곳은 사이드 메뉴(주 메뉴가 아닌 곁가지 메뉴)의 반란이 성공한 곳이다.

흔히 순대는 곁가지 메뉴로 치부돼왔다. 떡볶이만 시키기에 2% 부족할 때, 겨울철 뜨끈한 순댓국물이 끌릴 때와 같은 순간에 비로소 테이블에 함께 올라오는 부수적인 음식으로서 말이다. 하지만 순대실록은 순대를 주 메뉴로 당당히 올려놓았다. 순대실록처럼 순대 하나로 온전한 일품요리를 내놓는 곳은 드물다.

순대실록이 파는 순대는 흔히 분식집에서 접할 수 있는 당면순대가 아니다. 상호명에서도 알 수 있듯이 순대실록의 순대는 조선시대 조리기록서인 《시의전서》에 근거해 만들어 옛날 전통방식을 살렸다.

이곳의 메뉴는 전통방식으로 만든 전통순대와 순댓국, '젊은 순대'를 표방하는 순대스테이크, 순대전골, 모듬순대, 순대철판볶음 등 모두 순대로만 만든 단일요리들이다. 특히 순대스테이크는 젊은이들의 입맛을 단박에 사로잡았다. 또 다른 이름인 '젊은 순대'답게 얼핏 보면 젊은 분위기가 물씬 풍기지만 그 깊은 맛은 노소(老少)의 구분 없이 군침을 흘리게 돼 있다. 순대스테이크 하나로 순대실록은 대학로를 평정했다.

순대스테이크는 썰지 않은 순대를 그대로 둥글게 말아 뜨거운 철판에 구워내는데 노릇하게 구워진 껍질의 촉감은 바삭하면서도 씹는 순간 순대의 속이 부드럽고 촉촉한 맛이 나는 것이 일품이다. 함께 곁들여 나오는 칠리소스와 흑임자소스는 구운 순대 맛에 매콤하면서도 달달한 풍미를 더한다. 속을 견과류로 채워 씹을수록 고소한 맛이 나기도 한다. 실제로 스테이크용 순대는 견과류를 포함해 흑미, 서리태, 녹두, 수수 등 27가지 속재료로 채운 소창을 습도와 온도를 잘 맞춘 상태에서 2~3일 숙성시켜 만드는, 제대로 된 슬로푸드(slow food)다.

순대실록의 최고 인기메뉴인 순대스테이크. 썰지 않은 순대를 둥글게 말아 철판에 굽고, 흑임자와 칠리소스에 곁들여 먹는 음식이다.

"왜 내가 곁가지 메뉴야? 나는 주 메뉴야"라고 소리치는 순대를 보고 싶은 이에게 순대실록은 추천할 만한 곳이다.

밥상의 중앙을 차지한 변방 음식들의 반란

'만두' 역시 순대와 더불어 곁가지 메뉴라고 하면 서러워할 음식이다. 자장면이나 짬뽕을 주문하면서 "여기 만두 한 접시요"라고 외칠 때의 그 만두가 아니다. 서울 종로구 부암동에 위치한 '자하손만두'는 만두계의 슈퍼스타다. 바쁜 시간에 가면 기다리다 지쳐, 돌아서기 일쑤일 정도로 문전성시를 이룬다.

깔끔하고 담백한 손만두 하나로 만두계의 거성(巨星)으로 우뚝 선 자하손만두는 숙주, 애호박나물, 두부를 넣어 정성껏 빚은 손만두를 손님들에게 대접한다. 이곳 만두는 담백하되 은은한 단맛이 돌고, 비트와 시금치, 당근 등으로 색을 낸 알록달록한 만두피는 색깔만으로도 입맛을 다시게 만든다. 특히 여름 만두인 '편수'의 맛은 별미다.

1. 자하손만두는 직접 만두를 빚는다. 심심한 듯하면서도 담백하고 깊은 손만두는 남녀노소를 가리
   지 않고 많은 사람들이 사랑하는 메뉴.
2. 부산 영도구에 있지만, 맛만큼은 '전국구'로 정평이 나 있는 달뜨네의 국밥은 3년 숙성된 된장과
   간장의 그윽함과 함께 깊은 맛을 자랑한다.

함께 나오는 알싸한 총각김치의 맛은 만두의 풍미를 한층 높여준다. 음식도 음식이지만, 식당 위치상 유리창 너머로 보이는 북한산과 인왕산 등의 풍경은 사계절 내내 손님들의 탄성을 자아낸다.

쌈이나 무침에 사용됐던 '곰피(갈조식물 다시마목 미역과의 다년생 해조)' 역시 인기 밥상의 주변부에서 정중앙으로 자리 이동했다. 부산 영도구에서 계절 생선회와 시락국밥(시래기 국밥의 경상도 방언)을 주력으로 판매하는 '달뜨네'에선 더욱 그렇다. 3년 숙성된 된장과 간장으로 깊게 끓여낸 곰피시락국밥이 인기를 끌면서 곰피 역시 갑자기 '대접받는 몸'이 됐다. 곰피는 미역의 일종으로 표면이 오돌오돌하고 약간 쌉싸름한 맛이 나며, 영양이 뛰어난 것으로 알려져 있다. 달뜨네에선 흰여울마을 앞바다에서 자생하는 곰피를 생수에 오래 불려 뽑아낸 진액에 꼬치고기를 우려낸 국물을 섞기 때문에 독특한 향과 맛을 즐길 수 있다고 한다. 한 그릇(5000원) 가격도 저렴한 편으로, 서민들의 헛헛한 속을 뜨겁게 달래주기엔 안성맞춤 음식이다. 달뜨네 식사 메뉴론 회덮밥도 추천할 만한데, 큼지막한 그릇에 신선한 채소와 그날그날 잡히는 물오른 회가 푸짐하게 올라와 배 든든히 먹기 좋다.

순대, 만두, 곰피…. 겨우 변방이나 주름잡던 음식들이 어느새 한양에서 호령하고 있다. 음식 팔자, 모를 일이다.

'분식 강자' 순대, 원래는 칭기즈 칸 전투식량

떡볶이, 튀김과 함께 분식계의 3대 강자인 순대. 순대는 남녀노소 누구에게나 사랑을 받고 있는 서민음식 중 하나다. 전 국민이 즐겨 먹는 국민 간식인 순대는 어느 나라에서 처음으로 만들어 먹었을까?

외국의 유래를 보면 순대는 몽골에서 시작됐다고 한다. 몽골의 칭기즈 칸은 대륙 정복에 나설 당시 전투식량으로 전장 기능 속도를 유지하기 위해 돼지의 창자에다 쌀과 채소를 혼합해 말리거나 냉동시켰다. 순대는 휴대가 편리해 전쟁터에서 전투식량으로 기동전을 수행해 세계를 정복하는 데 큰 역할을 했다고 한다.

6세기에 쓰인 중국의 종합 농업기술서인 《제민요술(齊民要術)》에는 '양반장도(羊盤腸

순대는 북한음식으로 알려져 있지만 예로부터 제주에서도 즐겼다. 모든 음식이 다 그렇지만, 순대는 특별한 사연과 역사를 지녔다. 일반순대.

搗)'라는 순대요리가 기록돼 있다. '양의 피와 양고기 등을 다른 재료와 함께 양의 창자에 채워 넣어 삶아 먹는 법'으로, 이는 창자에 재료를 채워 먹는 지금의 순대 제조방식과 흡사하다.

《제민요술》이 만들어질 당시 우리는 삼국시대였고 시대상 중국의 음식이 많이 전파됐다는 각종 문헌을 봐서는 삼국시대에도 순대가 있지 않았을까 추측되기도 한다.

한국에서의 순대는 보통 북한음식으로 알려져 있다. 고려시대 개성의 소문 난 돼지고기와 순대 '절창' 때문인지도 모른다. 히지만 순대는 남쪽의 끝인 제주도에서도 예부터 찾아볼 수 있다. 바로 '순애'라고 불리는 음식이 있다. 만드는 방법은 몽골의 순대와 유사하다. 채소는 거의 없이 돼지 피와 곡물을 섞어 만든 부드러운 식감의 음식이다. 제주는 고려시대 원나라의 목축지로 쓰였다. 그래서 육지의 제조방법이 아닌 몽골의 순대와 유사한 순대의 맛이 그대로 전해진 것으로 보인다.

한국의 순대는 북쪽의 함경도부터 남쪽의 제주도까지 만들어진 지역마다 그 지역의 풍토와 생산되는 재료가 첨가되어 함경도의 '아바이순대'부터 '병천순대'까지 고유한 맛과 특색이 생겨났다.

'아바이'는 함경도 말로 '아버지'란 뜻인데, 아바이순대는 돼지의 대창을 이용해 만든다. 강원도 속초의 아바이순대는 속초시 청호동의 실향민 마을인 아바이마을에서 나왔다. 이곳은 한국전쟁 당시 1·4후퇴 때 남하한 실향민이 고향에 가지 못하고 정착해 만든 동네다. 1999년 함경도 향토음식 축제에 출품돼 처음 이름을 얻었고, 전국적인 명물로 발돋움했다.

북쪽에 아바이순대가 있다면 남쪽에는 병천순대가 이름을 떨치고 있다. 병천순대는 한국전쟁 이후 병천에 햄공장이 들어서면서 생겼다고 한다. 돈육의 가공 과정에서 나오는 값싼 부산물을 이용, 순대를 만들어 먹었다. 먹을거리가 귀하던 시절, 저렴하면서 영양이 많은 순대는 서민들에게 인기 있는 음식이 돼 오늘날 병천지역의 명물이 됐다.

순대는 세월의 흐름 속에서 그 몸값은 계속 낮아졌지만 순대 한 접시에 소주 한 잔을 곁들이는 서민의 소중한 음식으로 위용은 여전하다. 최근 순대는 다양한 음식으로 젊은 층까지 파고들면서 국민음식으로 급부상했다.

순대실록

대표인물　육경희 대표　　　　　　　　　요리장르　한식
주　　소　서울 종로구 동숭길 127　　　전　　화　02-742-5338
홈페이지　www.sundaestory.com
100인 선정단의 한줄평
• 최근 가장 주목받고 있는 순댓국전문점. 순대스테이크 등 실험적인 메뉴부터 순대국밥, 순대전골까지 골고루 인기. 소금, 새우젓 등 식재료 선택도 깐깐하다.
• 순대의 근본을 찾아 재정의하고 재해석해 미래를 보여주는 과정이 모든 한식 분야에 적용할 만하다.

05
발품 파는 식재료,
그게 최상의 요리죠

'홍연' 정수주 주방장

'홍연(紅緣)'의 밑반찬은 세 가지다. 홍식초와 고수·청양고추를 넣어 버무린 목이버섯, 오이씨가 입안에서 씹히는 달짝지근한 오이지, 양파와 착채의 맛이 잘 묻어나는 짜지 않은 자차이(짜사이)다. 여기에 향이 은은하게 풍기는 따뜻한 우롱차가 기본으로 더해진다. 조금은 심심한 듯하면서도 신선한 이들 음식이 상에 오르면 홍연의 참맛을 경험할 상차림이 완성된다.

서울 웨스틴조선호텔의 정수주 홍연 대표 주방장은 '착한 재료가 곧 맛'임의 신봉자다. 홍연에서 만난 그는 밑반찬의 중요성을 거듭 강조했다.

"밑반찬 하나를 만드는 데도 하루, 이틀을 꼬박 보내곤 합니다. 재료 본연의 맛을 살리는 방법을 항상 고민하죠."

항상 신선한 식재료만을 고집하는 정 주방장. '건강한 재료'는 포기할 수 없는 음식에 대한 그의 철학이다.

실제로 그가 주방에서 강조하는 것은 세 가지다.

첫째는 "주방에서는 거짓말하면 안 된다"는 것이다. 재료가 없으면 없다고 말하고,

인테리어 디자이너를 꿈꾸다가 요리사가 됐다는 정수주 홍연 대표주방장. 매일 아침 7시30분에 출근, 육수를 끓이며 하루를 시작하는 그는 요리사로서 정진하는 삶에서 인생의 가치를 느낀다.

나쁜 재료는 무조건 버리고 좋은 재료로만 손님을 대하자고 강조한다. 둘째는 "레시피를 꼭 지키라"는 것이다. 육수를 끓일 때도 양을 꼭 지켜야 음식의 맛이 달라지지 않는단다. 정 주방장은 아침 7시30분에 출근해 육수를 직접 끓인다. 육수가 음식의 맛을 내는 데 가장 중요하기 때문에 직접 6시간씩 끓이는 일이 일상사다. 마지막은 어딜 가든 "많이 가서 보고, 맛보고, 체험하라"는 것이다. 아무리 바빠도 주방 가족들이 외국에 나간다고 하면 다 보낸다는 게 그의 철칙. 일반식당이든 특급호텔이든 가리지 않고 다양한 곳을 가봐야 아이디어가 쑥쑥 나온다는 것이다. 그래야 손님에게 맛의 행복을 선사할 수 있단다.

인상이 푸근한 정 주방장은 은은한 미소를 띠면서 자신의 요리비법을 공개한다.

인테리어 꿈 접고 요리사 입문

정 주방장은 요리사 경력만 28년, 서울 웨스틴조선호텔에서는 22년째 재직하고 있다. 요리는 대물림이다. 유명 중식당 동성관(東成館)을 운영한 아버지 밑에서 자라 어렸을 때부터 어깨너머로 요리를 배웠다.

"직접 양파를 까기도 했고, 중국요리를 몸으로 익힐 수 있는 시간이었어요."

아버지 밑에서 깨우친 것 중 하나가 신선한 재료의 중요성이다. 요리도 배워 류산슬과 같은 각종 음식을 만들기도 했다. 그는 1989년 롯데호텔 '도림'에 입사하며, 본격적으로 요리사의 길을 걸었다. 1995년에는 신세계조선호텔에 입사했고, 2010년 주방장의 자리에까지 올랐다.

사실 그의 꿈은 인테리어 전문가였다. 대입 시험을 보고 기다리는 동안 롯데호텔 도림에서 견습생활을 했다. 대학입학을 기다리는 시간이었고, 부주방장이 큰매형의 친구였던 터라 취미 삼아 시작한 일이었다.

"6개월간 15만 원을 받고 일했어요. 당시 정직원 월급이 70~80만 원 정도였으니 엄청 적은 돈이었죠. 그러다가 1년이 지났고, 요리에 재미가 붙었어요. 요리도 하나의 예술이고 디자인이란 생각이 들어 요리의 길로 방향을 바꿨어요. 나중에 알게 된 사실인데, 중간에 대학 합격 통보가 왔지만 어머니가 그냥 요리하라고 이 사실을 알리지 않으셨더라고요."

그가 요리사에 관심을 가진 또 다른 이유는 칼판에 대한 매력 때문이다.

"요즘엔 불판 출신이 주방장이 되지만, 옛날에는 칼판 출신이 소위 말하는 '실세'였어요. 예전에는 중국집에 메뉴판이 없었어요. 4명이 30만 원에 맞춰달라고 하면 있는 재료를 고려해 메뉴를 조율했는데, 그게 되게 멋있어 보였어요."

그의 요리 특징은 가볍고 깔끔한 중식이다. 그래서 신선한 식재료를 더욱 중시한다. 깔끔하게 기름이 빠진 중식에서는 식재료의 맛이 더욱 강조되는 법이란다. 신선한 식재료를 써야만 음식의 맛이 살아난단다.

"제 인생이요? 발품 파는 인생입니다. 식재료를 찾아 전국 각지를 돌아다니기도 합니다. 생선은 매달 한 번씩, 속초나 남해안에 가서 직접 둘러보죠. 재료를 구하러 제

셰프는 어쩌면 예술가다. 영혼을 갖고 요리하니까. 홍연의 주방은 맛과 영양이 조화를 이룬 '몸에 좋은 요리'를 추구한다.

주도에 내려가기도 해요."

힘들지만 보람은 크다. 자식 같은 식재료, 귀하디귀한 그것을 활용해 손님 테이블에 내놓는 것, 그 자체가 행복이기 때문이다. "좋은 식재료 예찬론은 저의 음식에 대한 초심(初心)이기도 합니다."

이 같은 셰프의 노력은 홍연에서 사용되는 각종 식재료가 건강함으로 무장하는 바탕이 됨은 물론이다.

정 주방장의 24시간은 레시피에 대한 고민만으로도 부족하다. 탕수육은 고기를 찾기 위해 여러 가지를 맛보다 숙성 한우를 활용하기 시작했다. 옥돔은 제주도에서 매일 아침 직접 공수해온 것만을 쓴다. 딤섬에 들어가는 닭육수에는 연령이 적당하게 찬 노계를 활용한다. 육수에서 닭고기 본연의 향이 느껴지도록 하기 위해서다.

"거듭 강조하지만, 홍연은 식재료를 가장 중요시 여깁니다. 거래처에는 신선함뿐만

1. 국내산 한우 맛을 최대한 살린 홍연의 탕수육. 중국음식답지 않게 담백한 맛이 특징이다.
2. 홍연의 대표메뉴인 딤섬 4종. 식재료가 정직하게 어우러져 있어 우아한 품위를 연출한다.

아니라 크기와 색깔도 신경 써달라고 특별히 요청합니다. 조금이라도 크기가 커지면 식감이 무뎌지거든요."

홍연의 한자를 한글로 풀어내면 '붉은 실'이다. 붉은 실로 맺어진 인연이란 의미를 담고 있다. 홍연이 결혼을 앞둔 예비부부의 상견례 장소로 정평이 나 있는 이유도 이름과 무관치 않다.

음식에서 인연이란 무엇일까? 갖가지 식재료가 한데 잘 어우러지는 것이다. 인공합성조미료(MSG)를 통해 강제로 묶인 만남이 아니라 신선한 식재료들이 자연스럽게 얽혀 있는 '인연의 맛'. 그것이 음식에서의 인연이다. 정 주방장은 어찌 보면 이 같은 인연을 맺어주는 사람이다.

'인연의 맛'은 하늘의 섭리를 따른 자연 그대로의 맛일 수 있다. 홍연에서는 이런 맛을 찾을 수 있다.

정 주방장도 이를 자신한다. "재료 그대로의 맛을 살리려고 합니다. 해물짬뽕을 먹으면 해물이 주는 바다의 향을, 육지재료에서도 기름기가 빠진 식재료 그대로의 식감을요."

홍연 맛 비결이요? 육수죠!

그가 홍연에 갖는 애착은 남다르다. 홍연의 시작부터 함께 해온 데다 이곳에서 대표 주방장이 됐기 때문이다. 정 주방장은 홍연의 가장 큰 특징으로 '육수'를 꼽는다. 한국의 다른 중식당에서는 안 쓰는, 굉장히 끈적거리는 고가의 비싼 육수란다.

"중국 광동지역에서만 나는 돼지고기 다리를 말려서 씁니다. 그 햄을 갖고 8시간 동안 육수를 끓이죠. 이 육수의 절반은 짬뽕을 비롯한 식사용으로 쓰고, 나머지 절반은 노계와 햄을 넣고 다시 4시간 동안 찜니다. 이건 요리음식에 쓰이죠. 마지막으로 여기에 또 햄을 넣고 또 찌는데, 이건 제비집수프나 불도장 같은 고급요리에 씁니다. 육수만 크게 세 가지예요."

몸에 좋은 건재료를 많이 쓰고 두부나 해산물요리가 많다는 것도 홍연만의 특징이라고 했다.

1. 요리는 인내를 품고 산다. 말리기만 석 달, 다시 불리는 데 이틀이 소요되는 별미 건전복해삼.
2. 겨울시즌 인기 메뉴인 활가리비찜. 가리비 위에 얹힌 속살이 부끄러운 듯 머리를 내민다.

건재료는 생것에 비해 단백질을 비롯한 영양소가 높다. 홍연에서는 재료를 말린 뒤 이를 다시 불려서 쓰고 있다. 해삼, 전복, 생선부레 등이 대표적이다. 더욱이 홍연에서는 건전복을 만드는 방법은 물론 건전복을 다시 불리는 것 역시 다른 곳과 차별화했다. 또 광동요리가 해산물 위주인 만큼, 튀기기보다는 찌는 해산물음식도 많은 편이다.

정 주방장은 특히 두부에 대한 애착이 크다.

"두부는 한국에서 싼 식재료로 인식되지요. 김치찌개나 된장찌개 등에 손쉽게 들어가는 재료로요. 하지만 일본이나 중국에서는 고급요리에 쓰입니다. 홍연에서는 두부를 직접 만들고, 계란이나 시금치도 넣어보고 냉채를 만들 때도 두부 안에 오리알을 넣어 두부냉채를 만드는 등 다양한 메뉴를 선보이고 있어요. 몸에도 좋고 맛도 좋은 두부가 한국에서도 고급요리에 쓰였으면 하는데, 솔직히 고객들 반응은 아직 그렇지 않더라고요. 나중에 기회가 된다면 두부요리 중심의 특색 있는 작은 중식당을 운영해보고 싶어요."

홍연은 레스토랑 가이드 '자갓 서베이'에서 "중국요리에 대한 선입견을 깼다"라는 평가를 받았다. "(정 주방장의 요리는) 영양소 파괴를 최소화하기 위해 단시간 센 불에 조리하며 소스 또한 모두 일일이 주방에서 충분한 시간을 들여 만든 상탕이 기본이 된다. 홍연은 맛과 더불어 가볍고 영양이 조화를 이룬, 몸에 좋은 요리를 추구한다"는 호평과 함께 말이다.

자연 미(味)를 느끼러 어디 한번 가볼까.

대표인물	황티옌푸 셰프	요리장르	중식
주 소	서울 중구 소공로 106	전 화	02-317-0494
홈페이지	https://twc.echosunhotel.com		

100인 선정단의 한줄평
• 맛이 세련됨.
• 역사만큼 깊은 맛이 느껴진다.

06
프랑스요리, 단박에
내 길임을 알아차렸죠

'보트르메종' 박민재 셰프

"우연히 신문에 실린 프랑스 요리학교에 대한 기사를 보는 순간 직감적으로 알았어요. 이게 내 일이다. 프랑스에 가야겠다. 한마디로 운명이었던 거죠."

'보트르메종' 박민재 셰프에게 프랑스는 필연(必然)이다. 그는 1993년 전문대 졸업후 다니던 건설회사를 그만두고 이듬해 서울 강남구에 80석 규모의 부대찌개 식당을차렸다. 매일 두툼한 햄과 소시지를 썰었다. 시큼한 김치와 진득한 고추장 냄새를 맡아가며 5년을 지새웠다. 수입은 짭짤했지만 창작의 고진감래는 느낄 수 없었다. 쳇바퀴 같은 일상에 갈증을 느끼던 찰나, 프랑스 최고 요리학교인 '르 코르동 블루'의 기사를 접하게 됐다.

짜릿한 전기 충격이 메마른 심장을 강타하는 것 같았다. 당시 서른두 살이었던 박셰프는 그 길로 프랑스 유학길에 올랐다. 그는 르 코르동 블루에 입학해 이름조차 생소한 푸아그라, 트러플(송로버섯), 캐비어 등의 재료를 다뤘다. 미슐랭 3스타급 레스토랑을 운영하는 피에르 가니에르의 식당에서 실습을 하는 기쁨도 맛봤다.

실타래처럼 따라오던 행운은 그가 2001년 한국에 귀국한 후 엉켜버렸다. 2002년 경

박민재 보트르메종 셰프는 매년 나이테를 두르는 나무처럼 초연하고 담담하게 맛을 연구하며 주방을 지킨다.
늦은 나이에 만난 프랑스요리는 그의 가슴을 뛰게 했고, 새로운 인생을 살게 해주었다.

기도 양평에 식당을 냈다. 이듬해 서울 압구정동으로 자리를 옮겨 프랑스 레스토랑
'르 까레'를, 2009년에는 청담동에 '비앙 에트르'를 열었지만 결국 실패했다.

"당시에는 내가 왜 망가졌는지 몰랐는데, 돌이켜보면 남의 눈을 지나치게 의식해
내 수준에 맞지 않는 레스토랑을 가졌던 것 같아요. 일이 잘 안 풀리면 남 탓을 했는
데 결국 내 마음가짐의 문제였죠."

그런 그는 인고의 세월 끝에 서울 신사동에 둥지를 틀었다.

프랑스 요리학교 기사 보자 가슴 쿵쾅

지하에 위치한 보트르메종은 아늑한 동굴같이 따뜻하다. 요리는 정갈하고 고급스

럽다. 레몬그라스 향의 그릴에 구운 금태와 바닐라 향의 수플레는 둔해진 미각을 일깨우기 충분하다.

박 셰프에게 음식이란 마음을 담는 그릇이다. 그는 "음식으로 말을 하고, 표현해야 한다"며 "셰프가 어떤 마음가짐으로 음식을 만드는가에 따라 손님들의 감흥이 달라진다"고 했다. 셰프가 순수한 마음으로 정성을 다했다면 그 마음이 손님에게 그대로 전해진다는 게 그의 지론이다.

담배나 술은 입에 대지 않는다. "담배를 피운 손으로 요리를 하면 예민한 손님은 거북함을 느낍니다. 미세혈관을 통해 니코틴이 전달될 수 있듯이 사소한 행동과 마음가짐에서 음식의 맛이 판가름 나는 거죠."

자기 절제가 셰프의 기본임을 누구보다 잘 알기에, 그는 흡연자를 주방 직원으로 고용하지 않는다.

박 셰프는 온종일 주방에 틀어박혀 산다. 향신료와 식재료의 절묘한 조합을 연구하고 또 연구한다. 맛뿐만 아니라 미(美)도 연구 대상이다. 그의 음식은 선과 도형이 교

요리 비법 공개? 투명 유리를 통해 셰프가 요리하는 과정을 직접 볼 수 있다. 보트르메종의 매력이다.

보트르메종의 전채 요리 '제주산 금태구이'.
팬에 프라이를 한 금태 아래쪽에는 채소 라타뚜이가 깔려 있고,
위로는 과일 라타뚜이가 얹어져 있다.
맨 위에는 튀긴 파슬리가 몸을 꼬고 있다.
레몬, 트러플, 허브를 이용한 소스로 마무리해 우아하다.

차하는 칸딘스키의 추상화를 떠올리게 하는데, 이는 그가 시간이 날 때마다 음식의 미적 구성을 고민하기 때문이다.

그의 꽉 찬 내공과 정성이 어우러진 한 끼의 식사는 단골은 물론 나그네의 지친 마음과 몸을 달래주기에 충분해 보인다. 가장 먼저 서빙되는 '아뮤즈 부쉬'는 옥수수·두부·샐러리악·아몬드수프로 층층이 이뤄져 있다. 농밀한 수프를 한 스푼 떠 맛보면 고소하고 담백한 맛에 절로 행복한 탄식이 새어 나온다. 입안에서 눈송이처럼 바스러지는 에멘탈 치즈칩은 묘하게도 짭짤한 끝맛을 남긴다.

'아뮤즈 부쉬'는 입맛을 돋우는 요리일 뿐이니, 전체 코스를 맛보고 싶다면 직접 보트르메종을 찾길 권한다. 박 셰프가 말하듯, 행복은 음식을 타고 전해지다고 하니 그가 직접 행복을 만드는지 확인하고 싶다면 말이다.

농밀한 프랑스, 담백한 이탈리아 파인 다이닝의 설렘

'식(食)'도 이제는 하나의 문화다. '파인 다이닝'으로 대표되는 짙고 풍부한 고급 요리는 미각의 말초신경을 자극할 뿐 아니라 우아한 분위기, 빈틈없는 서비스로 때론 감동을 선사한다. 미식 마니아 중 '외식의 고급화'를 충분히 만족시켜준다며, 파인 다이닝족(族)으로 빠지는 이들이 많은 이유다.

그렇다고 파인 다이닝의 역사를 꿰뚫고 있는 이는 많지 않다. '파인 다이닝(Fine Dining)'은 말 그대로 '훌륭한 정찬'이라는 뜻이다. 프랑스식 최고급 요리를 뜻하는 '오트 퀴진(Haute Cuisine)'에 토대를 뒀다. 오트 퀴진은 1900년께 조르주 오귀스트 에스코피에(Georges Auguste Escoffier)라는 전설적인 요리사에 의해 확립된 호화스러운 프랑스 황실 요리다. 한두 가지의 에피타이저로 시작해 메인코스, 디저트, 커피에다 와인을 곁들인 고급 코스요리다.

따뜻한 한 끼의 식사는 단순히 허기를 채우는 원초적 욕망을 넘어 '행복'이라는 총체적 경험을 선사한다. 최근 유행하는 '욜로(YOLO·현재 자신의 행복을 가장 중시하고 소비하는 태도) 라이프'가 설파하는 것처럼 행복은 먼 미래가 아니라 가까운 현재에 있다. 현재에 위치한 것 중 하나가 음식이다. 파인 다이닝은 그래서 '행복한 입맛'을 선물하

1. 보트르메종의 디저트 '쁘띠 푸'. 앙증맞은 마카롱, 초콜릿, 머랭 쿠키와 휘낭시에가 장난감 병정 같은 모습을 하고 있다. 손가락으로 집어 먹는 일종의 '핑거푸드'로 홍차나 커피와 곁들여 먹는다.

2. 보트르메종의 메인인 안심스테이크. 쥐드보 소스(Jus de veau)가 부드러운 육질을 감싸고 있다. 비스크 소스, 당근과 잣을 사용한 노란색 퓨레, 당근 퓨레도 입맛을 돋워준다. 매쉬드 포테이토, 대추 토마토, 그린 아스파라거스의 파릇한 색상이 접시에 미(美)를 더해준다.

서울 강남구 신사동의 한 건물 지하에 둥지를 튼 보트르메종. '당신의 집'이라는 이름에 걸맞게 아늑하고 따뜻한 인테리어로 손님을 맞이한다.

는 데 근원적 사명감을 지녔는지도 모른다.

최근의 음식 트렌드 중 하나가 '외식의 고급화'다. 삶은 힘들고 각박하고 지치지만, 좋은 음식에는 과감하게 지갑을 여는 것이 맛 소비시장의 흐름이다. 이 중 외식의 고급화를 선도하는 것은 단연 파인 다이닝이다.

선두주자의 양대산맥은 프랑스 레스토랑과 이탈리아 레스토랑이다. 파인 다이닝의 역사는 우리로선 오래되지 않았다. 지난 2008년 피에르 가니에르 서울이 롯데호텔에 들어오면서 '프랑스 파인 다이닝'의 신호탄을 쐈다. 트러플, 푸아그라, 캐비어 등 세계 3대 진미를 비롯해 평소에 맛보기 힘든 고급 식재료를 아낌없이 활용해 많은 이들의 입맛을 단숨에 사로잡았다. 피에르 가니에르 서울은 롯데호텔 신관 개조공사로 인해 2018년 여름에 새로운 모습으로 재개관한다.

피에르 가니에르와 인연이 깊은 박민재 셰프의 보트르메종은 파인 다이닝의 최강자다. 박 셰프는 프랑스 유학 때 한국인 최초로 피에르 가니에르의 식당에서 실습을 했다. 펜넬, 적후추, 고수, 노간주열매 등 수십 가지의 향신료와 식자재로 끓여낸 진한 소스는 모든 음식의 기본이 된다는 것을 몸으로 체득했으니 '원조' 파인 다이닝을 전수받은 셈이다.

박 셰프의 시그니처 디저트는 '수플레'다. 수플레는 달걀물에 공기를 잔뜩 불어넣어 부풀어 오르게 한 것을 오븐에 구워내는 후식이다. 달콤한 구름을 먹는 기분을 느낄 수 있다. 수플레 안 공기를 혀로 녹이고 있노라면 말캉한 푸딩과 달짝지근한 케이크, 바삭한 설탕의 맛이 미묘하게 스친다.

'리스토란테 에오'는 어윤권 셰프가 운영하는 최고급 수준의 이탈리아 레스토랑으로, 파인 다이닝 분야라면 둘째가라면 서러워할 곳이다. 간판이 없는 리스토란테 에오는 소수의 고객에게만 점심, 저녁의 코스 요리를 제공한다. 매일 식재료 상황에 따라 어 셰프가 고객과 조율해 메뉴를 결정한다.

가격대가 비교적 높은 파인 다이닝 문화는 1988년 서울 올림픽의 개최와 외국인의 유입으로 움트기 시작했다. 1998년 외환위기의 충격으로 잠시 주춤하던 고급 외식시장은 2000년대에 들어서 다시 회복세를 보였다. 해외 유명 조리학교를 졸업한 젊은 셰프들이 국내로 유입되면서 청담, 신사, 압구정을 중심으로 파인 다이닝이 활성화됐다. 이제 견고하게 자리 잡은 파인 다이닝은 하나의 문화이자 생활양식으로 우리 곁에 자리 잡았다.

대표인물	박민재 셰프	요리장르	프랑스요리
주 소	서울 강남구 언주로168길 16 히든하우스	전 화	02-549-3800
홈페이지	blog.naver.com/votremaison		

100인 선정단의 한줄평
• 농축된 맛, 지치지 않는 코스 구성.
• 점심 코스 가성 대비 코스 구성도 좋고 맛까지 좋다.

07
맛존디 어디우꽈,
낭푼밥상으로 갑서양

'낭푼밥상' 양용진 대표

"할망, 이거 다 줍서."

전국에서 제일 큰 오일장. 제주시 민속오일장에 나온 '낭푼밥상' 양용진 대표가 장을 본다.

이곳에는 '할망장'이 따로 있다. 예순은 젊은이요, 칠순이 더한 할망들이 장터를 지킨다. 텃밭 채소, 산과 바다를 누비며 할망이 채취한 제철 산야초, 해초가 그득하다. 할망네 담 밑에서 키운 콩, 총천연색 채소씨도 있다.

양 대표는 이곳의 '큰손'이다. 장이 설 때마다 와서 할망들이 내온 것들을 싹쓸이한다. 제주의 흙과 바다에서 건져올린 재료는 낭푼밥상의 요리로 태어난다. 이곳은 제주 음식의 '파인 다이닝'을 지향하는 곳이다. 낭푼밥상(제주시 애월읍)은 '2017 코릿'이 선정한 '제주 맛집 톱30'에 이름을 올렸다.

"제주음식의 특징은 조리법이 단순하다는 점입니다. 이는 양념의 단순함으로 이어지죠. 제주 사람들은 재료 본연의 맛을 즐겨온 겁니다. 밥상에는 물질로 잡아온 생선이 올랐고, 자리젓에 국 하나 끓여 냈죠. 낭푼(양푼)에 밥을 퍼 담아 함께 먹었지요."

제주 유일의 향토음식 명인으로 이름을 알린 김지순 선생과 그의 아들 양용진 낭푼밥상 대표. 모자는 제주향토음식보전연구원을 직접 설립해 건강한 제주식 밥상을 보존하고 있다. '제주 맛 지킴이'다.

양 대표가 '자연 그대로인 제주 밥상'을 사랑하는 이유다. 낭푼밥상에서 선보이는 음식들은 그의 어머니가 일평생 수집한 제주의 맛이다. 그의 어머니 김지순 씨는 제주특별자치도에서 지정한 '제주향토음식 명인 1호'다. 모자는 제주향토음식보존연구원을 세워 사라져가는 제주음식을 기록하고 있다.

어머니가 평생 수집한 제주의 맛을 내놓다

낭푼밥상의 점심특선 A코스(10가지·5만5000원)를 맛봤다. 유정란에 제주 토종 참기름을 곁들인 독세기(달걀) 반숙이 첫 번째로 나온다. 한술 뜨니 슴슴하기 짝이 없다.

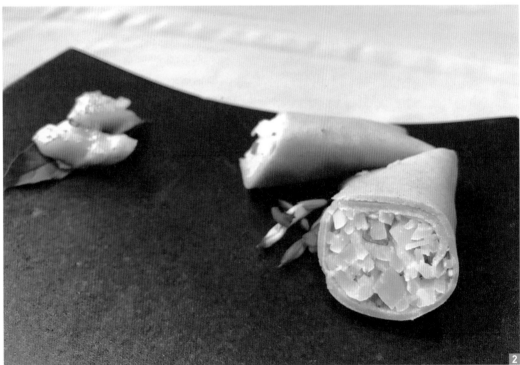

1. 100%에 가까운 제주 식재료, 50여 년간 고집해온 제주 전통의 조리법으로 차린 낭푼밥상의 상차림. 제주 전통의 푸른 콩 된장과 간장을 주 양념으로 사용한다. 지슬밥(감자밥)과 성게미역국, 자리젓, 전복양념찜 등이 상에 오른다.
2. 얇게 빚은 메밀에 참기름, 깨 등으로 양념한 무나물을 넣고 빙빙 말아 만든 제주 전통음식 빙떡.

호들갑스러운 평을 붙이기는 어렵지만, 속이 맨도롱 또똣('기분 좋게 따뜻하다'는 제주방언)하다.

별미는 빙떡이다. 무미(無味)라서 더 그렇다. 얇게 빚은 메밀에 재래식으로 짜낸 참기름, 깨, 양념한 무나물을 넣고 빙빙 말아놓으니 강원도 메밀전병을 닮았다. 담백함은 더하다. 벌겋게 무치거나 기름에 달달 볶지 않으니 참 순박하다 싶다. 삼색전에는 간장젤리로 간을 맞춘다. 젤라틴이 아닌 제주 한천으로 만들었다.

"제주는 땅이 척박하고 물이 귀해 고추농사를 하지 못했어요. 그래서 고추장 양념이 거의 없습니다. 된장, 간장으로만 심심하게 간을 했어요. 집집마다 우영팟(텃밭)에서 푸른 채소를 뽑아 먹었지요."

온화한 기온 때문에 음식이 빨리 시어 저장식품도 발달하지 않았다. 대신 쌍노물, 구억배추 등 제주에서만 나는 풍성한 채소는 제주 밥상을 푸짐하게 해주었다. 낭푼밥상 역시 그랬다.

해녀들이 건진 성게와 전복, 돌문어, 보말 등이 연이어 식탁에 올라온다. 메인은 돌우럭콩조림이다. 주낙으로 잡아올린 우럭에 쥐눈이콩을 넣고 간장에 졸였다. 육수가 배어든 흰 쌀과 콩은 씹을수록 구수하다.

낭푼밥은 제주 극소수 농가에서 재배하는 산듸(밭벼)와 쌀보리로 지었다. 양푼밥은 제주의 양반, 천민 할 것 없이 퍼먹던 밥이다. 무쇠 가마솥밥을 양푼에 담아놓으면 이웃사촌이 빙 둘러앉아 함께 먹었다고 한다.

"제주 식당들이 갈치, 고등어만 제주산을 쓰고 양념과 반찬은 수입산을 쓰는 게 부지기수예요. 원가 절감 때문에도 그렇고 제주식으로 하면 맛없다는 둥 말도 많았죠. (낭푼밥상은) 그렇지 않다는 걸 보여주고 싶었습니다."

낭푼밥상은 주재료, 양념까지 95% 이상 제주산으로 쓴다. 이곳에서는 20~30곳의 농가와 계약을 맺고 지속적으로 식재료를 구매한다. 소규모 농가들이 농사를 포기하지 않게 하는 것, 향토종이 멸종되지 않도록 명맥을 잇는 것도 그의 일종의 사명감이자 몫이다.

"한 해 1400만 명이 제주도를 찾습니다. 제주도보다 5배나 큰 하와이 관광객은

돌우럭콩조림. 간장으로 조리고 다른 향신채소는 소량만 사용한다. 간장의 맛이 쫄깃한 우럭살과 콩에 배어들어 단순하면서도 구수한 맛이 일품이다.

800만이에요. 하지만 제주도 관광수익은 하와이의 100분의1도 못 쫓아갑니다. 세련되고 고급화된 관광상품이 많이 없어요. 관광객이 늘수록 향토음식이 자극적으로 변해 가는 것도 안타깝고요. 전통성을 지키는 일, 제주음식을 보존하고 그 가치를 알리는 게 목표입니다."

제주에서 만나는 양푼밥의 추억

그렇다. 낭푼밥상에선 '추억'을 만났다. 눈시울이 붉혀질 추억이다. 양푼밥 덕분이다.

쌀보리와 산듸(밭벼)로 맛을 낸 양푼밥에 시큼하고 향긋한 냄새가 일품인 산나물, 해녀가 직접 채취한 제주도 연안의 어패류 반찬까지…. 온갖 식재료가 본연의 맛을 낸 양푼밥 정식은 현재 제주를 대표하는 맛의 대명사다.

그런 양푼밥 이면에는 제주도민의 오랜 굶주림의 역사가 얽혀 있다. 양푼밥은 사실 제주도민이 생존을 위해 보였던 간절한 몸부림이었다.

삼별초의 마지막 대(對)원나라 대항지였던 제주는 원 제국이 고려의 내정에 간섭한 뒤 척박한 땅이 됐다. 삼별초에 대한 보복이 있어서가 아니다. 제주도가 원나라 군대의 일본 침략을 위한 전초기지와 보급고가 됐기 때문이다.

태풍 탓에 두 차례 왜국 원정에서 실패한 원나라는 세계 정복의 꿈을 굽히지 않았고, 일본 열도에서 가까운 곳에 병참기지를 설치하길 원했다. 제주도는 가장 적합한 땅이었다. 제주도에 들어온 몽고인은 농경지를 뒤집어엎고, 말을 위한 목초지를 만들었다. 주민들은 말을 키우고, 병사들의 물자를 보급해야만 했다. 농사를 지을 여력이 떨어졌고, 농경지가 사라진 제주는 점차 가난한 섬이 됐다.

원나라 군대가 떠나간 이후에도 시련은 계속됐다. 화산섬인 제주는 애초부터 땅과 물 모두가 농업과는 어울리지 않았다. 평지와 완만한 구릉지는 많은 편이지만, 대부

낭푼밥(양푼밥)은 제주 식문화의 상징이다. 굶주림 속에서도 제주 사람의 정(情)을 확인할 수 있었던 것이 양푼밥이다.

분이 현무암질 토양이라 물을 막아두는 게 쉽지 않았다. 석회암질 지하수도 농업용수로 적합하지 못했다.

농업은 자연스레 해안 일부지역에서 이루어졌고, 그마저도 대부분 밭농사 중심이었다. 열악한 환경 탓에 논농사를 짓는 것이 쉽지 않았다. 제주도 식탁에는 조와 보리·메밀과 같은 잡곡류가 주로 올랐다.

조선 인조(1629년) 때부터 약 200년간은 어업활동도 제한됐다. 열악한 생활환경 탓에 탈도를 꿈꾸는 도민들이 늘어났지만, 조정은 제주 인구가 점차 줄어들자 국법으로 출륙을 금지했다. 배가 뜨는 일은 감소했고, 자연스레 잡히는 물고기도 급감했다. 해산물 채취는 해녀·해남들의 물질에 의존해야만 했고, 그마저도 상당수는 조정에서 진상품으로 가져갔다.

가뜩이나 힘든데 제주도민들은 먹을것을 조정에 바쳐야 하는 설움을 겪은 것이다. 특히 원나라 군대 주둔 시절부터 제주말에 대한 명성은 자자했고, 조정은 그것도 탐냈다. 전복은 물론 말과 감귤도 꾸준히 진상해야만 했다.

자연 그대로의 맛을 담았다는 평가를 받는 제주음식은 이런 열악한 상황에서 탄생했다. 제주도민이 직접 산과 바다에서 채취한 제철 산야초와 해초, 담 밑 조그만 밭에서 키운 콩과 채소로 끼니를 때웠다. 양념도 부족했다. 땅이 척박한 제주에서는 고추농사를 지을 수 없었다. 잘 정제된 소금은 일반 백성이 먹기엔 너무도 귀했다. 도민들은 자연스럽게 식재료 본연의 맛을 내는 방식을 고민하게 됐다.

이 같은 제주음식에는 피난의 아픈 역사도 함께 담겨 있다. 6·25전쟁 당시 제주에도 뭍에서 많은 피난민들이 몰려왔다. 가뜩이나 먹을것이 부족한 제주는 몸살을 앓을 수밖에 없었다. 척박한 제주로선 이들 피난민을 전부 수용할 수 없었다. 피난민들은 나무껍질을 뜯어먹거나 산과 들을 헤매며 산나물을 공수했다. 그리고 하루하루 힘겹게 끼니를 때웠다. 피난민들의 눈물겨운 생존본능 덕에 제주 산나물은 이때 더욱 다양해졌다고 하니 역사란 참으로 심술쟁이인가 보다.

제주도민들은 없는 식재료에도 함께 음식을 나눠 먹었다. 식사 때면 집집마다 한 움큼씩 좁쌀과 보리를 모아 큰 양푼에 밥을 지었다. 집 앞에서 한두 뿌리 캐 온 산나

제주도를 설명하는 수식 가운데 가장 많이 쓰이는 단어는 '천혜의' 그리고 '척박한'이다. 천혜의 절경과 척박한 땅 그리고 거센 바람. 제주는 이 모든 것을 포용하며 산다.

물, 볼품없지만 정성껏 키운 채소류는 훌륭한 반찬이 됐다. 이렇게 만든 소중한 음식을 양푼 앞에 둘러앉아 양반, 천민 할 것 없이 사이좋게 나눠 먹었다. 우리가 알고 있는 양푼밥의 유래다. 이렇듯 양푼밥은 맛보다는 생존의 의미가 더 강했다.

오늘날 제주 대표 미식이 된 양푼밥은 그 옛날 '양푼 조상'의 눈물을 알고는 있을까? 낭푼밥상을 두고 잠시 떠올려본 소회다.

낭푼밥상

대표인물	양용진 대표	요리장르	한식
주 소	제주시 애월읍 유수암평화길 162	전 화	064-799-0005

100인 선정단의 한줄평
• 제주도 향토음식인 톳밥을 비롯해 생선과 채소로 차린 소박한 향토음식을 맛볼 수 있는 곳.

77

08
딱새우·감바스… 매일
새로운 제주를 그릇에 담는다

'올댓제주' 김경근 대표

'매운 중화풍 전복 새우볶음 양상추쌈.'

도대체 이 음식 이름은 몇 글자일까? 손가락 끝으로 메뉴판 위를 두드리며 글자 수를 세는 사이 먼저 주문한 '제주 딱새우 올리브오일 구이 감바스'가 나온다. 이 역시 15글자로 이름이 긴데, 딱새우의 마디 사이로 넉넉한 올리브오일이 깊게 베어 감칠 향이 난다. 딱딱한 껍데기와 달리 부드러운 속살의 맛이 절묘하다.

딱새우의 원래 이름은 가시발새우(Red-banded lobster)다. 딱딱해서인지, 껍질이 빈틈없이 따닥따닥 붙어서인지 제주 사람들은 오래전부터 딱새우라 부르며 제주의 대표 명물로 즐겨왔다. 함께 곁들여 나온 애호박과 마늘, 방울토마토 등 채소도 알맞게 익어 올리브 향과 함께 고소한 맛이 난다. 달궈진 불판 위에서 오랫동안 식지 않아 맥주 안주로도 훌륭해 보인다. 함께 나온 바게트 빵을 올리브유에 적셔 새우살과 함께 먹으니 혀가 '색다른 맛'이라고 좋아한다.

흔한 이름의 '해산물스튜'도 그 모습부터 시각적으로 흔하지 않게 생겼다. 홍합, 황게, 오징어 등 제주 시장에서 구한 다양한 해산물들이 푸짐하게 들어가 있는 해산물스

제주 토박이지만 제주의 판에 박힌 맛의 틀을 깨고 싶었다는 김경근 올댓제주 대표. 부둣가에 감바스와 스튜를 내놓는 역발상은 멋지게 성공했다. 김 셰프가 푸드트럭에서 손님에게 요리를 건네고 있다.

튜는 토마토의 깊은 풍미가 인상적이었다. 토마토의 맛과 해산물의 맛이 서로 상부상조하는 아름다운 광경이 입안에서 펼쳐졌다. 껍데기째로 조개류가 들어가 있는 다른집들과 달리 이곳 스튜의 조개류는 껍데기가 다 벗겨져 알맹이만 들어가 있어 먹기 편하기까지 하다. 손님을 위한 주인의 세심한 배려가 느껴진다.

제주시 건입동에 위치한 '올댓제주(All That Jeju)'는 제주 서부두 탑동광장에 자리 잡고 있어 부둣가의 분위기가 물씬 풍긴다. 김경근 올댓제주 대표(셰프)가 음식인생의 삶을 결심한 것도 이 부두 때문이었다.

제주 판에 박힌 음식 틀, 깨고 싶었다
"그땐 제주도에 있는 부둣가에 가면 뱃사람들이 막걸리, 어묵탕에 소주만 마셨어요. 또 제주도음식하면 회, 갈치조림밖에 없는 게 질려서 새로운 음식을 해보자고 오 랫동안 생각했습니다."

제주도 토박이인 김 셰프가 서울에서 고향으로 다시 돌아온 것은 순전히 이 때문이 었다. 그는 고향 제주에서 나는 식재료로 색다른 음식에 도전해보고 싶었다. 마침 술 을 좋아해 안주류의 음식을 생각했고, 전공인 이탈리아와 프랑스요리 실력을 살려 감 바스, 스튜 등의 메뉴를 준비했다. 디자이너였던 아내는 인테리어, 플레이팅을 주도 해 직원과 손님이 마주 볼 수 있는 바 형태를 포함해 내부를 친근한 비스트로의 모습 으로 꾸몄다.

김 셰프는 제주에서도 횟집거리로 유명한 서부두에 올댓제주의 둥지를 틀었다. 다 소 의외였다. 입소문이 난 거리였지만, 그곳은 김 대표가 추구하는 식당을 열기엔 뭔 가 의심스러운 곳이었다.

올댓제주 내부. 아담하지만 장식 콘셉트가 조화롭다. 인테리어 전문가였던 김 대표의 아내가 안을 꾸몄다.

제주 탑동광장 근처의 서부두는 1960년대 중후반부터 횟집이 하나둘 생기기 시작해 1980년대 후반부터 본격적인 횟집 거리가 형성돼 오늘에 이르렀다. 횟집을 비롯해 해산물을 파는 노점상인들이 좌판을 펼쳐놓고 해녀들이 잡은 소라, 해삼, 전복 등을 그 자리에서 썰어 파는 게 흔했다. 그렇다 보니 이탈리아, 프랑스요리를 취급하는 비스트로와는 거리가 꽤 멀어 보였던 것이다. 회를 찾는 손님, 뜨내기손님은 많지만 비스트로를 찾을 손님이 과연 있을까? 이런 생각이 든 것은 사실이었다.

"거친 뱃사람들이 소주잔을 부딪치는 항구 근처에서 감바스와 스튜라니…. 적응하려면 꽤 오랜 시간이 걸리겠다 예상했어요."

하지만 김 셰프의 추측은 보기 좋게 빗나갔다. 도민들 사이에서 익숙한 제주의 바다재료로 색다른 음식을 한다는 입소문이 빨리 퍼진 것이다.

평판은 사람을 부르는 법이다. 실제로 평일엔 근처에 거주하는 도민들이 올댓제주에 많이 방문한다. 바 테이블에 앉아 반주를 기울이는 혼술족도 눈에 띄게 늘었다. 제주에서 나는 재료로 만든 감바스와 스튜로 고향의 맛을 느끼기 위해 인근 국제학교에서 교사로 재직 중인 외국인 손님들도 많이 온다.

김 셰프는 수많은 제주 사람들이 술을 즐기는 방식이 올댓제주를 통해 다양해졌다고 자부한다.

"제주의 술문화가 다양해지는 데 기여한 것 같아서 뿌듯해요. 실제로 20대보다도 비스트로엔 담을 쌓을 것 같은 30~40대가 더 많이 찾아오세요. 기존에 식상한 술과 안주 대신 색다른 걸 즐기러 놀러 오시는 거죠. 솔직히 저 역시 이런 풍경에 놀랐습니다."

딱새우 감바스에 이어 뒤늦게 시킨 '매운 중화풍 전복 새우볶음 양상추쌈'까지 상에 올라온다. 제주산 전복의 쫄깃한 식감이 탱글탱글 살이 오른 새우살과 잘게 다져진 돼지고기와 함께 씹을 때마다 짜릿하고 상큼하다. 걸쭉한 소스의 맛은 평소 샐러드드레싱에만 곁들여 먹던 양상추의 아삭함을 재발견하게 만들어준다. 메뉴를 찬찬히 둘러보니 양상추쌈 외에도 유독 이름이 긴 메뉴들이 눈에 들어온다. 주인장이 유난히 장문(長文)을 좋아하나 보다.

1. 매운 중화풍 전복 새우볶음 양상추쌈. 푸짐하게 볶은 제주 해산물을 아삭아삭한 양상추에 싸 먹는다.
2. 제주 딱새우 올리브 오일 구이 감바스. 흔히 아는 감바스를 제주식으로 만들었다. 와인, 맥주는 물론 제주의
   술과도 다 잘 어울린다.

항구에서의 감바스·스튜, 역발상이 통하다

역발상은 위력적인 법이다. 하지만 리스크를 동반한다. 역발상이 주효했느냐, 그렇지 않았느냐는 어쩌면 결과물이 판정해준다. 김 대표의 역발상도 그런 범주에 속했다. 다행히 성공했다.

"들어가는 재료들을 다 소개하려다 보니 메뉴명이 길어졌습니다. 음식 이름만 봐도 어떤 재료가 들어가는지 알 수 있어요. 예전엔 더 길었거든요. 그런데 이것도 주변에서 하도 뭐라고 해서 줄이고 줄인 거예요."(웃음)

올댓제주의 스페셜 메뉴는 매일매일 바뀐다. 김 셰프가 당일에 근처 수산시장에서 장을 봐오기 때문에 그날그날 쓰는 식재료가 달라진다. 고정 메뉴인 키친 메뉴(Kitchen Menu)는 타파스 3종, 해산물스튜, 제주 돌문어 소고기 사태 냉채삼합, 한우 불고기 국수 등이다. 매일 바뀌는 스페셜 메뉴로는 제주 광어 감귤무화과 카르파초, 제주 돼지 항정살 테린 등이다.

가장 잘나가는 메뉴는 딱새우 감바스와 생선크로켓(고로케)이라고 한다. 생선크로켓은 올댓제주가 1층 매장만을 운영할 때 제공하던 메뉴였는데 2층으로 확장·이사하고 난 뒤 밀려드는 주문량이 감당이 안 돼 잠시 중단된 메뉴다.

"딱새우는 제주에서 흔히 볼 수 있지만 딱새우 감바스는 제주에서 제가 처음 만들어 팔았어요. 요즘은 다른 데도 많이 팔더라고요. 뭐 괜찮습니다. 그만큼 제주요리가 다양해지고 있는 것 같아 기분은 좋습니다."

개성 넘치는 요리 못지않게 주류도 다양하다. 27년의 전통을 자랑하는 일본 프리미엄 맥주 에비스(YEBISU)를 비롯해 기네스, 블랑 등 해외 맥주와 코리아 크래프트 비어에서 출시한 아크 허그미, 아크 비하이 맥주, 제주 지역맥주인 제주맥주 위트 에일 등 국내 수제맥주 등을 맛볼 수 있다. 술꾼(?) 주인장답다.

'허벅술'과 '녹고의 눈물'과 같은 제주도 특유의 프리미엄 소주도 마련돼 있다. 한라봉화요토닉, 한라봉에이드와 같은 싱그러운 맛의 술도 안주류와 잘 어울려 이를 찾는 손님이 제법 된단다.

직접 장을 보는 만큼 김 셰프로선 메뉴의 다양성을 더 확장하지 못하는 점은 매우 아

1. 요리와 술이 있는 올댓제주. 주인의 심플한 디자인 감각이 엿보인다.
2. 올댓제주에선 일본 프리미엄 맥주 에비스를 비롯해 기네스, 블랑 등 해외 맥주와 코리아 크래프트 비어에서 출시한 아크 허그미, 제주맥주 위트 에일 등 국내 수제맥주를 만날 수 있다.

쉽다. 제주에서 나는 귀한 식재료 중 상당수가 수도권과 대도시 등 육지로 가버리기 때문이다. 관광객이 주요 고객인 제주 시장에선 정작 수요가 없어 팔지 못하는 것이다.

"재료가 다양하면 도전해보고 싶은 메뉴가 더 많은데 그러지 못해 아쉬워요. 언젠가는 도전할 날이 오겠지요."

올댓제주를 나서며 제주 외 다른 곳에서도 올댓제주의 맛을 보고 싶다고 하자 주인장은 정색한다. 한 곳만으로도 벅차단다.

"매일 시장에서 장바구니에 담기는 식재료에 따라 메뉴가 바뀌기 때문에 2호점, 3호점은 낼 계획이 전혀 없습니다."

한 곳에만 전력투구해 좀 더 나은 맛을 손님 밥상에 올리는 데만 온 신경을 쓰겠다는 뜻이다.

아쉽지만 음식 장인(匠人)의 고집은 인정해줘야 하는 법이다.

대표인물	김경근 대표	요리장르	비스트로
주 소	제주시 중앙로1길 33	전 화	064-901-7893

100인 선정단의 한줄평
• 밤에 와인 한잔하면서 제주산 식재료로 만든 스페인 요리를 즐기기에 딱 좋다. 심지어 해장에 좋은 한우 불고기 국수까지 있다.

09

해녀(海女)? 전 57년
물질인생의 해남(海男)입니다

'일통이반' 문정석 대표

바닷사람은 거친 줄만 알았다. 해풍에 맞선 강인함, 생존을 위한 기민한 판단력, 망망대해를 두려워하지 않는 모험가이기 때문이다. 진정한 바다의 포식자가 있다면 바다사나이가 아닐까 했다.

편견은 깨졌다. 해남(海男) 문정석 씨를 만나고부터다. 거친 풍랑이 왔다 갔다 하는 바다 위가 아닌 바닷속을 누볐기 때문일까? 그는 예상보다 훨씬 조곤조곤, 부드러웠다.

"물질이요? 57년 했지요."

바닷속에서 57년을 살았다니…. 짧고 굵은 자기소개에 경외심마저 든다. 문 대표는 제주도 조례에 따라 정식 잠수로 인정받은 해남(海男) 1호다. 해녀가 많은 제주에서 60년 가까운 경력으로선 '청일점'인 셈이다.

해남이나 해녀나 하는 일은 똑같다. 특별한 잠수장치나 채집도구 없이 수심 5~10m의 바닷속에서 소라, 전복 등을 채취하고 우뭇가사리, 미역 등 해초를 거둬 생계를 유지한다. 그가 물질을 하게 된 것도 생계 때문이었다.

국내 해남 1호 문정석 대표. 칠순을 훌쩍 넘긴 그는 요즘도 바다에 들어가 각종 해산물을 건져올린다. 몸이 예전 같지는 않지만 바다가 제일 편하단다. 물질은 가족의 생계를 책임져줬고, 그의 인생 자체.

"4남3녀 중 둘째인데 참 가난했지요. 아버지가 정미소를 하시다 1959년 태풍 사라호가 오면서 완전히 폐허가 됐어요. 제주도는 쌀농사도 안 되고, 보리·조·콩밖에 먹을 게 없었어요. 당장 먹고 살아야 했으니 바다로 들어갔습니다."

1964년, 열여섯 소년은 그렇게 해남이 됐다. 척박한 제주 땅과 달리 바다는 보물창고였다. 전복 10kg를 건져 좁쌀 두 되를 바꿔 먹었다. 미역과 전복, 해삼과 소라를 팔아 형제들을 뒷바라지했다.

'갓잠수(초보)'로 벌이에 나섰던 문 씨는 시간이 갈수록 해녀들보다 월등해졌다. 바

일통이반 내부 곳곳에 붙어 있는 문 대표의 해남 일대기 사진들. 제주시로부터 해남(海男)으로 공인된 그는 잠수어업인증을 받고 물질을 한다.

다에 들어갔다 하면 해녀들보다 곱절로 낚았다.

이야기를 들어서인지, 음식점엔 왠지 바닷속 내음이 진동한다.

그리고 보니 문 대표의 음식점 내부 벽에는 물질하던 문 씨의 모습이 담긴 사진이 많이 걸려 있다. 고통과 땀 그리고 노력과 열정의 세월이 고스란히 전해져온다.

제주 '청일점 해남'의 꿈

"대한민국 최고 상군(가장 물질을 잘하는 해녀)이었습니다. 보통 해녀가 1시간에 70~80번 물속에 들어가는데, 40번만 들어가고도 물량을 맞췄으니까요."

한창 잘나갈 때는 하루벌이만 70~80만 원에 달했다고 한다. 1981년에는 해녀와 결혼, '물질 부부'가 됐다.

그 후 문 대표는 상군으로 흑산도, 일본해로 출장 물질을 다니기도 했다. 현재는 해산물전문점 '일통이반(제주시 삼도2동)'을 운영한다. 모듬해산물, 돌멩게와 자연산 전복, 생선조림·구이, 재료부터 요리까지 문 대표의 손을 거친다.

보말죽과 성게가 나왔다. 테이블을 세팅한 아주머니가 보말죽을 한술 떠 성게를 올린다. 그 위에 톳 무침을 더한다. 얼마나 먹음직스러운지 숟가락이 저절로 입을 향해 돌진한다. 이 무심하고도 섬세한 강제 시식은 어리둥절하면서도 유쾌하다. 김에 성게를 싸 먹거나 보말죽 한 수저에 미역과 장아찌를 올려본다. 담백하면서 고소한 맛. 크림처럼 부드러워 술술 넘어간다.

일통이반 보말죽은 어른 손만 한 보말을 내장까지 갈아 깊고 진하기로 유명하다. 맛을 내려고 참기름, 깨소금을 쓰지 않고 오로지 보말과 소금, 쌀로만 끓여낸다. 왕보

왕보말죽과 성게. 보말죽을 한 숟갈 떠 성게를 올리고 각종 해초와 고추냉이 등을 올려 먹으면 금세 포만감에 젖는다.

말은 바닷속 16~17m 깊이에서 채취할 수 있다. 해녀들은 좀처럼 따기 힘든 해남만의 특별재료다.

"요즘에도 바다에 들어갑니다. 60대까지만 해도 괜찮았는데 70대가 되니 힘이 부치네요. 그래도 우리 가족 먹고 살게 해준 바다가 참 고마워요. 바다에 들어갔을 때 맘도 제일 편하지요. 앞으로도 기력이 있는 한 물질을 할 겁니다."

제주 해남은 음식을 내놓더니 주방으로 돌아가 다시 부엌칼을 쥔다.

'해남의 집'에서 제주 해녀를 떠올리다

해남의 집에 왔는데, 왜 해녀의 삶이 오버랩되는 것일까? 해남이나 해녀나 삶의 공통점은 인내의 물질인생이기 때문일 것이다. 인고의 세월은 고통을 보람으로 바꾸는 힘이 있다. 해남이든 해녀든 삶에 대한 의욕, 생계에 대한 의지는 오랜 세월을 버틸 수 있었던 원천이었고, 쓰러져도 다시 일어나게 해주는 지팡이가 돼주었을 것이다.

머릿속에 한 장면이 펼쳐진다. 산소통 없이 바다에 냉큼 뛰어드는 억센 몸. 철렁거리는 차디찬 파도를 가르는 육중하고 민첩한 손놀림. 숨을 꾹 참으며 까마득한 바다를 물개처럼 휘젓다 해산물을 야무지게 채취하는 손. 하루에도 몇 번씩 숨을 쉬기 위해 "호이, 호이, 휘" 내는 '숨비소리'. 마치 휘파람처럼 드넓은 바다에 울려퍼지는 제주 해녀의 오묘한 음색.

거친 파도를 역행하는 해녀의 삶은 그 자체로 제주를 상징한다. 제주 해녀는 자신의 몸을 밧줄로 묶지 않고 자유롭게 잠수해 10~20m를 들어가 해산물을 채취한다.

제주 해녀는 스스로 바닷가에서 노동을 하는 어업 생산의 주체이며, 물질로 가족들을 부양하는 강인한 어머니다. 살갗은 여리나 마음은 단단하다. 독립적이고 뚝심도 있다.

화산섬이라는 거칠고 척박한 자연환경 탓에 제주는 농사짓기가 부적합했기에, 바다를 지척에 둔 해녀들은 물속으로 뛰어들 수밖에 없었다. 과장하자면 발로 땅을 걷기가 익숙하기 전 이미 바다의 물길을 익힌 해녀의 삶은 어쩌면 운명인지도 모른다.

해녀의 기원에 대한 명쾌한 답은 없다. 제주 해녀와 관련된 최초의 문헌 기록은《삼

모듬해산물(5만 원)을 시키면 돌멍게와 꽃멍게 큰 접시, 쫀득한 문어숙회와 소라회까지 푸짐하게 맛볼 수 있다. 해산물부터 밑반찬으로 제공되는 해초 모두 해남이 직접 잡은 재료들이다.

국사기》고구려본기 문자왕 13년(503년) 시기로 거슬러간다. "가(珂·전복에서 나온 진주)는 섭라(涉羅·탐라국의 또 다른 이름)에서 생산된다"는 구절이 있다. 당시에도 해녀와 같은 이들이 있었을 것으로 추정할 수 있는 대목이다.

해녀들은 잠수장비 없이 그저 맨몸으로 바닷속에 들어가 해산물을 캐야 했기 때문에 다치거나 죽는 일이 많았다. 1970년대에 잠수복을 도입하기 전까지는 저체온증으로 인한 근육 경련으로 급격히 체력이 소진되는 고통을 겪었다. 물속에 쉽게 잠기기 위해 허리띠를 차다 보니, 척추와 엉덩이에 만성적인 통증을 느끼곤 했다. 날카로운

제주 해녀박물관에 전시해놓은 해녀복. 제주 해녀들은 투박한 고무옷과 오리발만 착용하고 깊은 바다로 뛰어든다. 해녀복에선 해녀 삶의 애환이 담겨 있다.

돌이나 조개껍데기에 부딪혀 살갗이 벗겨지고, 독이 있는 바다 생물에 쏘여 온몸이 퉁퉁 붓기도 했다.

17세기 말 제주 해녀의 숫자는 약 1000명. 원래 이들은 대부분 미역을 땄다. 진상할 전복을 캐는 것은 주로 포작인(浦作人·제주 방언 '보재기')으로 불리는 남자들의 몫이었다. 언젠가 제주 목사가 해적을 정탐한다는 구실로 포작인들을 남해안의 섬으로 데려간 뒤 전복을 따도록 시켰다. 엄청난 중노동이었다. 결국 이들은 관리들의 수탈과 고역을 견디지 못하고 전라도, 경상도 해안으로 도망쳤다. 300여 명이던 포작인은 18세기 초 88명으로 줄어들었다. 전복을 딸 남자가 없으니 당연히 해녀가 그 일을 떠맡았다.

제주 해녀들은 오랜 세월 천대를 받았음에도, 서로 끈끈히 의지하며 공동체 문화를 이어갔다. 18세기 초 900여 명이었던 해녀 숫자는 20세기 초인 1913년엔 8391명에 이를 정도로 급격히 불어났다고 한다.

제주 해녀는 19세기 말부터 국내는 물론 중국, 러시아, 일본 등 국외로 나가 '바깥물질'을 하기도 했다. 누구나 배고팠던 시기에 생계를 책임지다 보니 택한 고육지책이었다. 일본 어민들은 당시 아마(일본 해녀)를 동원해 제주 수역을 침탈했다. 영역을 빼앗긴 것이다.

해녀는 독립투사이기도 했다. 일제의 수탈에 못 견뎌 생존권 투쟁에 나섰던 제주 해녀의 집단적 움직임은 항일투쟁으로 진화했고 제주 3대 항일운동으로 기록됐다.

해방 후 고향 바다에서 마음껏 조업할 수 있게 된 해녀는 1932년 8662명에서 1965년 2만3081명까지 늘며 전성기를 누렸지만, 이후 계속해서 줄었다. 2015년에는 4337명까지 내려갔다.

예전처럼 제주 해녀의 물질을 자주 보기는 어렵게 됐지만, 제주 해녀문화는 2016년 11월 30일 유네스코 인류무형문화유산으로 등재됐다. 제주의 거친 바다와 매일 싸웠던 해녀의 강인한 정신이 세계적으로 인정을 받은 것이다.

해남이 운영하는 음식점 앞에서 떠올린 제주 해녀. 슬프면서도 자랑스러운 우리 역사의 한 페이지다.

비하인드 스토리 하나. 해남의 집을 나서 해녀박물관에 갔다. 해녀의 강인한 삶을 더 보고 싶었기 때문이었을까? 박물관서 만난 해녀, '불굴의 삶'이 있다면 그들의 인생이 그랬을 것이다.

대표인물	문정석 대표	요리장르	해산물
주 소	제주 제주시 중앙로2길 25	전 화	064-752-1028

100인 선정단의 한줄평
• '해녀의 집'은 숱하게 많아도 '해남의 집'은 유일하다. 그 호기심에 방문했다가 싱싱한 해산물과 성게보말죽의 포근함에 빠져버리는 곳.

10
맛·분위기·청결도 모두
깡패수준, 그게 매력이죠

'밥깡패' 신동선 사장

"제 성격이 워낙 깡패(?) 같아서 기교 부리는 걸 못해요. 그래서 그냥 식당 이름도 멋 안 부리고 오로지 맛으로 승부하는 '밥깡패'로 지었습니다."

제주시 한림읍에 위치한 '밥깡패'를 운영하는 신동선 사장은 여장부다운 호탕한 웃음으로 손님들을 맞이하고 있었다. 원래 경기 의정부에서 디자이너로 일하다 지난 2012년 국어교사로 재직하던 남편 박지훈 씨와 함께 '알바를 해도 좋으니 제주에 살고 싶다'며 제주로 이주했다. 이후 제주 해녀학교를 다니며 제주의 맛을 더 많은 젊은이들에게 알리고 싶은 생각이 들어 밥깡패의 문을 열게 됐다.

"제주도에 오면 고기국수, 갈치조림처럼 향토음식만 먹는다는 고정관념을 깨고 싶었습니다. 적어도 제주 하면 떠오르는 음식이 우리의 '해녀파스타'면 좋겠다는 바람으로 식당을 시작했습니다."

밥깡패의 대표 메뉴 해녀파스타는 제주를 대표하는 해산물인 딱새우, 오분자기, 문어 등 3가지로 만든다. 제주 바다의 싱그러움을 음식에 녹였단다.

인기는 폭발했다. 상큼한 바다 향에 더해 오목한 그릇에 담겨 나오는 자태까지 정

밥깡패를 운영하는 신동선(오른쪽), 박지훈 부부. '제주에 살고 싶다'는 막연한 로망을 가지고 왔다가 소문난 맛집의 주인공이 됐다. 식당 이름에선 털털하면서도 독특한 주인장의 음식철학이 느껴진다.

갈해 '보는 눈'까지 맛있어지는 밥깡패의 한 끼는 최근 SNS을 이용하는 젊은이들 사이에 화제가 될 정도다. 그릇 테두리에 얇게 썰어놓은 문어살은 부드러워 따뜻한 파스타와 함께 씹으면 독특한 식감이 느껴진다. 크림소스를 입은 딱새우와 오분자기도 고유한 맛과 고소한 크림의 맛이 어우러져 아늑한 맛을 연출한다.

크림파스타인 해녀파스타는 여느 파스타와는 다르게 밀가루, 버터가 들어가지 않는다. 신 사장은 우유와 생크림으로만 소스를 만들어 단가가 높은 대신 느끼함이 없고 걸쭉하기보단 묽은 느낌이 강한 레시피를 선택했다. 밥깡패만의 크림소스가 만들어지면 삶은 파스타를 넣고 졸아들면서 나오는 약간의 면수와 전분 정도로 농도를 맞춘다. 보통의 파스타는 3분 이내에 완성되지만 해녀파스타는 소스를 농도 맞추는 시간 때문에 7분 정도 소요된다. 서양의 라면이라 불리는 파스타계에선 슬로푸드인 셈이다.

파스타계의 슬로푸드, SNS에선 이미 강자

'다른 레스토랑에서 맛본 크림파스타와 식감이 많이 다르다'는 평에 신 사장은 "제가 좋아하는 파스타는 소스가 넉넉한 이런 스타일이에요"라고 한다. 그러더니 지금 주방에서 같이 일하는 셰프도 정통 크림파스타는 아니라고(웃음) 한다.

파스타라고 왜 서양을 따라야 하는가, 나는 내 식대로 한다. 말을 섞던 손님의 눈에 단박에 이렇게 읽힌 신 사장의 속내가 오롯하다.

초보사장인 탓에 겪은 우여곡절도 많았다. 밥깡패의 첫 보금자리는 제주시 애월읍 하가리에 위치한 더럭분교 근처였다. 연화지가 인근에 있어 오픈 때부터 많은 손님들이 몰렸다. 폭발적인 인기가 마냥 좋지만은 않았다. 식당일이 처음이었던 신 사장에게 밀려오는 손님들은 큰 부담으로 작용했다.

하루는 이런 일도 있었다. 영업 중에 밥솥이 갑자기 먹통이 된 것이다. 마침 식당 밖 손님들의 줄이 계속 이어지고 있는 터였다. 대기 중인 손님을 무작정 돌려보낼 수도 없는 일이었다. 어처구니없는 사태(?)를 처음 겪은 신 사장은 당혹했다. 그 순간 밥을 빌려 올 옆집도, 급하게 밥을 새로 지을 예비 밥솥도 없었다. 그야말로 멘붕이었다.

무엇보다도 밥깡패에서의 한 끼를 위해 여행 중에 먼 길을 달려온 손님들에게 너무나도 죄송했다. 마음이 급했다. 대기 중인 손님들 틈 사이를 비집고 다니며 일일이 사과했다. 그리고 진심으로 이렇게 말했다.

"저희가 지금 밥솥이 고장 나서 밥이 없습니다. 하지만 조금만 기다려주시면 근처에서 햇반이라도 구해와서 곧 식사를 하실 수 있도록 하겠습니다."

화를 낼 줄 알았던 손님들의 반응은 뜻밖이었다. 신 사장의 가슴을 울렸다.

"괜찮아요. 그럴 수도 있죠", "네, 기다릴게요. 더 꿀맛일 거 같아요"라고들 했다. 그때 깨달았단다. 아, 손님에겐 진실해야 하는구나. 그러곤 다짐했단다. "앞으로도 이런 귀한 손님들에게 더 맛있고, 더 건강한 제주의 맛을 전해야겠다"고.

열정의 젊은 초보사장님은 해녀파스타와의 궁합을 감안해 토마토고추커리, 명란파스타, 흑돼지두부커리 등의 짝꿍 메뉴를 만들었다. 이들 역시 제주 로컬푸드로 제주

밥깡패의 대표 메뉴 해녀파스타. 제주를 대표하는 해산물 딱새우, 오문자기, 문어를 총출동시켰다. SNS에서는 화제의 요리이기도 하다.

산 돼지고기가 사용된다. 이 중 가장 잘나가는 건 크림소스와 상반되는 토마토소스의 토마토고추커리다. 매운 맛이 강한데 해녀파스타의 부드러운 소스가 알싸한 고통(?)을 중화시켜주기에 이 둘의 궁합이 가장 잘 맞는다고 한다. 흑돼지두부카레 역시 같은 카레류이지만 붉은색의 토마토고추카레와는 확연하게 노란 빛깔을 띤다. 딱 보기에도 덜 자극적인 맛이다. 실제로 강하지 않는 향으로 두부의 담백한 맛까지 더해 삼삼한 맛을 선호하는 손님들의 사랑을 이끌어낸다.

식사류 외에도 정겨운 이름의 음료들도 눈에 띈다. '너도 나도 아메리카도', '자몽 스파클링 띠링띠링', '청포도에이드 사진 잘 나와', '이게 진짜 자몽주스' 등 4종류의 음료도 판매된다. 이름이 참으로 정겨워 음료 이름을 한 번씩 불러보게 만든다.

특히 톡 쏘는 맛의 자몽스파클링과 청포도에이드는 비교적 느끼할 수 있는 해녀파스타와 식사류의 맛을 잡아주는 역할을 해 인기가 많다. 맛에 더해 이름마저 톡톡 튀는 걸 보니 전직 디자이너로 일했던 신 사장의 감각이 살아 있음을 느끼게 해준다. 음료의 비주얼도 독보적이다. 젊은 손님들은 인스타그램 등 SNS로 밥깡패에서의 추억을 음식일기로 남기곤 하는데, 음료 사진을 꼭 덧붙인다. 이쯤 되면 어떨 땐 음료가 밥깡패의 주 메뉴 같단다.

밥깡패의 주방은 깔끔한 성격의 주인을 닮았다. 청결도를 가장 중요시한다. 신 사장은 청결한 주방이 롱런(long run)의 비결이라고 믿는다.

"다른 집이랑 가장 차별화되는 것은 주방 청결에 정말 신경을 쓴다는 점이라고 생각해요. 딱새우나 전복은 무조건 살아 있는 것만 쓰는 건 기본이고, 발판 같은 것도 다른 데선 그냥 쓰는 경우가 많은데 우리는 직원들이 손에 칫솔 들고 일일이 다 닦아 씁니다."

손님에게 감동을 주기 위한 준비작업은 고생스럽다. 하루 종일 파는 해녀파스타 80인분을 위해 아침에 문어 껍질을 벗기고 써는 등의 작업에만 두세 시간 걸린다. 일주일에 한 번씩 모든 문어를 씻기는 데도 서너 시간 매달려야 한다.

"쉽게 하려면 쉽게 갈 순 있지만 완벽한 청결도와 신선한 맛을 유지하려고 먹은 초심에서 조금이라도 흐트러지면 끝없이 무너질 것 같아요. 오랫동안 밥깡패와 함께하

1. 토마토고추커리. 크림소스 해녀파스타와 찰떡궁합이다. 고소한 크림과 매콤칼칼한 고추장소스의 조합으로 손님들이 가장 많이 시키는 메뉴 중 하나다.
2. 주방의 철칙은 첫째도 청결, 둘째도 청결이다. 그만큼 깨끗한 조리환경을 위해 밥깡패 전 직원은 늘 신경을 쓴단다.

1. 밥깡패에서 밥을 먹고 나오면 바로 옆 소품숍 '못생김'을 둘러봐도 좋다. 제주를 테마로한 아기자기한 소품들이 보기만 해도 즐겁다.
2. 밥깡패는 마당이 있는 집을 개조했다. 누군가의 집에 초대된 듯한 안락함을 느낄 수 있다.

고 싶어요. 더 많은 손님들이 제주의 대표음식으로 해녀파스타를 기억해주시면 좋겠다는 마음에 더 엄격하게 위생·재료 관리를 하고 있습니다."

최근 밥깡패엔 동생(?) 격의 공간이 생겼다. 바로 본 식당 건물 옆 소품숍이다. 이름은 '못생김'이다. 제주도 주택만이 지닌 전통적인 형식을 이용해 지었다. 못생김이란 가게 이름과 달리 들어가보면 곳곳이 예쁘다. 이곳은 제주에서 활동하는 작가들의 아름다운 각종 작품들이 전시되고 판매되는 곳이다. 엽서, 비누, 캔들, 모빌, 휴대폰 케이스, 드라이플라워 등이 눈에 들어온다.

옆 공간 밥깡패에서 제주의 맛을 느꼈다면 이곳 못생김에선 제주도 특유의 감성을 즐길 수 있다. 식사를 마치거나 웨이팅 중인 손님들이 애용하는데, 또 다른 제주의 면모를 볼 수 있는 개성 있는 장소다.

식사를 마치고 나올 쯤 "맛있으면 내 덕, 맛없으면 네 기분 탓"이라고 활짝 웃으며 위트의 송별 인사를 잊지 않는 젊은 사장. 그 호쾌한 웃음이 정겨운 한 끼의 일부를 꽉 채운다.

대표인물	신동선 대표	요리장르	퓨전
주　　소	제주 제주시 한림읍 한림로4길 35	전　화	064-799-8188

100인 선정단의 한줄평
• 화려한 비주얼, 창의적인 메뉴가 눈과 입을 모두 만족시킨다.

11

"그냥 엄마의 음식을 알려주고 싶어요"

'수퍼판' 우정욱 대표

결국에는 편안함이 이긴다. 화려한 장식, 튀는 옷은 쉬이 질리게 돼 있다. 좋은 소재, 꼼꼼한 재봉으로 잘 만들어진 옷은 길게 입어도 매일이 하루같다.

우정욱 선생의 요리도 마찬가지다. 질 좋은 제철 재료, 재료 본연의 맛을 살리는 조리법 그리고 탄탄한 손맛이 더해져 매일 먹어도 질리지 않는 맛을 낸다. 이것은 편안하지만 아무나 흉내 낼 수 없는 요리 비법이다. 우정욱 선생은 3년 전에 서울 이촌동에 '수퍼판' 간판을 올렸다. 이곳에서 그는 한식을 베이스로 다국적 가정식을 선보인다.

"셰프 말고 그냥 솜씨 좋은 엄마가 해준 집밥 같으면 좋겠어요."

'우 셰프님'이라는 호칭을 들은 우정욱 대표가 손사래를 친다. 그는 일찍이 '이촌동 요리선생'으로 유명했다. 요리를 전공하거나 전문적인 교육을 받은 적은 없다. 그저 "손맛 좋다", "감각 있다"는 소리를 듣다 걷게 된 길이다. 그 세월이 벌써 20여 년이다.

"스물아홉에 결혼했어요. 홀시아버지 밑에서 시집살이 좀 했지요. 아버님 입맛이 까다로우셨는데, 엄마 닮아 손맛이 좀 있던 저도 애를 많이 썼어요. 그때 요리가 꽤

이촌동 수퍼판의 우정욱 대표. 소문난 요리선생에서 이촌동 맛집의 안주인으로 자리매김했다. 수퍼판은 '우정욱 스타일'을 확실하게 보여준다는 평가를 받고 있다. 우 대표는 그냥 엄마의 손맛을 알리고 싶단다.

늘었죠. 주변에서 잘한다 하다 보니 요리선생을 시작하게 됐어요. 1990년대 중반부터 동네 주부들을 가르치기 시작했는데, 진짜 손맛이 생긴 지는 5~6년 정도 된 것 같아요."

내공보다 겸손이 앞선다. 조근조근한 그의 말은 귀 기울이게 만드는 힘이 있다.

입맛 까다로운 홀시아버지 모시다 요리 터득

"그러다 7년 전 도곡동에 있는 카페 톨릭스(Cafe Tolix)에 메뉴 컨설팅을 했어요. 처음으로 메인셰프를 맡게 됐죠. 그때 남편이 이럴 바엔 직접 요식업을 해보는 게 어떻느냐고 해서 수퍼판을 열게 됐습니다."

수퍼판은 수퍼마켓의 '수퍼'와 장소를 의미하는 '판'을 합친 이름이다. 수퍼처럼 누구나 편하게 드나드는 장소가 되겠다는 뜻이다.

세 가지 메뉴를 추천받았다. 인기 '넘버원'이라는 사천식가지찜, 스테디셀러인 서리태 마스카포네 스프레드 그리고 문어 아보카도다. 메뉴는 모두 '우정욱 스타일'이다.

사천식가지찜은 중국 가지찜을 한국적인 맛으로 재해석했다. 가지를 볶다가 기름을 버리고 다시 조리하기 때문에 중식 가지요리에 비해 느끼함이 훨씬 덜하다. 이름은 사천식이지만 혀를 강타하는 매운맛 따위는 없다. 은은한 감칠맛이 돌면서 꽈리고추의 매콤함이 가지와 죽순, 소고기에 잘 배었다. 중독성은 땡초나 마라(麻辣) 없이도 가능하다는 것을 보여준다. 밥도둑으로 명성이 높지만 술도둑으로도 자자하다.

서리태 마스카포네 스프레드는 '일단 시키고 보는' 메뉴로 유명하다. 말랑말랑하게 졸인 서리태를 마스카포네 치즈와 섞어 크림 형태로 낸다. 크래커에 발라 식사 내내 혹은 디저트로 즐기기 좋다. 서리태를 5리터짜리 냄비로 나흘에 한 번씩 삶아도 동이 날 정도라는 게 우 대표의 귀띔이다.

문어 아보카도는 예쁜 만큼 맛도 좋다. 1시간 이상 수비드(밀폐된 비닐봉지에 담긴 음식물을 미지근한 물속에 오랫동안 데우는 조리법) 한 문어와 아보카도, 새우를 듬뿍 넣고 와사비드레싱에 무쳐낸 요리다. 톡톡 씹히는 문어에 아보카도의 리치한 질감과 키위의 상큼함이 조화롭다.

이 밖에도 굴라쉬, 함박 스테이크, 라구 파스타, 하야시 라이스 등이 골고루 인기다. 생민어 포를 떠서 불고기양념을 버무린 민어불고기, 투플러스 한우 업진살과 아롱사태, 스지를 특제 다리미 간장과 프랑스산 트러플 소금에 곁들이는 수육, 활전복을 소스에 조려낸 전복초, 통영에서 직송한 굴무침 역시 일미다. 철따라 달라지는 재료로 우 대표의 오마카세(셰프에게 맡기는 요리)를 맛볼 수도 있다. 요즘은 수퍼판의 메뉴에 와인과 맥주의 마리아주로 손님들의 만족도를 높이고 있다.

"전문 셰프도 아니고 그리 대단한 요리를 하지도 않아요. 수퍼판을 찾는 분들이 맛있게 먹고 힐링 된다면 그것만큼 좋은 게 없지요. 앞으로도 한식을 기반으로 다양한 가정식을 선보일 겁니다."

수퍼판 가지찜. 중국 사천식 가지찜을 한국식으로 재해석했다.
비주얼 최고. 기름을 줄여 담백한 것이 특징이다.

수퍼판 서리태 마스카포네 스프레드.
비스킷이나 빵에 발라 먹으면 애피타이저로도,
티푸드로도 훌륭하다.

말을 계속 듣다 보니 '한식'에 유난히 힘을 준다.

"일본식, 중국식, 이탈리아식 여러 가지 스타일을 띠고 있지만 결국은 한식 베이스예요. 열심히 요리하면서 다음 세대에게 '엄마의 음식'을 알려주는 것도 목표입니다. '우정욱이 만들면 다 맛있다'는 평가면 더할 나위 없을 것 같아요."

부엌 밖으로 나온 요리선생

이렇듯 정제된 음식철학과 내공으로 무장한 우 대표가 부엌 밖으로 나왔다. 수퍼판을 낸 이후 온라인 마켓으로 요리를 내놓은 것이다. 요리선생이자, 수퍼판의 메인셰프로서 키친에서 활약하던 그의 손맛을 집에서도 맛볼 수 있게 된 것은 즐거운 일이다. 온라인 프리미엄 마켓 '마켓컬리'에는 우 대표와 협업으로 탄생한 요리 65종(퍼플라벨 55개, 블랙라벨 10개)이 판매 중이다.

우 대표는 마켓컬리와 지난 2016년 7월 손을 잡았다. 현재 우 대표의 요리는 마켓컬리 사이트의 컬리스키친(Kurly's Kitchen) 코너에서 선보이고 있다. 모든 메뉴는 우 대표의 노하우가 담긴 레시피로 만들어진다. 수퍼판에서와 마찬가지로 시즌에 따라 특별 메뉴가 깜짝 등장하기도 한다.

마켓컬리는 미국의 유기농 마켓체인 홀푸드(WholeFoods)의 비즈니스 모델을 지향하는 만큼 깐깐한 기준을 통해서만 제품을 입점시키기로 유명하다. 예민하고 깐깐한 소비자들도 만족할 수 있는 제품만을 고집한다. 그런 마켓컬리가 선택한 사람이 바로 우 대표다. 우 대표의 음식실력을 높게 평가했다는 뜻이 된다.

김슬아 마켓컬리 대표에게 우 대표와 컬래버레이션을 하게 된 사연을 슬쩍 물었더니 이렇게 말한다.

"컬리와 어울리는 홈다이닝을 생각하면서 여러 셰프들을 고려했어요. 손맛 좋은 셰프들도, 스타 셰프들도 아주 많았습니다. 그중에서도 평소 좋아하는 레스토랑인 수퍼판이 떠올랐어요. 오랜 시간 요리선생님으로, 또 요리연구가로 묵묵히 자신의 길을 걸어온 우정욱 선생이야말로 적임자라는 생각이 들었습니다."

마켓컬리 홈다이닝을 만들면서 고려했던 것은 크게 두 가지였단다. 첫 번째는 가정

우 대표 요리는 마켓컬리의 컬리스키친 코너에서도 만날 수 있다. 우 대표의 레시피가 그대로 담긴 '맛있고 폼 나는 한 끼'를 지향한다.

식의 한 끗 차이를 보여줄 수 있는 '킥(한 방)'이 있는 레시피였고, 두 번째는 올드하거나 식상하게 느껴지지 않은 감각적인 메뉴였다.

"우 선생님은 매일의 집밥에서 늘 맛있게 먹을 수 있는 요리들을 엄마의 입장에서 선보이시는 분이에요. 재료의 선택부터 요리의 맛까지 컬리의 가치관과 부합했기에 함께 하게 된 것이죠."

온라인에서 가장 인기 있는 '우정욱표' 메뉴는 함박스테이크다. 인기 넘버원으로 통한다. 함박스테이크는 수퍼판 레스토랑에서도 오랫동안 사랑 받고 있는 메뉴다. 러시안수프, 시저샐러드, 타이새우커리 등도 미식가들이 많이 찾는 메뉴다.

컬리 얘기를 소개한 것은 홍보를 하기 위한 것이 아니다. 우 대표만의 온라인마켓 요리는 많은 사람들이 그 레시피를 따라 하고 배우는, 즉 '온라인 셰프선생님' 요리가

1. 이촌동에 위치한 수퍼판 전경. 맛집으로 소문나 동네는 물론 서울 전역에서 이 집을 찾는다.
2. 수퍼판의 내부 모습. 정갈하면서도 품격 있는 콘셉트로, 곳곳의 장식들이 편안함을 제공한다.

됐기 때문이다. 우 대표는 이들 메뉴를 시즌별로 다양화했다.

"우정욱표 요리(퍼플, 블랙라벨)를 한 번 맛본 소비자들은 적극적으로 본인도 그대로 메뉴를 만드는 것을 시도합니다. 훌륭한 엄마 손맛을 구현하기 위해서죠. 엄마의 손맛이 집집마다 퍼지는 것은 좋은 일이죠. 다국적 요리 레시피를 우 선생님만의 스타일로 가정식에 맞게 풀어내는 것이 선풍적 인기의 비결 같습니다."

김 대표의 말이다. 이촌동 요리선생이 온라인마켓에 요리를 레시피와 함께 공개하고, 그 요리 비결이 전국 방방곡곡의 셰프나 주부들에게 전파될 수 있다면 더 이상 바랄 게 없다는 뜻이다. 그 옛날 엄마의 손맛이 널리 퍼지면서 말이다.

"우 선생님은 정말 맛에 대한 세밀한 차이를 아시는 분이에요. '역시 우정욱'이라는 말이 나올 정도로 예민한 입맛의 소유자라고 할까요. 우 대표의 손맛은 확실히 믿을 만합니다."

상술을 배제한, 있는 그대로의 우정욱 손맛에 대한 평가로 들린다.

대표인물	우정욱 셰프	요리장르	모던한식
주 소	서울 용산구 이촌로64길 61	전 화	02-798-3848
홈페이지	https://www.mangoplate.com		

100인 선정단의 한줄평
- 퓨전한식이라 할 수 있는데, 양식과 한식의 조화를 잘 이뤄내 수퍼판만의 특색 있는 메뉴를 느낄 수 있다. 특히 엄마의 손맛이 느껴진다!
- 간이 딱딱 맞는 요리선생님의 손맛.

자장면아 고마워,
연패 사슬 끊어줘서…….

SK와이번스와의 문학 3연전(7월28~30일) 3패, LG트윈스와의 잠실 3연전(8월 1~3일) 3패. 2017년 7월 말부터 8월 초, 롯데자이언츠는 도합 6연패의 초라한 성적을 거두었다.

올스타 브레이크를 마치고 상승세를 타던 롯데가 수도권 원정경기에서 갑자기 고꾸라진 것이다. 6연패 전까지는 5승 1무 2패로 승률 7할대를 기록하고 있었는데, 이후 연패를 더하니 승률이 5할 아래가 됐다. 순위 싸움을 하던 팀에겐 절체절명의 위기가 엄습한 것이다.

이대로는 안되겠다고 생각했다. 팀 고참으로서 후배들의 기를 세워주겠다고 결심했다. 패했던 경기를 복기해보니 매번 상대팀과 팽팽하게 맞섰지만, 결정적인 순간 사소한 실수로 무너졌기에 더욱 뼈아팠다.

고참급 선수들과 함께 상황을 바꿀 방법을 고민하던 찰나, '자장면 회식'이 떠올랐다. 내게 자장면은 의미가 큰 음식이다. 롯데 입단 시절의 추억이 담겼다. 오랜 미국 생활을 마치고 고향팀 롯데자이언츠에 입단한 2007년, 낯선 내게 자장면은 '위로'였다. 당시 팀 중심이던 정수근·손민한 선배는 자장면 회식을 주도했다. 팀이 어렵거나 부진에 빠지면 선배들은 자장면과 탕수육을 시켜 후배들에게 인심을 썼다. 패배의 아픔을 잊고 그날만큼은 자장면을 즐겼다. 선수들 사이에 온정이 싹텄고, 축 늘어졌던 팀 분위기는 금세 살아나곤 했다. 자장면 회식을 하고 나면 언제 부진했냐는 듯 팀 성적은 정상궤도를 찾곤 했다.

　그로부터 정확히 10년 후 팀은 연패의 늪에 허우적거렸고, 최고참으로서 책임감을 느끼지 않을 수 없었다. 옛날 정수근·손민한 선배가 떠올랐다. 앞장섰다. 사직구장 인근 Y중국집에 자장면과 탕수육을 주문했다. 그 옛날을 얘기하며 음식 앞에서 선수들은 추억을 만끽했다.

　놀랄 만한 일이 벌어졌다. 롯데자이언츠의 8월 홈 10연승의 역사가 시작된 것이다. 자장면 회식 후 넥센히어로즈와 있었던 첫 번째 경기. 롯데는 선발투수 린드블럼이 1회에만 5점을 내주는 부진한 모습을 보였음에도, 타자들의 집중력으로 승리를 거뒀다. 0:5로 지고 있던 3회초 선두타자 전준우가 홈런을 쳤고, 주자 1루 상황에서 주장 이대호는 투런포를 쏘아올렸다. 이어 적시타로 또 한 점. 이어진 4회에는 6점을 추가로 뽑아내며 롯데는 결국 10:8로 역전승했다. 그렇게 우리 팀은 연패 사슬을 끊었다.

　이 경기를 기점으로 연승행진이 시작됐다. 8월 한 달간 거둔 성적은 19승 8패. 순위가 쭉쭉 올라갔다. 언론은 우리의 가을야구 진출을 점쳤다.

　자장면 주문은 계속됐다. 연승기간 Y중국집에서 계속 자장면을 시켰다. 팀 성적이 좋으니 회식 분위기는 웃음꽃 속에서 진행됐다.

　묘한 일도 다 있다. 홈 10연승이 끝난 날, 그날은 다른 가게에서 자장면을 주문했다. 하지만 Y중국집에 다시 자장면을 시키자 다시금 연승이 이어졌다. 신기했다. 야구선수들이 징크스에 예민해서일까.

　우리 팀의 자장면 회식은 징크스 이상의 의미가 있다. 팀워크를 다지고, 다시 힘을 뭉치는 데 자장면은 특별한 위력을 발휘한다.

　사실 운동선수는 먹어야 힘이 난다. 롯데자이언츠 주장 이대호는 원정경기를 마치고 숙소에서 음식을 함께 먹을 때면 "항상 많이 먹어라. 그래야 내일 이기지. 웃으면서 즐겁게 먹고, 잘 쉬자"고 이야기한다. 음식은 이렇듯 선배와 후배, 동료 간의 정(情)이다.

승부세계를 살아가다 보니 승패에 연연하게 되지만, 자장면을 통해 단합과 극복을 배운 것은 내 인생에서도 큰 소득이다. 이렇게 말하고 싶다.

"자장면아, 고마워. 나에게 그리고 우리 팀에 큰 위로가 돼줘서……."

송승준 (야구선수)
1999년 보스톤 레드삭스 입단/ 2008년 베이징 올림픽 국가대표
/ 2017년 통산 100승 달성(역대 29번째)

너무나 짧던
파리 '생굴'의 설익은 기억

파리의 홍등 아래서 맛본 굴은 짰다. 적어도 내 혀가 아닌, 뇌가 기억하는 맛은 그랬다. 성난 광부가 심해에서 긁어낸 소금을 입에 털어넣는 기분이었다. 1993년, 생굴의 부드러운 맛을 음미하기엔 내 인생이 너무나 불확실성으로 가득했다.

당시 스물세 살이었던 나는 그토록 갈망하던 파리에 발을 디뎠다. 1988년 서울 올림픽 이후 해외여행이 자유화되면서 조기유학 붐이 불었고, 나도 그 파도에 몸을 실었다.

해외에서 석사로 패션디자인을 공부할 계획이었지만 행선지가 뚜렷하게 잡히지 않았다. 그해 3월, 무작정 파리를 찾았다. 파리의 날씨는 변덕스러웠다. 해가 반짝하더니 금세 구름 속으로 자취를 감췄고, 진눈깨비가 하염없이 내렸다. 성당의 종소리가 적막한 거리에 울려퍼지면 당장이라도 드라큘라가 송곳니를 드러낼 것 같았다.

자줏빛 석양이 깔릴 무렵, 고급문화 중심지인 생또노레(Saint-Honoré) 거리를 배회했다. 붉은 차양이 걸린 한 음식점에 이끌렸다. 'Le Castiglione'. 내부는 도발적인 체리색으로 장식돼 있었다. 당장이라도 눈앞에 레드카펫이 펼쳐질 것만 같은 분위기에 젖어들었다.

그곳에서 나는 화이트와인과 생굴을 주문했다. 수산물을 생으로 먹지 않는 서양인들이 유일하게 날것으로 즐기는 식품이라 하니 내심 기대가 컸다. 하지만 카사노바, 발자크, 클레오파트라가 예찬했던 생굴은 내게는 어쩐지 설익은 맛이었다.

혀에 닿는 말캉한 촉감보다 미래에 대한 절실함이 더 강했던 터인지, 그 맛을 온전히 느끼기 어려웠다. 이대로 패션을 하면 성공할 수 있을까? 나의 도전이 속절없이 바스라져버리는 것은 아닐까? 열정은 혈액처럼 쉴 새 없이 혈관을 타고 흘렀지만, 불안감이 나를 조여왔다.

부모님의 바람대로 치과대학에 입학했지만, 과감하게 패션디자인으로 진로를 틀었던 나였다. 패션디자인 학과에서 4년 내내 단 한 번도 수석을 놓치지 않았다. 과거를 곱씹으며 스스로를 다독였지만 '가보지 않은' 유학 길이 겁이 났던 건 마찬가지였다.

치기어린 스물세 살, 나는 결국 파리가 아닌 뉴욕을 택했다. 파리는 화려함으로 무장한 도시였지만 내가 동화되기보다, 흔적도 없이 흡수될 것 같은 도시였다. 프랑스의 패션 명문인 파리의상조합이나 에스모드에 원서를 넣을 생각도 해봤지만 일종의 학원(Institute)인 두 곳에서 석사 학위를 취득할 수 없었다. 결국 미국 드렉슬대학(Drexel University)을 선택해 패션디자인 석사를 졸업했다.

이후 미국 패션 회사인 코킨(Kokin)과 도나 카란(Donna Karan) 등을 거치며 투박한 나 자신을 다듬어나갔다. 20년도 더 지난 지금, 프랑스 브랜드 루이까또즈 크리에이티브 디렉터를 맡아 서울과 파리를 오간다. 묘한 인연의 실타래가 나를 다시 파리로 이끈 것이리라.

'Le Castiglione'는 늘 그 자리, 그곳에서 무르익어가는 나를 맞이한다. 매번 방문할 때마다 같은 붉은 의자에 앉아 생굴을 삼키며 과거와 미래를 가늠해본다. 생굴에 레몬즙을 듬뿍 뿌려 입으로 쏙 빨아먹으면 굴이 식도를 타고 내려간다. 관능적인 식감과 바다 향을 품은 깊은 맛에 몸이 노곤해진다. 이제야 비로소 굴의 맛을 알 것만 같다.

이 굴이 간직한 씁쓸했던 기억만은 쓸려나가지 않길 바란다. 딱딱한 껍데기를 다문 채 해수의 짜디짠 소금을 머금은 굴은 언제 열릴지 모르는 날을 위해 숨죽이고 있다. 인생의 짠맛과 비릿한 맛을 맛본 후 단비 같은 단맛을 내려주는 것은 오직 굴뿐이리라.

간호섭(홍익대 섬유미술패션디자인과 교수)
미국 코킨(Kokin) · 니콜파리(Nicole Paris) · DKNY 디자이너
1997 동덕여자대학교 의상디자인과 교수
2014～현재 루이까또즈 크리에이티브 디렉터 · 한국패션비즈니스학회 부회장

PART

02

맛은
스토리다

건강한 한 끼가 납신다,
맛에 빠진 사람들

01
아하,
한식의 재발견

'밥심'을 빼고 한국인을 설명할 수 있을까? '한국인=밥심', 그것은 만고의 진리다. 제아무리 다국적 산해진미를 맛본들 뭣하랴. 한국인의 피가 흐른다면 결국은 한식을 그리워하게 돼 있다.

2017년은 한식 열풍이 한바탕 휘몰아친 해였다. 아니, 광풍이었다고 표현해도 되겠다. '코릿 톱50' 랭킹을 보면 명확하게 입증된다. 전국의 내로라하는 맛집 중 가장 많은 추천을 받은 곳이 바로 한식 레스토랑이었다. 모던한식(10곳)을 포함해 총 21곳의 한식당이 대표 맛집으로 이름을 올렸다.

사실 한식은 2016년 '미쉐린 가이드 서울' 편을 통해 새삼 주목을 받기도 했다. 미쉐린 스타를 받은 24곳 가운데 한식당은 13곳으로, 절반이 넘었다. 1~2년 새 열기를 더하고 있는 '한식의 재발견'이라 할 만하다.

한식 트렌드는 예전과 색깔을 조금 달리한다. 요즘은 전통성에 현대적 감각을 더한 모던한식이 인기다. 한식 특유의 손맛과 정성만 내세우던 관습을 벗어나 재료의 선택부터 조리까지 건축적으로 설계해 맛의 짜임새를 강조하는 것이 모던한식이다.

1. DOSA by 백승욱의 농어 요리. 한국인 최초로 라스베이거스 벨라지오 호텔 레스토랑의 수석 주방장이 된 백 셰프는 독특하고 참신한 요리를 창작한다.
2. DOSA by 백승욱의 수박 디저트. 플레이팅의 세련미가 최고. 백 셰프는 리듬감 있는 요리를 만들기 위해 아삭아삭하고 바삭바삭한 식재료를 조합한다.

강민구 오너 셰프가 이끄는 '밍글스', 광주요 그룹에서 운영하는 '가온', 육해공 코스 요리를 아우르는 가회동 '두레유' 등이 대표적이다. 백승욱 셰프의 'DOSA by 백승욱', 권우중 셰프의 '권숙수', 가정요리 선생님으로 이름난 우정욱 선생의 가정식 전문점 '수퍼판' 등도 미식가의 입맛을 사로잡았다.

한식이 강세를 보이는 것은 젊은 셰프들의 과감한 도전과 무관치 않아 보인다. 전통에 익숙한 한식은 그동안 '고급화'라는 단어와는 어울리지 않았던 것이 사실이다. 하지만 젊은 셰프들의 생각은 달랐다. 고정관념을 깼다. 젊은 셰프들은 '한식의 다이닝화'에 도전함으로써 한식의 기존 틀을 파괴했다. 한식은 '한식 다이닝'으로 특화됐고, 젊은 층이 모던한식으로 몰려들면서 한식의 재발견을 이끌어낸 것이다.

전통 한식도 소중하지만, 현대와 과학을 섞어 재해석한 모던한식. 이를 이끌어가는 젊은 셰프들은 그래서 K-푸드의 당당한 주역이기도 하다.

전문가들의 평가는 후하다.

"최근 젊은 셰프들이 한식을 기본으로 다이닝화를 이루어내면서 한식의 위상은 점점 더 올라가고 있다. 이에 한식은 다른 고급 레스토랑과도 어깨를 나란히 할 수 있게 됐다."(황교익·맛칼럼리스트)

"국내외 다양한 문화 경험을 가진 젊은 셰프들이 한식에 주목하며 도전하는 길을 걷고 있어 한식의 미래는 정말 밝다. 최상의 제철 재료, 창의적인 조리법으로 한식 세계화를 위한 다양한 모험이 이루어지고 있는 것은 반가운 일이다."(유지상·한국음식평론가협회 명예회장)

"단품 프랑스요리와 같은 모던한식이 등장하면서 한식이 무겁고 부담스럽다는 틀에서 벗어날 수 있었다. 서양식의 플레이팅이 한식과 조화를 이루면서 보다 고급스럽고 평소 접하지 못한 새로운 방식의 조리법 등으로 전혀 다른 맛을 즐길 수 있게 돼 젊은 층도 열광하는 것이다."(김창훈 셰프 '더 플라자 운영기획팀')

주목되는 것은 한식을 베이스로 한 다국적 요리를 선보이는 '컨템포러리 레스토랑'이 최근 미식가의 사랑을 독차지하고 있다는 점이다. 한식의 영토확장인 셈이다. 한식을 기본으로 한 다국적 요리를 선보이는 장경원 셰프의 '익스퀴진', 3개월마다 테마

1. 백승욱 셰프의 손끝에서 탄생하는 정갈한 요리. 한국인으로 태어나 미국에서 일식으로 성공한 백 셰프는 두바이, 자카르타, 뉴델리, 라스베이거스 등 세계 곳곳에 자신의 이름을 내건 레스토랑을 운영하고 있다.
2. 모던 한식 레스토랑 DOSA by 백승욱의 보쌈 요리. 심플하면서도 건강만점의 메뉴로 꼽힌다.

별로 바뀌는 에피소드 메뉴를 선보이는 이준 셰프의 '스와니예'가 대표적이다. 모던한식의 선두주자로 평가받고 있는 '정식당', 신창호 셰프와 박세민 셰프가 마음을 합쳐 오픈한 '주옥'도 최근 핫한 모던한식 레스토랑으로 떠올랐다.

한식에 '패션 옷'을 입히다, 모던한식의 위력

"익숙함 안에서 새로움을 제공해야 합니다. 전혀 새롭고 독특한 음식만을 고집하면 손님들에게 강요가 될 수 있습니다. 익숙한 형태나 재료를 사용한다거나 새로운 음식이지만 익숙한 맛을 담고 있다면 그 변화에 관대할 것입니다. 우리가 한국음식의 모체 소스인 장을 적극적으로 활용하는 것도 그 이유입니다. 한국음식은 장 맛이라는 속담처럼 좋은 장을 요리에 활용하면 우리의 다양한 창작요리에도 한국적인 맛을 담아낼 수 있습니다."(강민구·밍글스 셰프)

모던한식 창작에 몰입하는 강 셰프의 말에선 특유의 철학이 묻어난다. 한식을 기반으로 새로운 패션을 입히는 것, 그게 모던한식이란 뜻이다.

강남 논현동에 위치한 밍글스는 미식가들, 아니 셰프들 사이에서도 좋은 맛집으로 소문난 곳이다. 숯불양갈비를 주 메뉴로 하는데, 손님이 꽤 몰린다. '한식의 재발견'을 논할 때 빼놓을 수 없는 곳이다.

강 셰프가 주목한 점은 전통한식이 꽤 난해하다는 것이었다. 오래전 조상들로부터 지금까지 내려온 한식은 단어 속에 전통의 의미가 들어 있다. 한식에는 익숙함과 낯섦이 공존한다. 밥을 주식으로 국과 반찬을 곁들이는 일상의 밥상은 전자다. 궁중음식, 종가음식 등 전통을 자랑하지만, 평소에는 쉽게 접하기 힘든 음식들은 후자다. 편의상 후자를 '전통한식'이라고 이름했을 때, 전통한식에 거리낌 없이 다가설 수 있는 이는 많지 않았던 것이 사실이다. 즉 전통한식은 우리 음식의 뿌리였지만 어쩌면 소수만 즐길 수 있는 음식이었다는 뜻이다.

강 셰프를 비롯해 모던한식의 진화를 꿈꾸는 이들은 이를 타파하기 위해 노력했다. 시대를 반영하는 요리가 필요하다고 생각했다. 물론 한식을 베이스로 한 음식 말이다. 한식의 기본은 지키되, 많은 사람들에게 익숙해진 서양 스타일을 접목하는 것 그

1 3

2 4

1. 밍글스의 장누들. 밍글스의 시그니처 메뉴다. 오징어먹물소스 면에 성게알과 로브스터가 올라가 고소하면서도 신선하다.
2. 밍글스의 계란찜. 초리조 등이 들어갔다. 마치 예술작품에 가까운 아름다운 플레이팅이 밍글스의 가치와 명성을 더욱 높였다.
3. 가장 한국적인 맛을 중심으로 누구도 시도하지 않았던 맛을 끌어내는 강민구 셰프의 요리.
4. 밍글스의 강민구 셰프는 한식의 기본을 이루는 장을 디저트에 활용하는 등 자유로운 상상력과 창의력을 더한 요리를 선보인다.

리고 맛있는 음식으로 승화하는 것, 그게 모던한식이었다. 가온, 권숙수, 수퍼판 등 많은 모던한식 전문점은 그렇게 탄생했다.

"한식의 줄기는 그대로 유지되면서 좀 더 캐주얼해지고 젊어졌다."

모던한식은 이렇게 정의할 수 있다. 전통이라는 이름 하나에 연연해 틀에 박혔던 레시피를 거부하고, 새로운 음식패션과의 결합이라는 '모반'을 도모했던 한식은 모던 한식이라는 훌륭한 2세를 낳았다. 그리고 그 2세에 우리는 열광하고 있다.

한식의 미덕은 나눔, 유지상 한식전문가의 정의

"배곯는 사람이 없어야죠. 나눔이 있어야 진정한 미식(美食)입니다."

한국음식평론가협회 명예회장이자 ㈜씨알트리 유지상 대표가 말하는 한식은 '신토 불이'나 '손맛' 같은 표현보다 훨씬 더 정서적이다. 그는 한식의 미덕을 '나눔'으로 꼽으며 서로 나누고 함께 할 때 진정한 맛을 즐길 수 있다고 했다.

이는 한국의 전통 식문화를 통해서도 명백히 증명된단다. 이삿날이면 이웃에 떡을 돌리고 동짓날에는 팥죽을 나눠 먹으며 액운을 쫓던 우리네 일상 말이다. 김장철이면 동네 아낙들이 모여 겨우내 먹을 김치를 함께 하던 것도 나눔 정신을 반영한단다.

유 대표는 최근 들어 '한식의 재발견'이 최대 화두가 된 것에 반가움을 표했다.

"사람들이 '외식=양식' 공식을 벗어나 한식에 관심을 갖는 게 매우 기쁩니다. 젊은 셰프들의 약진도 기대가 돼요."

모던한식에 대한 평소의 생각도 내놓는다.

"모호하긴 하지만 모던한식 전에는 퓨전한식이 있었죠. 전통적으로 미역국이라고 하면 미역에 소고기 넣은 것만 생각했는데, 퓨전한식을 거치면서 미역과 소고기를 갈아 만든다고 해도 '용서'가 되는 시대가 열렸습니다. 미역국에 완자가 들어갈 수도, 미역국이 국공기가 아닌 접시에 깔려 나올 수도 있게 됐고요. 모던한식은 퓨전을 넘어선 과감한 시도, 한식의 미래 가능성을 보여주는 패러다임입니다."

유 대표는 이를 우리의 복식문화에 비유한다. 수백 년 이상 한복을 입고 상투를 틀다 머리를 자르고 한복을 벗은 것처럼 한식 역시 새로운 모습으로 발전하고 있다는 것

유지상 위너셰프 대표. 음식전문기자로 20여 년 현장을 누볐고 현재 창업인큐베이팅 레스토랑 〈위너셰프〉의 대표를 맡고 있다. 그는 나눔의 미학에서 한식의 가치를 찾는다.

이다.

한식, 양식을 떠나 '자신만의 맛'을 찾는 게 중요하다고 했다.

"미식 고객들도 바이럴이나 SNS에 휘둘리지 않고 진정한 '나만의 맛'을 즐길 수 있는 미각을 가졌으면 좋겠어요."

유 대표는 1990년 〈중앙일보〉 음식전문기자로 시작해 20년 넘게 현장을 누볐다. 2016년에는 올리브TV 〈한식대첩4〉의 심사위원으로 활동했으며, 현재 외식 성공창업 인큐베이팅 프로젝트 〈위너셰프〉의 총괄기획·감독을 맡고 있다. 〈위너셰프〉는 임대보증금이나 권리금 없이도 나만의 음식점을 만들어 레스토랑 운영 실전체험을 할 수 있는 프로그램으로, 나눔의 미덕을 실천한다. 그 경력을 감안하면 '한식은 나눔'이라는 정의가 충분히 무게감이 실린다.

슴슴·밍밍…무미(無味)의 평냉에 중독된 사람들

이 시대 맛 트렌드 중 한식의 재발견은 단연 화두다. 그중 '냉면의 재해석'은 코릿이 낳은 발군의 작품이라고 할 수 있다. '맛집 랭킹50'에는 평양냉면으로 이름난 '우래옥' 등 냉면전문점이 6곳이나 포진했다.

평냉(평양냉면)을 나이 지긋한 어른들의 전유물이라고 말하지 말라. 요즘 젊은이 중 상당수는 평냉에 빠져 냉면집에 줄을 서는 것을 마다 않는다. 냉면집은 어느새 젊은이의 핫플레이스가 됐다. 할아버지, 아버지의 음식으로 통했던 평양냉면이 이젠 '평뽕(평양냉면에 중독됐다는 의미)의 아들 음식'으로 둔갑한 것이다.

"평양냉면에 대해 얼마나 아십니까? 평양냉면의 맛을 아시나요? 평양냉면의 매력은 뭔가요?"

이런 질문을 받았다. 평양냉면을 사실 잘 몰랐다. 단지 슴슴하다('맛이 좀 싱겁다'는 뜻의 북한말)고 하는데 슴슴한 맛이 뭔지도 잘 모르겠다. 단지 밍밍할 뿐이다.

텔레비전 맛집 프로그램에서 한 출연자는 평양냉면의 첫 맛을 "걸레 빤 맛이었다"고 했다. 그 말에 동의할 수는 없지만 평양냉면과의 첫 만남 때의 느낌은 그와 유사했다는 것을 부인할 수는 없다. 배건석, 최혜림 작가는 《냉면열전》 본문 중에 "희스무레하다, 밍밍하다, 슴슴하다, 도대체 아무 맛도 나지 않는다 vs 한 번 빠지면 헤어날 수 없다, 어떤 음식보다 강렬한 중독성이 있다"고 적었다.

처음으로 평양냉면을 맛 본 사람은 대부분 《냉면열전》의 평가처럼 '이게 뭐지?', '아무 맛도 없는데 왜 비싸지?'라는 반응을 보인다. 하지만 그것은 평냉의 가치를 모르고 하는 말이다.

뭐랄까? 평냉은 혀끝을 감치는 국물에 쫄깃한 면발의 어울림이 조화를 이루는 음식이다. 젓가락을 내려놓고 뒤돌아서면 다시 생각나게 하는, 참 오묘한 녀석이다.

평양냉면은 무미(無味)의 대명사 격인 음식이라 할 수 있다. 달고 짜고 기름진 맛에 길든 젊은 세대라면 평양냉면 한 젓가락에 인상을 찌푸릴 만하다. 하지만 요즘 들어 많은 젊은이들이 평냉에 푹 빠져 있으니, 어찌 보면 세월이 많은 것을 변하게 했다.

그렇다면 냉면은 음식역사의 도도한 물결을 어떻게 헤쳐왔을까? 평양냉면 인기 전에는 냉면이라 함은 '함흥냉면'이었다. 새콤달콤하고 칼칼한 맛으로 남녀노소 누구에게나 사랑을 받은 음식. 그때까지만 해도 평양냉면은 '어르신들만의 음식'이라는 인식이 강했다.

하지만 바뀌었다. 최근 한 입맛 한다는 사람들은 냉면 성지처럼 평양냉면 맛집을 찾아다닐 정도로 대표적인 맛집으로 부상했다. 첫 인상을 찌푸리게 만들었던 '밍밍하고 슴슴한 맛', 먹으면 먹을수록 그것에 중독된 이들이 하나둘씩 늘어나고부터다.

"한국의 음식들은 외식시장을 중심으로 짜고 맵고 달다는 인식이 강했다. 슴슴하면서 밍밍한 무미에 가까운 평양냉면이 미식가들 사이에서 맛있는 음식이라는 인식이 생기면서 큰 인기를 얻은 것으로 보인다. 어찌 보면 (평냉 인기는) 일종의 반작용이며 1980년대 이후부터 양념과다 음식이 크게 번지면서 그 지겨움에서 벗어나려고 한 것이 아닌가 생각된다."(황교익·맛칼럼리스트)

우리에게 냉면은 단 두 가지였다. '물냉'과 '비냉'이다. 어쩌면 자장면과 짬뽕 사이와

필동면옥의 냉면. 처음 느꼈던 슴슴한 맛은 나중에 묘한 매력으로 다가와 다시 먹고 싶은 충동을 던진다. 매력의 발원지는 국물이다. 벌컥 들이켜도 짜지 않다. 돼지고기 제육도 일품. 씹는 맛이 고소하다.

같다. 물냉과 비냉 역시 오랫동안 자극적인 음식이라는 주홍글씨에서 벗어나지 못했다. 그런 냉면 형들 틈에서 슴슴한 맛으로 막내로서 인내해온 평냉은 어느 날부터 무미의 제왕으로 떠올랐고, 냉면가(家) 황금시대를 활짝 연 일등공신이 된 것이다. 평냉은 분명 '형만 한 아우 없다'는 속설을 깼다.

사실 냉면은 메인은 아니었다. '서브 음식'일 뿐이었다. 등심이나 불고기를 먹은 후 입가심용으로 "여기 물냉이요"라고 외쳐야 테이블에 올랐던 음식, 그게 바로 냉면이다. 하지만 위상이 달라졌다. 20대, 30대 청년 사이에서 평냉족(族)이 넘치더니, 남부럽지 않은 권세를 갖게 된 평양냉면은 특히 순식간에 팔자가 활짝 폈다.

평양냉면집 하면 떠오르는 곳이 서울 충무로에 위치한 '필동면옥'이다. 최근 가 봤다. 점심시간이 번잡하다고 해서 조금 앞당겨 도착했다. 벌써 20여 명이 줄을 서 있었다. 1분 또 1분이 지날수록 사람 숫자는 불어난다.

근데 이상했다. 옛날 풍경과 다르다. 10여 년 전에도 손님은 북적댔지만 주로 연배가 드신 분들이 많았다. 그런데 아니었다. 나이 드신 분보다는 젊은이들의 숫자가 훨씬 많았다. 가족 단위 손님도 눈에 띄었다.

그 옛날 1950~60대 중장년층이 추억을 음미하기 위해 찾았던 필동면옥, 지금은 어머니와 딸, 아버지와 아들이 같이 식사하기 위해 테이블에 앉아 있는 필동면옥. 2017년 평양냉면집 풍경은 이렇게 바뀌었다.

직장이 근처인데, 점심시간을 이용해 이곳을 찾았다는 박혜련 씨는 "10대 때는 매콤한 함흥냉면을 선호했는데 먹고 나면 입이 텁텁했다. 평양냉면의 슴슴한 맛이 처음에는 어려웠는데 두세 번 먹고 나니 자꾸 생각났다"며 "부드러우면서도 속살이 미묘하게 쫀득한 메밀면 그리고 꼬들꼬들한 수육을 한 접시 시켜 메밀면으로 감싸 입안에 넣으면 그야말로 행복에 젖어든다"고 했다.

딸과 함께 찾은 신영선 씨는 "젊었을 때 자주 찾았던 곳인데, 지금은 딸과 함께 그때 그 추억을 느낄 수 있어 자주 들른다"고 했다.

냉면 미식가들이 자주 찾는 '우래옥', '을밀대', '을지면옥', '평양면옥' 등도 젊은 손님들이 늘어났다고 하니 평양냉면을 필두로 냉면의 전성시대가 다시 찾아온 듯하다.

서울 을지로에 위치한 을지면옥의 냉면. '냉면이 다 냉면이지' 하는 생각을 떨쳐버리게 하는 냉면이다. 편육과 냉면이 잘 어울리는 평냉 명소 중 하나다. 내부도 편안해 부담 없이 대화꽃을 피우기 안성맞춤이다.

평양냉면은 '실향민의 음식'이다. 현재 평양냉면 맛집들은 실향민이 북한 땅을 마주 보며 시작한 가게가 대부분이고, 세월이 흐르다 보니 대물림한 곳이 많다. 평양냉면은 메밀가루로 만든 국수를 차가운 냉면 국물에 말아먹는 평양 지방의 향토음식이다. 평양에선 음식에 양념을 적게 해 담백한 맛을 즐긴다. 그 맛을 그리워하던 실향민들이 전국 각지에 자리 잡고 평양냉면 장인(匠人)의 삶을 살고 있는 것이다.

재미있는 점은 평양냉면은 그들만의 특별한 계보가 있다는 것이다. 평양면옥은 의정부계와 장충계로 나뉜다. 의정부계는 아버지가 아들에게 전수한 의정부 평양면옥을 필두로 첫째 딸은 필동면옥, 둘째 딸은 을지면옥, 셋째 딸은 본가 필동면옥을 맡게 된다. 장충계는 어머니와 큰아들이 장충동 평양면옥을 운영한 후 둘째 아들은 논현동 평양면옥, 딸은 분당 평양면옥, 큰아들의 사위는 도곡동 평양면옥을 운영한다.

계파까지 나뉘는 이 독특한 가족경영 시스템은 고객의 호기심을 끌었고, 대를 이은 장인정신을 냉면 한 그릇에 담아 '가문의 영광'을 노린다는 스토리텔링이 가미되면서 평양냉면은 오늘도 미식가의 입에 오르내리고 있다.

노포(老鋪·대대로 물려 내려오는 점포)의 성지가 된 평양냉면이 인기를 끌자, 전문식당 역시 급증했다. 서울과 수도권 일대에 냉면집은 우후죽순 생겼고, 강남과 홍대 등 젊음의 거리 곳곳에도 평양냉면집이 둥지를 틀고 있다.

1980년대 말 대학가에서 민중가요로 불리던 '서울에서 평양까지'의 노랫말처럼, 가까운 거리에 있어도 평양 현지의 전통 맛은 볼 수 없지만, 그 대체된 평냉 맛은 우리 혀를 살살 녹이고 있다.

식초는 국물보다 냉면에 뿌려 드세요

"메밀은 중국산이 더 좋은 거 아시나요?"

'재료는 국산을 쓰시죠'라고 질문하자 예상치 못한 대답이 불쑥 튀어나온다. '메밀' 하면 봉평만 떠올렸던 터라 일순간 멍했다.

당황한 질문자의 모습이 재미있었나 보다. 김태현 벽제외식산업개발 부회장은 웃음을 띠면서 중국 메밀이 더 좋은 이유를 구체적으로 설명한다.

"중국산 메밀이 열에 더 잘 견뎌요. 척박한 땅에서 자란 만큼 국산보다 더 강한 거죠. 이북 땅인 함흥과 평양의 냉면이 유명한 이유도 같은 거예요."

그는 잠시 뜸을 들이더니 "무조건 한국 상품이 좋다는 것은 정말 잘못된 겁니다"라고 했다. 목소리엔 확신이 가득하다.

봉피양 본점이 있는 방이동에서 만난 김 부회장은 한식을 산업화하는 데 성공한 인물이다. 그는 아버지 김영환 벽제외식산업개발 회장과 함께 평양냉면과 소·돼지갈비, 설렁탕 등 토속적인 먹거리가 중심이 되는 벽제갈비를 거대 외식산업 브랜드로 키워냈다. 봉피양은 전국에 점포가 10여 개, 벽제갈비도 6개에 달한다. 대부분 점포는 직영점으로 운영된다.

자연스럽게 대화는 한식 자체보다는 한식 산업에 대한 주제로 흘렀다.

"좋은 재료는 맛의 기본입니다. 재료에는 돈을 아끼지 않습니다."

김 부회장과의 대화 중 가장 귀를 사로잡은 것은 한식에 대한 지론이었다.

"'한국적인 것'만을 고집하는 게 아니라 '최선의 맛'을 선보이는 것이 한식 산업의 방향이 돼야 합니다."

한국식에 지나치게 집착하는 것보다는 최고의 맛, 최선의 입맛을 제공하는 게 더 의미 있다는 뜻이다.

최신화된 도구와 깔끔한 매장 디자인의 중요성도 강조했다.

"현재 모든 벽제갈비 매장은 일본에서 공수한 화로를 씁니다. 육류는 국내산 투플

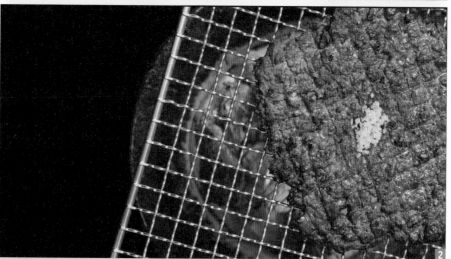

1. 벽제갈비의 꽃등심. 너무 예뻐 건드리기 싫을 정도다. 일본에서 공수한 화로 위에 놓으면 스르륵 스르륵 고기가 타들어간다. 그 음향은 군침을 흘리며 입맛 다시는 소리와 맞물려 하모니를 이룬다.
2. 벽제갈비의 대표 메뉴 떡갈비. 평범한 떡갈비와는 다르다. 간이 세지 않으면서도 육즙이 촉촉해 별미로 통한다. 그냥 떡갈비가 좋아 벽제갈비를 찾는 이도 많다. 떡갈비 마니아를 위한 집이라는 뜻.

러스 한우를 활용하지만요. 국내 화로는 화력이 약해 고기를 제대로 구워주지 못합니다. 와규를 요리하는 일본산 화로는 비싸지만 화력이 확실하죠."

벽제갈비가 사용하는 화로는 이렇듯 벽제외식산업개발의 음식철학이 담겨 있다. 한국적인 맛, 토속적인 맛을 강조하되, 마냥 한국의 것만의 고집에서 벗어나는 것. 최고의 맛을 위해서라면 일본산 화로를 들여오는 것을 마다 않는 것. 그게 진정한 '맛의 프로'라는 것이다.

평양냉면에 국산 대신 중국산 메밀을 활용하는 것도 같은 이유란다. 국산이란 허울 좋은 구실보다는 '소비자가 느끼는 맛'이 가장 중요하단다.

재료뿐만 아니라 음식을 만드는 조리과정 자체에도 많은 노력을 기울인다. 최근 습슴한 맛으로 인기를 끌고 있는 평양냉면도 마찬가지다. 평양냉면만 65년을 고집해온 김태원 명인이 봉피양의 평양냉면 국물을 직접 제조한다. 김 명인은 육수에서 고깃기름을 제거하는 데 입바람을 활용한다. 기계와 손을 사용하지 않는다. 그렇게 했을 때 냉면육수 특유의 '슴슴하면서도 깊은 맛'이 더욱 뚜렷해진다고 한다.

김 부회장 역시 평양냉면에 애정을 쏟고 있다. 사업에 발을 들인 것도 평냉이었다. 면을 빚고 직접 내려 냉면을 만드는 과정을 손수 담당해왔다. 과거 자동차 드리프트 선수로 활약했던 그는 스포츠를 통해 정직함과 인내심을 배웠다고 했다. 음식에서도 그때 몸으로 체득한 것을 많이 활용한다.

"항상 내 아이가 먹는 음식이라 생각하고 만듭니다. 내 아이가 먹을 수 있는 음식이면 모든 사람이 믿고 좋아하며 먹을 수 있으니까요."

오랜 시간 공을 들여온 설렁탕, 짜지 않은 맛이 특징인 무염김치도 마찬가지로 김 부회장은 정성을 기울인다.

혹시나 하고, 평양냉면을 맛있게 먹는 법을 물었다. "이거 아무나 안 가르쳐주는건데…" 하며 장난스러운 표정을 보이다가 이내 비결을 털어놓는다.

"식초를 국물보다 냉면에 뿌려서 먹어보세요. 평양냉면의 국물에는 정성이 담겨 있거든요. 식초가 국물에 닿으면 슴슴하고 깊은 국물맛이 엉망이 돼버리곤 합니다."

냉면 국물, 하나에도 대단한 자부심이 스며들어 있다.

1. 평양냉면의 '갑 중의 갑'. 우레옥의 육수에서는 진한 풍미가 느껴진다. 두말하면 잔소리겠지만 냉면 마니아라면 한 번쯤은 가봐야 할 곳이다.
2. 을밀대 역시 평양냉면을 논할 때 빼놓을 수 없는 곳이다. 뚝뚝 끊기는 면발, 육수 위 살얼음, 심심한 국물 맛에 한 번 빠지면 헤어나올 수 없다.

평냉 힙스터들이 반한 곳, 어디랍니까?

힙스터(hipster)란 말이 있다. 유행 등을 따르지 않고, 자신만의 고유한 패션과 음악 문화를 고집하는 이를 말한다. 평양냉면족(族)은 어쩌면 음식의 힙스터다.

평냉 힙스터는 '슴슴한 맛'이 좋은 곳이 있다면 전국 방방곡곡을 누빈다. 이들은 섬세한 평양냉면을 즐긴다. 쫄깃한 면발에다가 조금씩 음미해야 깊은 맛을 내는 육수의 진미를 알아주는 이들이다.

서판교에 위치한 '능라도'는 평양냉면계의 신흥강자로 통한다. 2016년 TV프로그램 〈수요미식회〉 출연 이후 명성이 더욱 높아진 곳으로, 메밀로 뽑아낸 뽀얀 면발에서 나오는 메밀 향과 고기 향의 균형이 잘 잡혔다. 특히 면의 탄성이 좋고 굵기도 적당해 평양냉면 마니아들의 사랑을 금세 받았고, 강남 분점까지 여는 등 사세를 확장했다. 평양냉면 못지않게 어복쟁반도 손님들에게 인기다.

70년의 전통을 자랑하는 곳으로 푸짐한 고명과 진한 육향의 냉면을 맛볼 수 있는 '우래옥' 역시 평냉의 고수로 인정받는다. 냉면 못잖게 불고기도 유명하며 개운한 맛의 김치말이 냉면과의 궁합은 환상적이다.

심심한 맛의 냉면 육수로 오랜 단골들의 사랑을 받고 있는 '을밀대'도 빼놓을 수 없는 곳이다. 면발은 다른 평양냉면들에 비해 굵은 편이고 육수 위 살얼음 역시 많다. 냉면 외에도 넉넉한 기름에 지진 고소한 녹두전과 수육으로 요기를 할 수 있다.

찰기가 없어 뚝뚝 끊기는 면발이 오히려 매력으로 다가오고, 심심한 국물에 반할 수밖에 없는 '을지면옥'은 나이 지긋한 어르신들이 주 방문객으로, 수육이나 편육 한 접시 주문해 술과 함께 곁들일 때 편한 곳이다.

3대째 30여 년간 이어온 전통의 평양냉면 전문점으로, 제분소를 갖추고 직접 메밀을 제분해 사용하며 육수는 한우로만 2~3시간 이상 푹 고아낸 맑고 진한 국물을 사용하는 '평양면옥'도 냉면집 명소다.

뽀얀 국물에 고춧가루 고명이 처음엔 낯설지만, 독특한 매력으로 다가오는 '필동면옥'은 평냉 대표주자 중 하나다.

02

나는 욜로(Yolo)다,
고로 '맛의 가치'에 목숨 건다

#1. 직장인 강경성(29) 씨는 소문난 맛집을 돌아다닌다. 강 씨는 과도한 업무에 지친 자신을 보상하기 위해 '맛에 투자하기로 했다. 그렇게 정한 맛집 콘셉트는 '특별한 레시피'였다. 음식부터 좋은 걸 잘 먹어야 한다는 생각에서다. 우선 강 씨는 평소 가고 싶었던 주변 레스토랑들을 목록에 체크했다. "월급이 그리 많지는 않지만 먹는 것엔 돈을 아끼지 않으려고요. 돈을 모아봤자 대출 없이는 집을 사지도 못할 텐데 현재를 즐기는 게 제일인 것 같아요." 약간 쑥스러운 표정의, 그러나 단호한 표정의 강 씨 말이다. 그의 핸드폰에는 음식 사진만 수천 장이 저장돼 있다. 텔레비전 음식 프로그램의 지향점인 "한 번뿐인 인생, 즐겨라"를 강 씨는 신봉한다.

#2. 직장인 정동영(40) 씨와 이희정(36) 씨는 결혼 2년차 신혼부부다. 이들은 맛집 투어 모임에서 만났다. 서로에게 끌리면서 2년간의 연애 끝에 결혼에 골인했다. 결혼 이후 각자의 삶이 달라 자주는 못 나가도 여전히 2주일에 한 번은 맛집 투어를 떠난다. 달라진 점은 단체가 아니라 둘이서만 떠난다는 것. 맛 투어 코드는 하나다. "끌리면 간다"는 것이다. 대단한 사전계획은 없다. 최근엔 남도정식에 빠

져 남도정식 투어를 다녀왔다. 정 씨는 "우리에게 특별히 추구하는 맛 철학은 없다"면서도 "먹고 싶은 걸 먹을 때가 가장 행복한 것 아닌가요"라고 반문한다. 금전적 부담이 작은 것은 아니다. 당분간 집 살 생각은 없다. 둘은 집 마련에 연연하지 말자고 약속했다. 이 커플의 다음 여정은 '한우 투어'다.

#3. "세계의 다양한 음식을 체험하고 여행상품으로 발굴하고 싶어서요." 취업 준비생 윤미진(26) 씨는 오늘 세 번째 자기소개서의 입사 동기를 음식과 관련된 내용으로 채웠다. 그는 유명 레스토랑 체인과 프랜차이즈, 여행사 취직을 희망한다. 음식을 좋아하는 만큼 음식과 관련된 일을 하고 싶어서다. 음식에 대한 씀씀이는 본인 생각에도 큰 편이다. 용돈과 아르바이트로 생활비를 충당하는 취준생 신분이지만, 맛있는 음식엔 돈이 안 아깝다. 1인당 10만 원이 넘는 일식집 '하이엔드 스시야'를 월 1회씩은 찾는다. 최근엔 와인에 관심을 갖기 시작했다. "다 먹고 살려고 하는 짓 아니겠어요? 취업 준비로 우울할 때 맛있는 음식을 먹으면 다시 기운이 나요." 행복은 통장잔고에서 나오는 것은 아니다. 그의 생활신조다.

다 먹고 살려고 하는 것 아닌가요?

이처럼 나만의 만족을 위해 소비를 즐기는 욜로(YOLO)족이 음식세상에서 대세다. 사실 소비시장에서 욜로의 부각은 어제오늘의 이야기는 아니다. 전에도 과감하게 소비하는 경향은 젊은 세대를 중심으로 성행했다. 하지만 최근의 욜로는 좀 다르다. '음식 욜로'가 늘었다. 아니, 음식 쪽에 대규모 군단의 욜로족이 편승하면서 음식가를 달구고 있다. 이 시대 음식 신트렌드다. 그러다 보니 '탕진잼(과하게 소비하는 데에서 오는 재미)족'이나 '시발비용(스트레스 때문에 우발적으로 쓰게 되는 비용)족'과 함께 욜로족은 요즘의 푸드세상을 평정했다는 소리를 듣는다.

미국의 인기래퍼 드레이크의 2011년 곡 '모토(The Motto)'에서 시발된 욜로는 '네 인생은 한 번 사는 것(You Only Live Once)'의 줄임말이다. 한 번뿐인 인생이니 네가 하고 싶은 것을 하며 당당하게 살라는 의미가 담겨 있다.

때론 음식 하나에 월급 절반을 날리며, 시급의 몇 배를 한 끼에 지불하는, 자기 처

1. 욜로족은 '맛의 가치'에 무조건 무게 중심을 둔다. 그 가치가 상상 외로 크다면 지갑 열기를 두려워 않는다. 나만의 음식, 나만의 맛을 통해 삶의 가치를 한 단계 높이는 게 욜로족이다. 미식가가 맛을 체험하고 있다.
2. 백승욱 셰프가 요리를 준비하는 모습. 백 셰프는 한식을 다양한 방식으로 창의적이고 유쾌하게 풀어낸다. 이런 스페셜하고 스토리가 있는 음식을 욜로족은 즐겨 찾는다. 음식과의 일체감, 그게 욜로족의 목표다.

지에 맞지 않는 큰 씀씀이로 꼰대(?) 같은 어른의 눈총을 받기도 하지만, 욜로족은 구애 받지 않는다. "냅둬유. 아저씨나 아끼고 사세요. 전 그냥 쓰고 살래요. 그게 전 행복해요"라고 속으로 비웃으며 말이다.

욜로족에겐 현재가 중요할 뿐, 미래는 크게 걱정할 일이 아니다. 현재가 행복하면 얼마든지 미래도 행복할 수 있다고 믿기 때문이다. "먹고 싶은 것 참고, 쓰고 싶은 것 참고…. 현재가 행복하지 않은데, 미래라고 행복하겠어요"라고 욜로족은 반문한다.

욜로족은 "눈치가 없다"는 주변의 말을 무시하고, "눈치를 안 봐도 된다"는 인생관으로 무장해 있다. 어른의 관점으로는 철부지일 수 있지만, 그건 아니다. 확고한 신념, 철학은 욜로족의 특징이다. 음식에 대해선 더욱 그렇다. '착한 재료'를 쓰는 맛집을 추구하면서 나만의 음식을 즐기며, 때론 과감하게 셰프의 음식철학에 접근한다. 셰프의 음식 스토리를 나만의 것으로 승화시키는 것, 그것은 욜로족에겐 일종의 사명감이다.

기성세대와는 분명 다른 음식관, '맛의 가치'에 목숨 거는 욜로가 새로운 푸드 컬처 (Food Culture)의 프런티어(개척자)임은 부인할 수 없는 세상이 됐다.

욜로족을 위한 스페셜 레스토랑

"뱃속에 들어가면 다 똑같다. 그 맛이 그맛 아니냐, 먹어봤자 내가 아는 맛…. 이런 얘기를 들으면 화가 날 지경이에요."

욜로족 직장인 조혜민(A그룹 과장) 씨의 말이다. 조 씨는 자신을 '고메(gourmet·미식) 족'으로 소개한다.

조 씨의 라이프스타일은 음식, 그 자체의 삶이다. 친구, 지인들과 일주일에 두 번 레스토랑을 예약해 와인과 식사 모임을 한다. '목요와인회', '일요미식회'라는 번듯한 이름도 붙였다.

"대학생에서 신입사원으로, 사원에서 과장으로 신분이 달라지면서 음식에 투자하는 돈도 커지게 됐어요. 단순히 비싼 음식을 선호하는 건 아니에요. 음식도 경험이라고 생각합니다. 음식에 열정을 쏟은 미쉐린 스타 셰프의 요리를 경험하는 것, 파인 다

1. 리스토란테 에오의 내부 전경. 어윤권 셰프가 이끄는 유러피언 스타일 부띠끄 레스토랑 리스토란테 에오는 고급스러운 분위기에 걸맞은 세심한 서비스와 제대로 된 만찬을 제공해 만족도가 높다.
2. 툭툭 누들타이의 내부. 마니아를 위한 스페셜 레스토랑으로 꼽힌다. 태국음식점으로 샐러드부터 카레, 누들, 라이스 등 다채로운 메뉴를 자랑한다. 태국 맥주도 마련돼 있어 애주가에게 사랑받는 집이다.

이닝과 호텔레스토랑의 잘 짜인 공간과 음식을 경험하는 것이죠. 좋은 음식과 좋은 기억은 사람을 행복하게 해주거든요. 만족스러운 한 끼를 먹고 나면 삶을 살아갈 에너지도 충전되고요."

그러면서 한마디로 정리한다. 사뭇 도발적이다. "아무 데나 가지 않아요. 제가 꽂히는 데만 갑니다."

사실 진정한 욜로족이라면 조 씨처럼 프리미엄 맛집을 고집하지 않는다. 음식이 좋으면 싸고 비싼 것에 연연하지 않고, 값보다는 '나만의 음식, 나만의 장소'를 중요시한다. 독창적인 맛과 자기 스타일의 식당 분위기 그리고 내공 있는 셰프가 있다면 욜로족은 단골손님 목록에 자신의 이름을 기꺼이 올린다.

그럼 '욜로 레스토랑' 하면 어디가 먼저 떠오를까? 서울 북촌에 위치한 스페인 레스토랑 '떼레노(TERRENO)'는 욜로족이 즐겨 찾는 곳으로 유명하다. 강렬한 색감만큼 혀가 행복해지는 곳을 표방한다. 떼레노는 자연주의 콘셉트를 담은 곳으로, 이에 걸맞게 레스토랑 건물 옥상에서 다양한 재료를 직접 키워 요리 재료로 사용한다. 떼레노의 다채로운 코스 요리는 일품. 물론 단품도 주문이 가능하다. 코스로 준비된 런치세트는 바삭한 빵으로 시작된다. 이어 토마토 가스파초와 갑오징어먹물 쌀요리가 접시 위에서 아름답게 반짝거리며 혀를 유혹한다. 뒤를 잇는 메인요리는 이베리코 돼지고기다. 부드러우면서도 고소한 돼지고기의 맛이 쉐리비네거에 절인 여러 가지 버섯과 트러플을 넣은 뻬리고르디니 소스와 잘 어울린다. 스페인 현지에 온 듯한 한 끼 식사를 만드는 떼레노의 신승환 셰프는 스페인에서 수년간 요리를 배웠다.

신 셰프는 떼레노의 숨겨진 비법을 바로 '시크릿 가든'으로 정의한다. "떼레노는 스페인어로 '흙과 땅'이라는 뜻인데, 건물 옥상에 농장을 만들어 재료들을 직접 키웁니다. 작년에는 토마토가 풍년이라 식재료로 아낌없이 사용했고 감자도 시중에 흔하게 판매되지 않는 종자들을 유기농으로 키워 재료로 선보였습니다."

셰프는 엄격하다. 떼레노의 모든 음식은 신 셰프의 손을 거쳐야 한다.

"매일 출근하는 게 저의 요리철학이자 신념입니다. 절 보려고 오는 손님들이 있으니, 셰프는 항상 자신의 자리를 지켜야 합니다."

1. 떼레노의 신승환 셰프가 요리를 하고 있다. 스페인, 호주 등 오랫동안 여러 나라에서 요리를 배운 그는 스페인 파인 다이닝을 선보이며 미식가들의 사랑을 받고 있다. 팜 투 테이블(Farm-to-table) 운동을 실천하는 이로도 유명하다.
2. 리조또 느낌의 떼레노 갑오징어먹물 쌀요리. 보기와는 다르게 밥알의 식감이 괜찮다. 음식을 먹은 후 입을 닦아주는 센스가 필요하다.
3. 차가운 수프인 떼레노 토마토 가스파초. 주 요리가 나오기 앞서 흥분된 입맛을 차분히 가라앉혀준다.

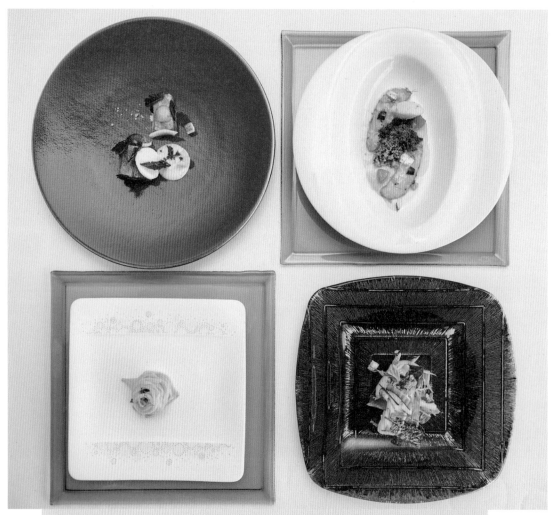

리스토란테 에오의 요리 모음. 색감과 디자인, 어느 것 하나 모자람이 없다. 어윤권 셰프는 신선한 채소와 과일, 질 좋은 해산물, 육류, 소금, 후추만으로 1년 내내 다양한 이탈리아 요리를 선보인다.

욜로에 대한 셰프의 정의는 간단명료하다. "가끔 고급 호텔에서 맛있는 요리를 즐기는 것도 욜로겠지만, 떼레노처럼 색다른 음식을 소소하게 즐기며 만나는 것도 욜로 아니겠어요?"

떼레노는 특히 소외 계층을 고용하는 사회적 기업으로 운영된다. 재료도, 사람도 직접 건강하게 길러내는 매장인 셈이다.

욜로족은 공간과 휴식을 중시하는 습성을 지녔다. 이런 욜로족을 만족시키는 스페셜 레스토랑으로는 어윤권 셰프가 운영하는 '리스토란테 에오'가 우선 떠오른다. 이곳은 서울 청담동에 문을 연 부띠끄 레스토랑이다. 부띠끄 레스토랑은 소수의 고객에게 최고급 맞춤서비스를 제공하는 레스토랑을 말한다. 리스토란테(Ristorante)는 이탈리아어로 레스토랑이란 뜻이다. 간판을 찾기 어려워 단골 마니아 아니면 갈 수 없는 곳으로 유명하다. 이곳은 간판만 없는 게 아니라 메뉴판 역시 없다. 셰프가 그날그날 고객과 의논해 메뉴를 결정한다. 가격대별로 퀄리티는 결정된다. 어찌 보면 셰프 마음대로지만, 불평하는 이 하나 없다. 공력이 대단한 셰프의 음식 맛을 철석같이 믿기 때문이다.

태국음식 전문점 이름 몇 개쯤은 입에 달고 있어야 욜로족 자격이 있다. 태국에서 직접 공수한 재료로 현지의 맛을 제대로 구현한 '반피차이', 임동혁 대표의 첫 레스토랑인 '툭툭 누들타이'가 대표적이다. 스시를 사랑하는 사람이 한 번은 가봐야 할 스시 사관학교인 '스시조', 4명을 위한 테이블이라는 의미로 서래마을에 문을 연 유러피언 스타일의 '테이블포포' 역시 욜로족들로 넘친다.

03
불신의 먹거리는 가라…
착한 한 끼가 왔다

갈색 나무 원목테이블에 흠집이 난 낡은 철제 주전자와 철제 그릇이 올라온다. 그릇 안에는 들기름과 깨로 버무리고 김을 뿌린 막국수가 담겨 있다. 들깨 특유의 고소한 향내가 풀풀 난다. 종업원은 "100% 메밀만을 써서 만든 막국수 면"이라고 한다. 그래서인지 차진 맛은 덜하지만, 면에서는 씹을수록 메밀의 고소한 향이 느껴진다.

경기도 용인시 고기동에 위치한 '장원막국수'의 음식을 직접 맛본 느낌은 그랬다. 향긋한 고향 냄새랄까. 이름이 고기동이라고 오해는 말라. 이곳은 육류보다는 녹음과 더 가까운 동네다. 인근에 계곡과 산이 위치하고 있다. 장원막국수는 이곳에 있는 자연을 담아 '건강'을 파는 곳이다.

살충제 계란 파동, 고병원성 조류인플루엔자(AI) 여파와 가공육(햄) 논란까지…. 2017년은 그 어느 때보다 '가짜 음식'에 대한 공포가 높아진 해였다. 화학성분이 들어간 식품, 건강하지 않은 사육 방식을 택한 식재료들이 여과 없이 우리 식탁에 올라왔다는 사실이 관계당국의 조사 결과 드러났다. 이로 인해 소비자들 사이에서는 '케미포비아(화학물질 공포증)'가 순식간에 번졌다. 조금 더 건강한 식재료와 건강한 음식을 찾

장원막국수 최고의 인기 메뉴인 '안내판에는 없는' 들깨막국수. 들깨막국수는 100% 메밀을 활용한 면을 들기름과 깨로 버무린 별미. 씹을수록 고소한 맛이 난다. 100% 순 메밀을 고집하는 장원막국수의 매력이 느껴진다. 막국수에서 냉면의 느낌이 나는 건 기분 탓일까. 육수를 담은 낡은 철제 주전자가 정겹다.

는 욕구는 2017년에 그래서 더욱 강렬해졌다.

코릿에서 특별히 건강한 식재료를 고집하는 음식점이 대거 맛집 랭킹 상위권에 오른 것은 이런 트렌드를 대변한다. 불신의 먹거리를 멀리하고 한 번을 먹더라도 건강한 한 끼를 추구하는 것, 즉 '착한 음식'에 대한 욕망이 극대화된 것이 2017년 음식 최대 키워드였다고 해도 과언이 아니다.

장원막국수는 이 같은 먹거리에 대한 사회적 불신과 담을 쌓으며, 오로지 건강한 한 끼를 추구하는 곳이다. 이 집의 주 메뉴는 순 메밀로 만든 막국수와 제주산 돼지고기로 만든 수육이다. 맛이 심심한 듯하면서도 재료 특유의 향이 그대로 느껴지는 것이 특징이다.

주인장인 유창수 대표에게도 그런 건강함이 느껴진다. 그에게 '신선한 식재료'는 목에 칼이 들어와도 포기할 수 없는 절대적인 사명이다. 그는 인근에서 재배되는 채소를 포함해 신선한 식재료를 공수하기 위해 엄청난 발품을 팔기로 소문 나 있다. 특히 식재료의 맛을 살리는 연구를 한순간도 잊은 적 없다.

"한 번에 30인분씩, 소량으로 직접 메밀을 제분해 음식을 만듭니다. 국물 육수도 멸치를 직접 끓여서 우려내 쓰지요."

최근에 밑반찬을 열무김치에서 배추물김치로 바꿨더니 손님들의 반응이 좋단다. 간단한 것 같지만, 조미료를 첨가하지 않은 심심한 막국수에 어울리는 음식을 고민하다가 찾은 결과물이다.

말 나온 김에 대한민국에서 건강한 맛을 추구하기로 둘째가라면 서러워할 곳을 꼽는다면 바로 '해남천일관'이다. 서울 강남구 역삼동에 위치한 한정식집으로 모든 음식에 건강을 담았다.

이곳은 창업주 박성순 씨 손녀딸인 이화영 대표가 운영하는 곳이다. 3대째 해남 특유의 맛을 고수하고 있다. 모토는 '계절의 맛'이다. 가게에서는 절기마다 나는 제철 식

해남천일관의 요리 모음. 해남천일관에서는 매 계절, 달마다 손님상에 오르는 음식이 다르다. 그 시점에 맞는 가장 좋은 식재료를 찾기 때문이다. 요리에는 '계절의 맛'에서 최고를 찾는 해남천일관의 철학이 담겨 있다. 3대째 이어온 손맛은 역시 남다르다.

재료를 활용해 음식을 만든다. 9~10월께는 전어와 송이버섯·미꾸라지와 추어탕, 봄에는 신선한 봄나물과 해초류를 활용하는 식이다. 제철 식재료가 다양한 만큼 밑반찬이 다양하게 구성된다.

"옛것을 특별히 찾는다기보다는 할머님이 해주셨던 것 그대로를 구현하려고 노력합니다. 식재료를 사기 위해 해남에 직접 내려가거나 장에 전화도 하곤 합니다."

이 대표의 말에선 전통을 잇는 맛집에 대한 당당함이 엿보인다.

이곳 가게 손님은 어머니의 손맛을 그리워하는 40~50대 중장년층이 대부분이다. 가족과 함께 이곳을 방문한 젊은 층도 심심찮게 보이곤 하는데, 대부분 음식을 먹은 후 해남천일관의 깊은 맛에 크게 놀라곤 한단다. 음식 하나로 금세 건강한 몸이 된 듯한 좋은 느낌을 받으면서 말이다.

정직한 한 끼로 마니아 사로잡은 레스토랑

맛집은 맛집 나름대로 이유가 있다. 그중 하나가 '정직한 밥상'일 것이다. 밥장사도 장사라고 약간이라도 불량한 상술을 쓰면 손님이 먼저 눈치를 챈다. 이문을 무시할 순 없겠지만, 손님에게 건강한 재료로 착한 한 끼를 서비스하는 곳, 즉 정직한 맛으로 우직하게 승부하는 곳은 오랫동안 맛집 타이틀을 유지할 수 있는 법이다. 물론 정직한 맛에 대한 정의는 없다. 주인의 넉넉한 인심, 신선한 재료, 손님을 위하는 진정성 있는 메뉴 등이 잣대라면 잣대일 것이다.

그런 점에서 맛 마니아들 사이에선 한식전문 브랜드 '벽제외식산업'의 음식이 건강식으로 이름 나 있다. 이곳은 건강, 그 자체를 목표로 삼는다. 건강 저염식으로 일찌감치 입소문을 탄 곳이다. 벽제는 '봉피양'과 '벽제갈비'를 운영한다. 봉피양의 냉면은 평양냉면이라 소금기 없이 맛이 담백하다. 벽제갈비의 음식은 지나친 양념의 맛을 최소화하는 대신 고기 특유의 맛을 살리는 게 포인트다. 오롯이 건강을 위해 만들어진 저염김치와 설렁탕에도 조미료를 일절 사용하지 않는다.

"제 가족이 직접 와서 먹어도 자신 있을 정도로 건강한 맛을 구현하려 노력합니다. 냉면에 들어가는 메밀, 갈비에 들어가는 한우고기 하나하나에 직접 심혈을 기울입니

다."(김태현·벽제외식산업개발 부회장)

벽제가 '음식 맛 좀 안다'는 이들 사이에선 꾸준히 회자되고, 직영점 숫자도 날로 증가하는 걸 보면 건강한 한 끼를 찾는 손님들로부터 인정을 받은 것은 분명해 보인다.

정직한 맛으로 정평이 난 곳으로는 서민들이 즐겨 찾는 전통한식집도 상당수에 달한다. '숨은 강자'가 유난히 많다.

부산 영도에서 계절 생선회와 시락국밥(시래기국밥의 경상도 방언)을 주력으로 판매하는 '달뜨네', 속초에서 자연산 물회로 이름 깨나 알린 곳이자 대표 메뉴 격인 모듬물회집으로 유명한 '봉포머구리집', 전통 순대를 만드는 곳으로 매장 내부를 마치 옛 시골장터 같은 푸근하고 정겨운 느낌으로 세련되게 풀어낸 '순대실록' 등이 대표적이다.

돼지곰탕을 하루 100그릇 한정 수량으로 판매하는 '옥동식', 깔끔하고 담백한 손만두 하나로 소문난 맛집 대열에 오른 '자하손만두', 대한민국 대표 간장게장 전문점으로 통하는 '진미식당' 등은 손님의 취향인 건강을 제대로 저격한 곳으로 이름나 있다.

진미식당의 간장게장 정식. 오로지 간장게장만을 전문으로 한다. 대한민국 간장게장집 하면 맨 처음 떠오르는 곳이 진미식당이다. 그만큼 유명하다는 말. 단출하지만 확실한 자신감이 메뉴에 깃들어 있다.

미식가들이 반한 프랑스, 이탈리아 레스토랑

건강한 한 끼가 한식에만 한정됐다고 한다면 섭섭해할 곳이 있다. 오랜 전통과 역사를 지닌 프랑스와 이탈리아의 음식이다. 프랑스와 이탈리아의 요리 역시 건강 하면 빠질 수 없는 요리로, 대한민국 외식문화의 또 다른 주축이다. 한식의 재발견이 이루어지며 한식이 외식 빈자리를 점점 채우고 있다곤 하지만, 여전히 프랑스와 이탈리아 요리의 위세는 막강하다.

'코릿 랭킹50' 레스토랑에 프랑스 레스토랑(10곳)과 이탈리아 레스토랑(4곳)이 대거 포진한 것은 이를 방증한다.

프랑스 각 지역의 음식을 소개하는 정상원 셰프의 '르꼬숑'은 매번 다른 요리를 맛보는 즐거움을 안겨주는 곳이다. 당일 재료의 종류와 상태에 따라 메뉴가 달라지지만 늘 신선한 요리를 맛볼 수 있는 김대천 셰프의 '톡톡', 전반적으로 클래식한 프랑스요리를 기본으로 모던함을 더해 재료 본연의 맛을 극대화한 노진성 셰프의 '다이닝 인 스페이스', 캐주얼한 분위기의 프렌치 비스트로를 내세우지만 제대로 된 맛을 고수하고 있는 임기학 셰프의 '레스쁘아 뒤 이부', 일본·영국·호주 등 세계 유명 레스토랑에서 경험을 쌓은 류태환 셰프의 유니크한 창작 요리를 만날 수 있는 '류니끄' 등등…. 이곳들이 미식가의 발길을 붙잡고 있는 대표적인 프랑스 레스토랑이다.

프랑스 파리의 레스토랑 '알랭뒤카스그룹'의 비스트로에서 경험을 쌓고 돌아온 이지원 셰프가 주방을 책임지는 '오프레', 프랑스에서 내공을 다진 이충후 셰프의 '제로 콤플렉스', '최고 셰프들이 뽑은 최고의 셰프'라는 영광을 안기도 한 '피에르 가니에르' 역시 프랑스요리 마니아라면 모를 리 없는 유명한 곳이다.

프랑스 맞수인 이탈리아 레스토랑도 이름만 대면 단박에 알 만한 곳이 많다. 해방촌에서 마니아층을 두텁게 쌓아가고 있는 김지운 셰프의 이탈리아 선술집 '쿠촐로 오스테리아', 산티노 소르티노 셰프가 한국의 제철 식재료를 과감하게 사용해 많은 사람들의 입맛을 사로잡은 '테라13', 고급스러운 분위기와 세심한 서비스가 장점인 '리스토란테 에오' 등이 이탈리아 푸드의 자존심을 걸고 명성을 더욱 다지는 중이다.

1. 다이닝 인 스페이스의 굴과 우니크림. 바다내음 가득한 크림이 입안에서 사르르 녹아내린다.
2. 다이닝 인 스페이스의 바닷가재와 밀푀유. 적양파 위로 히비스커스가루를 흩뿌려 향과 시각적 아름다움을 모두 살렸다.
3. 다이닝 인 스페이스의 꿀 아이스크림. 코스요리의 만족감에 방점을 찍는 훌륭한 디저트다.
4. 다이닝 인 스페이스의 포르치니크림과 유정란. 반숙계란의 부들부들한 식감, 향긋한 포르치니 버섯의 풍미가 어우러진다.

150

04
최상의 한 끼,
호텔 맛집 한번 가볼까

도원, 라연, 홍연….

이름만 들어도 알 만한 호텔의 유명 레스토랑이다. 음식과 스토리를 통해 감동을 주는 이들 레스토랑은 자타 공인 최고의 호텔 맛집으로 꼽힌다.

호텔 맛집은 서민들에게 문턱이 높았다. 유명인이나 부자들만 드나드는 곳이었던 것이 사실이다. 일반 서민으로선 가격도 가격이지만, 호텔 입구에 들어서면 왠지 주눅이 들었다.

하지만 욜로족, 고메족이 늘고 프리미엄 맛집에 대한 재해석이 이루어지면서 예전보다는 호텔 맛집에 대한 대중 접근성이 높아졌다.

음식으로 최고의 감동을 선사하는 호텔 맛집, 거기엔 어떤 스토리가 있을까?

미쉐린 3스타를 받은 서울 신라호텔 '라연(羅宴)'은 최고의 한식 정찬을 선보이는 한국 대표 한식당이다. 라연은 '미쉐린 가이드 서울 2017'에서 호텔 레스토랑으로서는 유일하게 미쉐린 3스타를 부여받았다. 전통한식을 선보이는 한식당으로 맛과 서비스, 분위기 등 모든 면에서 대한민국 최고의 레스토랑으로 공인받았다.

라연 홀. 서울신라호텔 라연은 최고의 한식 정찬을 선보이는 한국 대표 한식당으로, 예(禮)와 격(格)을 갖춰 차려낸 최고의 한식 정찬을 표방한다.

라연은 '예(禮)와 격(格)을 갖추어 차려낸 최고의 한식 정찬'을 콘셉트로, 전통의 맛을 세심하고 세련되게 표현하는 데 초점을 맞춘다. 한국에서 가장 훌륭한 제철 식재료와 전통 조리법을 바탕으로 현대적으로 재해석한 메뉴를 선보인다. 뚜렷한 사계절을 지닌 대한민국 계절에 어울리는 재료 사용을 기본으로 하고 각 식재료 고유의 맛을 유지하되 라연만의 독특함을 잃지 않도록 메뉴를 구성한다.

서울 신라호텔은 기존에 운영해오던 한식당 '서라벌'을 지난 2013년 8월 '라연'으로 새롭게 오픈했다. 글로벌 경쟁력을 갖춘 한식, 즉 한식의 세계화를 목표로 단순한 한식당을 넘어 '한국의 품격 있는 식문화를 세계에 알릴 수 있는 국내 대표 한식당'으로 발돋움하겠다는 취지였다.

라연은 특히 한식의 정통성을 잇기 위해 '한식이란 무엇인가'에 대한 근본적인 고민에서 출발해 전통음식의 조리법은 물론 한식에 담겨 있는 문화적 요소, 시기별 식기류, 상차림 방식까지 세세하고 깊이 있게 연구해왔다. 이런 고민과 연구를 바탕으로 '한 번의 식사로 예와 격을 갖춘 한국의 기품 있는 식문화를 느낄 수 있는 한식을 차려

드린다'는 콘셉트와 '신라의 격식 있는 향연'이라는 의미인 라연이란 이름으로 재탄생했다.

40년 전통의 중식당 '도원'은 중식문화를 이야기할 때 빼놓으면 섭섭한 곳이다. 도원은 지난 1976년 더 플라자 호텔 개관과 함께 한 유서 깊은 곳이다. 사람으로 치면 불혹을 넘은 도원은 그동안 수많은 이의 음식을 통한 '도원결의'를 지켜봐온 곳이다. 많은 이들이 가족모임, 비즈니스모임, 상견례 등을 통해 복숭앗빛 실내에서 나누었던 즐거운 대화를 도원은 기억하고 있다.

그래서 도원에는 단골손님이 많다. 경복궁과 덕수궁, 광화문, 명동, 인사동 등이 가까워 정·재계 거물들이 특히 많이 찾았다.

구본무 LG그룹 회장은 '도원 마니아'로 불린다. 구 회장은 "내가 호텔이 있었으면 중식당 도원을 데려가고 싶다"고 할 정도로 도원에 애착이 강했다. 도원에는 '은하사육사'란 메뉴가 있다. 일명 돼지고기숙주나물볶음으로, 구 회장은 도원에 올 때마다

도원 홀. 41년 전통의 중식당 도원은 한국 중식문화의 상징이다. 도원에서는 '건강한 중식'이라는 차별화된 음식을 선보이는 데 주안점을 둔다.

돼지고기숙주나물볶음에 밥을 먹곤 했다. 은하사육사라는 메뉴는 메뉴판에도 없는 것으로, 순전히 구 회장이 우연히 개발(?)한 메뉴였다. 1990년대 초반 도원에 들른 구 회장은 "뭐 맛있는 것 없냐"고 물었다. 당시 마땅한 식재료가 없어서 숙주와 돼지고기를 볶아 내민 음식이 은하사육사였다. 구 회장은 이를 맛본 뒤 웃으며 "팔지 말고 나만 주라"고 농담을 건넸다고 한다.

도원 셰프들은 그 인연으로 구 회장의 집에도 자주 출장을 다녔다. 구 회장의 집에는 도원 셰프들을 위한 별도의 주방이 마련돼 있었다. 도원 셰프들이 필요한 화덕 등을 갖춰놓고 편하게 음식을 만들 수 있도록 배려한 것이다.

고 정주영 현대그룹 명예회장은 일주일에 서너 번 이상 도원을 찾을 정도로 도원의 음식을 사랑했다. 살아생전 1000번 이상 도원의 샥스핀을 먹었다는 이야기도 있다. 지난 1992년 대통령선거 직후 건강 악화로 병원에 입원했을 때에도 도원의 자장면을 찾았을 정도로, '도원 마니아'였다.

도원에 얽힌 스토리는 무궁무진하다. 고 이병철 삼성그룹 회장은 도원을 방문하고 나서 "우리 소유 특급호텔에서 도원만큼 훌륭한 중식당을 만들라"고 지시를 했고, 이후 '팔선'이 만들어졌다는 이야기가 전설처럼 내려온다.

역대 대통령도 단골손님이었다. 전두환 전 대통령은 이곳의 자장면이 군 시절 먹었던 자장면 맛이 난다며 좋아했다고 하고, 노태우 전 대통령은 건강이 나빠진 뒤에도 휠체어를 타고 식당에 오기도 했다. 고 김영삼 전 대통령과 부인 손명순 여사도 도원의 단골이었고, 이명박 전 대통령은 서울시장 재직 시절부터 자주 들렀다고 한다.

대통령들의 입맛을 사로잡았기에 도원은 청와대 출장 전문 레스토랑으로 유명세를 타기도 했다. 전두환, 노태우, 김영삼, 김대중, 이명박, 박근혜 전 대통령에 이르기까지 수십 년간 셰프 출장은 이어졌다고 한다. 이 밖에 고 백두진 전 국무총리, 김명호 전 한국은행 총재는 도원의 탕수육을 특히 좋아했다고 한다.

서울웨스틴조선호텔의 '홍연(紅緣)'은 가볍고 조화로운 광동식 요리를 우아한 분위기에서 즐길 수 있는 중식당이다. 중국요리에 대한 선입견을 깼다는 얘기를 들을 정도로, 중화요리 틀을 파괴하며 새 트렌드를 주도하는 곳이다.

홍연 홀. 서울웨스틴조선호텔의 홍연은 가볍고 조화로운 광동식 요리를 우아한 분위기에서 즐길 수 있는 중식당이다. 몸에 좋은 요리를 추구한다.

사실 튀기고 볶는 등 기름과 함께 '불 맛'을 주는 중국요리는 먹고 난 후의 '더부룩함'을 당연하게 여겨왔다. 이런 틀을 깨고 홍연은 맛과 더불어 가볍고 영양이 조화를 이룬, 몸에 좋은 요리를 추구한다. 이를 위해 해산물, 두부, 채소요리를 중심으로 메뉴를 꾸민다. 시간과 품이 더 걸리더라도 건강을 위해 공을 들이며 요리하는 곳으로도 이름나 있다.

홍연의 메뉴에 대한 재미있는 스토리도 있다. 단골손님이었던 OCI그룹의 창업주인 고 송암 이회림 회장과 그의 아들 고 이수영 회장과 얽혀 있는 'OCI 자장면'이 바로 그것이다. 이것은 홍연 메뉴판에 없다. 그런데도 수십 년간 꾸준히 팔린다.

OCI자장면은 1996년께 탄생(?)했다. 당시 조선호텔 인근에 위치한 종합화학회사 OCI의 이회림 회장이 호텔의 중식당 '호경전'을 찾으면서부터다. 송암은 회사와 가까운 호경전을 사랑방처럼 자주 들렀고, 홍연으로 바뀐 뒤에도 애용했다. 대를 이어 이수영 회장도 단골이 된 것은 물론이다.

어느 날, 송암은 호경전의 자장면을 먹다가 돼지고기와 양파를 크게 썰고 자장소스

홍연의 OCI자장면. 지난 1996년께 조선호텔 인근에 위치한 종합화학회사인 OCI의 이회림 회장이 조선호텔의 중식당 호경전을 찾으면서 만들어졌다.

는 적게 넣어달라고 주문했다. 양파의 하얀 색깔이 잘 보일 정도로 소스를 적게 넣자, 고기와 양파의 씹는 식감이 한층 좋아졌다. 스페셜 자장면이 만들어진 순간이었다. 현재 홍연의 일반 자장면 가격은 2만3000원이지만, OCI자장면은 2만8000원에 팔린다.

OCI자장면이란 이름으로 불린 것은 2009년 무렵이다. 처음 이 메뉴가 만들어질 당시에는 '돼지고기 자장면' 혹은 '이회림 회장님 자장면'이라고 불렸고, 말 그대로 송암만 이 메뉴를 즐겼다. 그러다가 2008년 호경전이 홍연으로 바뀌고, 2009년에는 동양화학이 OCI그룹으로 사명을 바꾸면서 OCI자장면으로 불리게 된 것이다.

OCI자장면은 잠깐 홍연의 정식 메뉴판에 오른 적도 있고, 블로그 등을 통해 입소문을 타면서 찾는 이들이 늘어났다. 생전의 송암 부자만 즐기던 메뉴가 많은 이들에게 공유되기 시작한 것이다. OCI자장면은 지금은 누구나 맛볼 수 있는 별미 자장면으로 자리를 굳혔다.

05
눈으로 읽는다,
대한민국 맛집50 트렌드

① Korea Food(한식의 재발견)

② Own(남들은 모르는 나만의 맛)

③ Reality(가성비 등 현실적 소비)

④ Environment(채식 등 환경푸드)

⑤ Ace(1등 맛 좋는 외식의 고급화)

⑥ Tradition(옛추억 서린 전통맛집)

맛 트렌드를 모르면 진정한 미식가라고 할 수 없다. 맛 마니아는 늘 시대를 관통하는 맛 흐름을 꿰차고 있는 법이다. 공유하는 코드가 있다는 뜻이다. 음식이 세상을 움직이는 '집단지성(Collective Intelligence)' 중 상위에 포진하는 까닭이다.

2017년 대한민국 미식 트렌드는 무엇이었을까? 그리고 2018년, 2019년, 아니 앞으로 10년간의 음식 트렌드는 어떤 색깔을 띨까? 현재의 음식은 미래의 거울이란 점에서 한바탕 훑고 지나간 맛의 발자취를 들여다보는 것은 흥미로운 일이 아닐 수 없다.

2017년 미식 트렌드는 영어 머릿글자를 딴 'K·O·R·E·A·T'으로 요약된다. '2017 코 릿'을 관통한 키워드이기도 하다.

한식의 재발견(Korea Food), 남들은 모르는 나만의 맛(Own), 얇은 지갑에서 최고의 가성비를 좇는 현실적 소비(Reality), 환경과 공존하는 채식(Environment), 최고의 맛을 찾는 외식의 고급화(Ace), 옛 추억을 떠올리며 찾는 전통의 맛(Tradition)…. 바로 이것 이 맛 마니아는 물론 일반 서민까지 공감하는 코드였다.

미식가들은 일단 좋은 재료를 쓰는 식당을 찾아 '나만의 음식'을 개성 있게 즐기는 것을 좋아했다. 지갑은 가볍지만 비싸더라도 맛있는 음식 앞에선 망설임 없이 '작은 사치'를 추구하는 흐름은 욜로 열풍과 맞물려 미식가에겐 대세가 됐다. 특히 프라이 빗(Private) 공감코드 속에서 셰프의 음식철학을 공유하며 셰프와 소통을 원하는 음식 문화는 한 해 내내 주류로 군림했다. 맛 마니아들 사이에서 '유명 셰프 리스트'가 돌고 돈 것은 이 때문이다.

불황시대에 가성비를 최고의 덕목으로 꼽는 현실적 소비도 초강세였다. 이러다 보 니 대중은 음식 품질은 그대로 유지하되 원자재 직거래와 불필요한 메뉴 조정, 효율적 매장 관리를 통해 가격 거품을 뺀 음식점을 선호했다.

채식 바람은 여전히 셌다. 다만 지구와 환경을 고려하는 소비자가 늘면서 '환경 가 치 소비'는 낯설지 않은 단어가 됐고, 환경과의 공존을 최우선시하는 진화형 채식음식 화가 식당가를 지배했다.

외식의 고급화는 특정층의 전유물이 아니었다. 그냥 한 끼를 채우는 식사가 아니라 감성과 공감을 극대화할 수 있는 '1등 맛집'에 대한 선호현상은 일반인들 사이에서도 유행이 됐다. 평소 다른 것에는 자린고비로 살다가도 1등 맛집에 가면 화끈하게 지출 하는 것, 그것은 좋은 음식을 바라보는 사람들의 시각이 매우 달라졌음을 의미한다.

흥미로운 것은 '클래식(전통을 이어가는 곳)'에 대한 호감도가 급상승했다는 점이다. 맛집을 소개하는 미디어 증가로 수많은 식당이 호사가의 입에 오르내렸지만, 진정성 을 갖고 전통을 이어가는 맛집은 결국 변함없는 명성을 과시했다. 맛집에도 역시 불변 의 코드는 존재했다. 미식가들은 합리적인 음식의 집단지성을 창조했다.

코릿

코릿(KOREAT)은 '코리아(KOREA)'와 '먹다(EAT)'의 합성어로, 국내 외식업계 종사자 및 미식 전문가 100명이 오로지 '맛'으로 평가한 한국 대표 미식 레스토랑 서베이&랭킹이다. '한국판 미쉐린 가이드'로 평가받는 코릿은 한국은 물론 세계가 한국의 식문화를 맛보게 하자는 의미를 담아 2015년 첫 출범했으며, 2017년 3회를 맞이했다. 2017년에는 '전국 맛집 랭킹50', '제주 랭킹30' 외에도 신생 맛집을 발굴한다는 차원에서 처음으로 '스타트업 톱10'을 선정했다.

한국판 미쉐린 가이드를 표방하는 코릿은 셰프들의 땀과 열정, 마니아들의 맛 트렌드, 시대를 관통하는 맛 철학을 공유하는 것을 목표로 한다. 궁극적인 지향점은 '맛의 가치'를 재발견하는 것이다.

06
제주 맛집30,
혼자옵서예

낭만의 섬이자 추억의 섬인 제주에는 '제주만의 맛'이 있다.

해녀 주인장이 직접 채취한 전복과 한치로 만든 요리, 제주도 인근 바다에서 잡힌 고등어를 썰어 만든 회와 제주산 흑돼지를 숯불에 구운 바비큐, 여기에 제주밀면과 고기국수….

짧디짧은 여행기간 먹었던 음식들만을 떠올려봐도 제주도 맛집은 금세 머릿속을 가득 채울 정도로 많다. 혀를 황홀케 만드는 제주 음식점의 감칠맛에 더해 넉넉한 제주의 인심을 만나노라면 음식에 관한 한 천국이 따로 없을 정도다. 아마 청정 자연환경에서 나온 신선한 식재료를 활용한 요리들이 많기 때문일 것이다. 제주 외 다른 곳에서 볼 수 없는 갖은 식재료를 활용한 다양한 음식점들이 제주도에는 널려 있다. 그만큼 맛집은 다채롭고, 저마다의 색깔을 지녔다. 제주가 미식가들에게 '맛의 보고(寶庫)'로 불리는 이유가 여기에 있다.

'2017 코릿'이 선정한 '제주도 맛집 랭킹30'에는 제주도 향토음식점 2곳, 흑돼지 맛집 4곳, 다양한 해산물음식점이 포함됐다. 특히 해장국부터 일식·우동집에 이르기까지 다

바람, 돌, 여자가 많아 삼다(三多)로 불리는 제주. 곡식에는 척박한 땅이지만, 신선한 식재료가 무궁한 천혜의 땅이기도 하다. 그런 제주는 제주만의 색깔로 맛의 문화를 진화시켰다. 제주의 맛은 그래서 오묘하고 신선하다.

채로운 메뉴들이 추천 리스트에 이름을 올렸다. 섬이지만 음식 스펙트럼은 서울 못지않게 광활하다.

'제주 맛집30'에는 제주 시내권(12곳), 제주 전역(18곳)의 음식점이 선택을 받았다. 같은 제주 내에서도 미묘한 맛 차이를 보이며 메뉴 다양성을 자랑하고 있다는 증거다.

전복과 물회 등 제주를 대표하는 메뉴가 결합된 '오가네전복설렁탕', 프랑스요리를 한국의 맛으로 재해석한 '밀리우'는 제주에 가면 꼭 들러봐야 할 곳으로 꼽힌다.

제주 하면 떠오르는 향토음식점도 권할 만하다. 채식과 클래식 키워드를 표방하며 제주 도민은 물론 여행객들의 사랑을 듬뿍 받고 있는 곳이다. 제주향토음식점인 '낭푼밥상', '향토음식 유리네'는 제주산 신선한 채소를 활용한 제주지역 최강의 맛집으로 거론된다. 다양한 제주의 향토요리를 판매하는 곳인데, 토박이들이 집에서 즐기던 갖은 음식을 창조적인 레시피를 통해 맛스럽게 구현했다는 평가다.

제주의 다양한 맛집으로 여행을 떠나본다.

제주의 대표 맛, 참숯향 밴 쫀득한 흑돼지 그리고 화룡점정 멜젓

'배지근하다'는 제주 말이 있다. 대체 뭔 말인고 하니 '적당히 기름지고 감칠맛이 난다'는 뜻이란다. 흑돼지가 딱 그렇다. 바다로 에워싸인 제주는 예부터 육지보다 돼지고기를 더 즐겼다. 잔칫날엔 돔베고기부터 순대, 몸국을 해 먹었다. 남다른 흑돼지 사랑 덕일까. 제주는 국내 유일 돼지열병 비백신 청정지역이다. '제주 흑돼지'가 유명한 이유다. 제주 흑돼지 하면 떠오르는 곳이 '흑돈가'다. 제주 흑돼지의 자부심으로 무장한 곳이다.

사실 맛집으로 소문난 노포(老鋪) 중 직접 가서 맛을 보면 더러 당황스러운 곳들이 있다. 서민과 전통이라는 키워드에 가려져 제대로 된 서비스나 시스템을 간과하는 곳이 부지기수다.

'흑돈가' 임윤종 대표의 음식철학 출발점은 여기서부터였다.

"제주 흑돼지가 유명한데, 왜 어엿하게 상품화되지 못할까?", "왜 이 좋은 고기를 쾌적한 식당에서 즐기지 못하지?". 이런 의문이 꼬리에 꼬리를 물었다. 제주에는 흑돼지전문점은 많았지만 소규모 생계형 식당이 주류였던 때였다.

관조적인, 객관적인 시선은 육지 사람이었기에 가능했을지 모른다. 직접 흑돼지집을 해보자 싶었다. 그는 철칙 세 가지를 세웠다. 첫째 참숯에 굽고, 둘째 편안한 회식 장소가 될 수 있게 하고, 셋째 중요 모임이나 접대에도 손색없는 자리를 만들자 하는 것이었다.

지난 2006년 제주 노형동에 흑돈가를 냈다. 땅만 1100평(3636㎡), 건평은 280평(926㎡)이었다. 제주에 전례 없던 '공룡' 규모의 흑돼지집이 생긴 것이다.

"처음엔 미친놈 소리도 들었지요. 흑돼지 식당을 누가 이렇게 크게 짓냐고…. 다들 망한다고 한마디씩 했지요."

1. 흑돈가 제주 흑돼지구이. 제주도지사가 인증한 흑돼지를 흑돈가만의 비법으로 숙성시킨다. 고기가 찰지고 구수하다. 제주 맛의 백미 중 하나다.
2. 흑돈가 멜젓은 제주도 인근 추자도에서 잡은 멸치로 담가 8가지 비밀양념을 섞는다. 잘 졸여서 흑돼지에 찍어 먹으면 고기 맛이 더욱 풍성해진다. 흑돈가 하면 떠오르는 게 멜젓이다.

염려 반, 조소 반이었던 제주 사람들의 훈수는 보기 좋게 빗나갔다. 문을 열자 손님이 모여들었다. 토박이들이 가족과 외식으로 찾다가 점점 친척들을 대동했다. 서너 번째는 회사 사람들과 오더니 나중엔 아예 단골 회식집이 됐다. 한켠에 마련된 룸에서는 중요 모임과 객지에서 온 귀한 손님들의 접대도 이루어진다.

"오픈하고 얼마 안 돼 한 손님이 다가오더라고요. '사장님이냐'고 묻더니 이런 가게를 만들어줘서 너무 고맙대요. 관광객도 많이 찾지만 제주 분들도 이런 곳을 원했던 거죠."

흑돈가는 육지 관광객을 위한 맛집이기도 하지만, 이처럼 제주도민의 흑돼지 긍지심을 지켜가는 곳이기도 하다. 하도 잘나가는 통에 서울 강남, 부산 등 육지에도 매장이 여럿이다.

음식에 빠져볼 요량으로 주문을 했더니 앞뒤로 칼집을 낸 두툼한 흑돼지가 등장한다. 선도 좋은 붉은빛이 단박에 신선함을 입증해준다. 참숯에 고기를 올렸다. 팬에 굽지 않으니 육즙이 갇힌 채로 빠르게 익는다. 한입 먹으니 산해진미(山海珍味), 만한전석(滿漢全席)이 부럽지 않다. 누가 삼겹살을 '튀기듯' 구우라 했나. 역시 고기는 숯불이란 말이 절로 나온다. 고기에 밴 은은한 참숯 향, 쫀득한 비계에서 나오는 지방 특유의 고소함이 감칠맛을 더한다.

흑돈가의 화룡점정은 멜젓(멸치젓)이다. 흑돈가 멜젓은 제주도 인근 추자도에서 잡은 멸치로 담가 8가지 비밀양념을 섞는다. 돼지의 잡냄새, 느끼함을 기특하게 잘 잡아준다. 잘 졸인 멜젓은 소주를 조금 붓고 청양고추와 마늘을 가위로 잘라 넣으면 더욱 진한 멜젓 엑기스로 태어난다.

"고기는 도에서 인증한 흑돼지 전문 농장에서 공급받습니다. 저온에서 흑돈가만의 노하우로 숙성시키지요. 우리 집 멜젓은 전국 넘버원이라고 자부합니다."

흑돈가에서는 흑돼지생구이, 흑돼지양념구이, 항정살, 가브리살, 갈매기살 외 평양물냉면, 함흥비빔냉면도 함께 맛볼 수 있다.

"앞으로도 최고의 흑돼지 맛을 선보일 것입니다. 나아가 해외에서 우리 음식을 알리는 데도 기여하고 싶습니다."

제주 고기국수 맛집 자매국수 앞에는 늘 긴 줄이 늘어선다. 식사 때가 아니어도 외지에서 온 손님들로 북적인다. 국물 맛이 진하고 담백해 국수를 좋아하지 않는 이들도 부담 없이 즐긴다.

보물의 제주의 국수 맛… 고국 할래? 비국 할래?

"면이 와이래 굵노?"

고기국수를 받아든 관광객 한 명이 평소와 다른 국수의 면모에 크게 놀란다. 하지만 이내 김가루를 치고 젓가락으로 면 위에 오른 고명들을 한 번 휘저은 뒤 국물을 맛보고는 "시원하다"고 감탄한다.

돌, 바람, 여자가 많다 해서 제주를 삼다(三多)라고 했던가. 생생한 수산물, 흑돼지로 유명한 제주지만, 또 다른 음식으로 치면 제주음식 삼다 중 하나가 바로 국수일 게다. 그만큼 제주의 국수는 깊은 맛이 있고, 기품이 느껴지며, 독특하다.

멸치로 우려낸 맑은 국물과 달리 흑돼지를 고아 만든 뽀얀 국물이 일품인 제주의 고기국수, 그 3대 맛집이 있다고 하니 한번 둘러볼까.

번호표를 뽑아든 사람들이 도로가에 줄지어 섰다. 제주시 일도2동 국수문화거리에 자리 잡은 '자매국수' 앞에선 흔히 볼 수 있는 풍경이다. 비좁은 인도 위지만 자매국수의 고기국수를 맛보기 위해 10명 남짓 되는 관광객들이 다닥다닥 붙어 섰다. 가게 안에는 4인용 식탁이 예닐곱밖에 놓여 있지 않아 '진정한 맛집'의 기운이 느껴진다.

"고국 할래? 비국 할래?"

이곳 대표 메뉴인 뽀얀 국물의 고기국수와 붉은 양념의 비빔고기국수를 줄여 부르는 젊은이들이 주문 전 고민하는 소리다.

우선 대표 메뉴인 고기국수를 시켰다. 국물 맛이 일본의 라멘 국물만큼 진하고 담백하다. 함께 얹어나오는 고명과 양념 때문에 돼지 비린내는 전혀 나지 않고 깊은 속까지 풀리는 개운한 맛이 인상적이다. 밑반찬으로 나온 양파절임이 돼지고기 특유의 구수한 맛을 잡아줘 잘 어우러진다.

고기국수는 제주의 대표적인 향토음식으로 비법부터가 독특하다. 다른 지역에선 멸치로 맑은 국물을 만들어내지만 제주에선 특산물인 흑돼지고기로 육수를 우려낸다.

제주에선 예전부터 마을 잔칫날 흑돼지를 잡아 손님을 대접했다. 고기는 귀했다. 고기는 손님 몫이었다. 그래서 마을사람 한 사람이라도 더 먹을 수 있도록 자투리 살코기와 뼈를 이용해 많은 양의 국물을 우려냈고, 그 국물로 국수를 만들었다. 고기는 모자랐지만, 국물과 국수로 한껏 배를 채울 수 있어 제주민은 행복했다. 역사가 흐르고, 그 고기국수가 제주의 명물이 된 것이다.

고기국수에 이어 비빔국수도 시켰는데, 이것도 별미다. 진한 국물에 입안에 기름기가 돌아 살짝 느끼할 찰나 매콤하면서도 새콤한 비빔장에 각종 채소와 함께 비벼진 비빔고기국수는 쫄면보다 찰기가 좋다. 인상적인 맛이다.

제주시 연동에 위치한 '올래국수'의 고기국수 역시 제주 방문객에 이름난 곳이다. 면 위에 올라간 고기의 양이 유독 많고 두툼해 보인다. 국수 접시 안에 수육 한 그릇이 차려 있는 느낌이다. 얼핏 봐도 큼직하게 썰린 살코기를 한 움큼 집어 무심한 척하며 국수 위에 올려놨다. 면은 쫄면의 굵기만큼이나 굵다. 그래서 소면을 주로 말아주는 멸치국수와는 입안 가득 차는 느낌에서부터 다르다.

올래국수를 방문한 한 손님이 "보통 이 정도 국물 되면 돼지국밥처럼 밥을 말아 먹을 만도 한데…"라고 하자 직원은 "제주에선 쌀이 귀했다"고 답한다. 담수가 귀한 제

제주도를 대표하는 고기국수와 비빔국수. 고기국수는 진하게 우려낸 뽀얀 육수가 속을 풀어준다. 비빔국수는 매콤달콤한 양념장과 돼지고기와 잘 어울린다. '자장면이냐, 짬뽕이냐'처럼 '고기국수냐, 비빔국수냐' 하는 고민을 던져주기도 한다.

주도에선 예전부터 쌀농사가 힘들었기 때문에 밀과 보리를 주식으로 먹었고 이에 굵은 밀면을 주식처럼 먹은 것이다.

올래국수 근처 마리나호텔 부근에 위치한 '삼대전통고기국수' 또한 고기국수 원조집 중 하나다. 이곳은 할머니, 며느리, 손녀딸로 이어지는 3대가 식당을 운영하고 있다. 이곳 고기국수엔 양파, 당근, 배추 등 채를 썬 각종 채소가 아삭한 식감을 더하고 살짝 올린 후추는 돼지 향을 잡아준다. 쫄깃한 면과 투박하게 썰어 올린 고기 한 점을 함께 집어 먹으니 더욱 풍성한 고기국수의 맛이 온몸으로 전달된다. 돼지고기엔 큰 간이 배어 있지 않아 돼지고기 특유의 담백하고 부드러운 맛이 살아 있다. 적절한 살코기와 함께 붙어 있는 비계도 씹을수록 고소한 맛이 난다. 유쾌하고, 발랄한 맛이다.

제주 다가미김밥의 화우쌈김밥. 젓가락으로는 도저히 먹을 수 없는 크기의 대왕 김밥이다. 얇게 깐 밥 위에 쌈 재료가 모두 들어갔다. 김밥과 쌈밥의 만남이랄까. 김밥 한입으로 쌈밥을 경험할 수 있다.

제주를 감싸는 김밥들의 향연

김밥은 돌이켜보면 '어머니의 사랑'이었다. 어릴 적 학교에서 운동회를 하거나 소풍을 가는 날이면 어머니는 어김없이 새벽같이 일찍 일어나 밥을 안치고 김밥 속재료를 볶고, 계란 지단을 부치곤 하셨다. 도시락을 싸기도 전에 손으로 몰래 집어먹다 꾸중을 듣기 일쑤였지만 그만큼 김밥은 어머니의 손길이 온전히 들어간 귀한 음식이었다.

제주의 김밥도 마찬가지다. 제주도에서만 맛볼 수 있는 김밥들은 제주의 '대자연이 주는 사랑'이 깃들어 있다. 김 위에 밥을 얹고 그 위에 제주에서 나는 각종 식재료를 넣어 말아 먹는 다양한 'ㅇㅇ김밥'을 만나면 제주의 아름다운 모습과 추억이 함께 영글어가는 듯한 느낌이 든다.

'다가미김밥'을 먹을 땐 비닐장갑을 꼭 껴야 한다. 김밥 한 줄의 굵기가 너무 굵어서 젓가락질로는 쉽게 잡을 수가 없기 때문이다. 제주도민인 한비파 씨와 친척이 함께 현재 제주시 도남동, 애월읍, 다라1동 등 3곳에서 운영 중인 다가미김밥은 제주도 올레 길을 걷는 여행자들이 여행을 시작하기 전 이곳에서 한 줄, 두 줄을 싸 가면서 유명해 졌다. '다가미(多加味)'는 '알찬 느낌의 김밥을 만들자'라는 주인의 철학이 담겨 있다.

다가미김밥은 '아낌없이 주는' 김밥으로 불릴 만큼 다양한 재료들이 풍부하게 들어 가 있다. 된장, 마늘과 고추, 돼지고기가 들어간 '화우쌈김밥'을 주문해봤다. 화우쌈김 밥은 이 집의 대표 김밥이란다.

김밥을 만드는 모습을 보며 '저게 과연 한 줄로 잘 말릴까?'란 의구심이 들 정도로 재료들은 높은 탑을 쌓아만 갔다. 최대한 아래턱을 내리고 한입 먹자 마치 한 점의 고 기쌈을 싸먹는 듯하다. 고소한 김과 참기름 맛이 입안 가득 번지면서 아삭아삭 씹히는 고추와 마늘 맛이 묘한 매력을 준다. 돼지고기 역시 씹을수록 각종 채소들과 맛이 어

서귀포 올래시장 내 우정회센터의 꽁치김밥. 참기름으로 양념한 고소한 밥 위에 간이 잘 밴 꽁치 한 마리가 통 째로 들어간다. 꽁치 모습에 화들짝 놀라는 손님도 많지만, 대개는 호기심에 손을 대고 그 매력을 실감한다. 화 끈한 비주얼만큼이나 맛도 좋다. 1∼4는 꽁치김밥이 탄생하는 순서.

1. 제주 김만복의 전복김밥. 고슬고슬한 밥 위에 센 불에 익힌 전복살을 다져 내장과 함께 비볐다. 정갈하고 격조 있는 무스비 모양이 더 입맛을 돋운다.
2. 전복김밥을 위해 추운 날씨에도 긴 줄을 선 손님들. 재료가 소진될 때까지 좀처럼 줄이 짧아지지 않는다. SNS를 중심으로 제주 맛집으로 부상한 집.

우러져 '김밥치곤' 두둑한 식감을 자랑한다. 아, 배부르다. 화우쌈김밥 외에도 삼겹김치쌈김밥과 장조림버섯쌈김밥 등이 인기 메뉴라고 해서 그 맛도 음미하고 싶었다. 하지만 화우쌈김밥 하나로 배가 "만족했으니 더 이상은~"이라고 소리친다. 이럴 줄 알았으면 3개를 시켜 각각 조금씩만 먹고 나머지는 싸달라고 했으면 좋을 뻔했다.

서귀포시 서귀동 서귀포매일올레시장에 위치한 '우정회센타'에서 판매하는 꽁치김밥은 '비쥬얼'부터가 쇼크다. 김밥의 양 끝에 꽁치대가리와 꼬리가 온전한 형태로 걸쳐 있다. 이를 먹으려면 처음엔 강심장이 돼야 할 듯하다. 그런데도 유명해진 것을 보면 뭔가의 매력이 있겠다 싶다.

사실 우정회센타는 제주에서 최초로 꽁치김밥을 판매해 관광객들 사이에 유명세를 타고 있다. 원래 이곳 직원들이 일하면서 새참으로 만들어 먹던 것이었는데, 관광객들도 하나둘씩 그 매력에 빠지더니 어느 날 최고 인기 메뉴가 됐단다. 이름이 '꽁치김밥'인 만큼 복잡하게 다른 재료들은 들어가지 않는다. 꽁치, 김, 밥이 전부다. 삼삼한 꽁치살이 적절히 간이 밴 김과 밥에 어울려 좋은 궁합을 자랑한다. 뼈와 내장을 제거한 꽁치 한 마리가 통째로 들어가 있어 영양가도 높다. 주문과 함께 꽁치를 익히기 시작해 만들어주기 때문에 받자마자 먹으면 따뜻한 김밥의 별미를 맛볼 수 있다.

기본 30분을 대기해야 하는 김밥집도 있다. 제주시 삼도2동에 위치한 '제주김만복' 김밥집은 최근 SNS를 중심으로 젊은이들 사이에 제주 맛집으로 전파되고 있는 곳이다. 이곳의 대표 메뉴는 단연 '전복김밥'이다. 속재료는 고슬고슬한 밥에 센 불에 익힌 전복살을 다져 내장과 함께 비빈 것 그리고 밥과 밥 사이에 두툼함 달걀지단이 전부다. 김과 전복의 향이 어우러져 고소하고 바다의 깊은 맛이 난다. 모양 또한 삼각김밥이나 줄 모양이 아닌 사각김밥인 '무스비' 모양을 하고 있어 보기에도 먹음직스럽다. 김밥과 함께 오징어무침이 제공되는데, 양념 맛이 새콤달콤해 김밥과 함께 먹으면 근사한 바다음식의 한 끼가 된다.

제주 디저트, 그와 사랑에 빠지다

거친 세상에서 우리를 포근히 감싸주는 존재가 무어냐 묻는다면 '단것'이라 대답하련다. 커피는 말할 것도 없다. 카페인 수혈이 없다면 이 험한 세상을 어찌 헤쳐나갈지 막막할 정도다.

제주를 찾았다가 우연히 발견한, 그렇지만 이미 사랑 받는 힐링의 공간에서 몸과 마음의 안식을 찾았다. 음식의 보고인 제주는 수많은 디저트카페가 있다. 여행하다 마침표처럼 찍고 갈 수 있는 곳들. 한 번 말고 두 번 세 번 가도 좋은 곳이다.

탁 트인 카페에서 카페인과 당 충전, '에스프레소 라운지'

제주공항에서 차로 15분 거리. 시내를 지나다 한 건물의 웅장함에 절로 시선을 빼앗긴다. 클래식한 붉은 벽돌의 2층 카페다. 1~2층을 합쳐 360평(1190㎡), 제주에서 보기 드문 어마어마한 규모다. 자체 로스팅 시설을 갖추고 있으며, 베이커리류와 디저트류도 매장에서 직접 만든다. 밖에서의 압도적 끌림보다 안으로 들어갔을 때의 쾌적함이 더 좋다. 2층으로 이어지는 층고는 탁 트인 개방감을 선사한다.

171

1. 에스프레소 라운지. 2층에서 1층을 내려다본 모습. 탁 트인 실내가 개방감을 선사한다.
2. 커피 외에도 매장에서 직접 구운 베이커리(빵과 쿠키)를 즐길 수 있다.
3. 에스프레소 라운지 빵과 콜드브루, 아이스 아메리카노. 쾌적한 공간, 신선한 빵과 커피가 여행의 피로를 말끔하게 씻어준다.

　'에스프레소 라운지(제주시 노형동)'의 대표 박갑수 씨는 울산에서 오랫동안 외식업에 종사하다 제주도로 건너와 이곳을 열었다. 그는 "카페를 열기 위해 2년여 동안 전문가와 함께 미국과 일본 등지로 카페 투어를 다니며 공부했다"며 "경주 찰보리빵 장인을 영입해 제주 찰보리빵과 하르방 무늬의 녹차만주, 자색 당근빵을 선보인다"고 했다.

　크루아상과 식빵, 쿠키 등 15여 가지 베이커리류도 준비돼 있다. 정성스럽게 볶아 잘 숙성한 원두를 시네소(synesso) 머신으로 내린다. 북적이는 명소에 치이다 지쳤다면 한참을 널브러지고 싶은 곳이다.

1. 마마롱에 들어서면 짙은 색의 헤링본 나무바닥과 순백색의 의자가 조화를 이룬다. 안에 있으면 마치 숲속 별장에 들어온 느낌이다.
2. 마마롱의 몽블랑케이크와 생크림케이크. 동물성 생크림 사용은 기본이다. 아주 달지 않은 크림의 밀도, 시트와의 조화도 훌륭하다.

제주에 있어서 고맙다, 디저트카페 '마마롱'

제주에서 가봐야 할 밥집 리스트는 빼곡하지만 디저트집은 여전히 빈약하다. 그런 아쉬움을 채워주는 '마마롱(애월읍 광령리)'이 있어 고마울 따름. 내부에 들어서면 짙은 세피아톤의 헤링본 바닥과 순백색 의자가 특별한 조화를 이룬다. 제주 태생 박세규 파티시에가 스무 살 무렵 떠났던 제주로 10여 년 만에 돌아와 차린 곳이다. 서울과 도쿄의 유명 디저트숍과 레스토랑을 11년간 거친 손맛은 나무랄 데 없다. 일본 스타일이 녹아들었기 때문인지 말차 크림류가 훌륭하다. 100% 동물성 생크림, 바닐라빈이 그득한 커스터드 크림을 사용한다. 밀푀유, 에클레어, 당근케이크, 생크림케이크, 크레이프 등은 결정장애를 부를 만한 라인업을 갖췄다. 평범해 보이지만 맛을 보면 슬며시 미소가 지어진다. '행복이 별건가' 싶은 맛이다.

푸른 초원 위 우유창고, '우유부단'

'우유부단'은 크림공작소라는 수식이 붙은 밀크티와 아이스크림전문점(한림읍 금악

1. 우유부단의 밀크셰이크와 밀크아이스크림. 유기농 우유의 신선하고 풍부한 맛을 느낄 수 있다.
2. 외부에는 우유팩 모양의 조형물이 설치돼 있다. 안에 의자가 있어 포토존으로 알맞아 인기 폭발.

리)이다. 국내 유일의 유기농 생크림 전문카페로 사회적 기업인 '섬이다'와 성이시돌 목장의 협업을 통해 만들어졌다. 성이시돌 목장 유기농 우유와 유기농 생크림을 사용하며 요거트, 크림소다, 생크림 케이크 등도 준비돼 있다.

우유부단은 선택지가 있을 때 쉽게 결정하지 못하는 사람이라는 부정적인 의미지만, 어원은 '너무 부드러워 끊을 수 없다'는 뜻이다. 이곳 메뉴 역시 진하고 부드러워 매력이 철철 넘친다. 대형 프랜차이즈 카페에서 판매하는 밀크 아이스크림보다 밀도는 떨어지지만 신선함은 더하다. 외부에 마련된 우유팩 모양의 포토존은 독차지하기 힘들 정도로 늘 인기다.

들큼한 맛의 어설픈 수제맥주와 차원이 다른 제주맥주

'맥주가 술이냐' 한다. 술은 술인데 물처럼 술술 들어가서 그런지 '어른 음료수' 정도라고 치부한다.

한국 맥주는 어떤가. "물 같다", "맛없다"는 핀잔 일색이다. 소맥과의 배합비를 맞춰 4.5도 라거가 대부분이다. 취향이 다양해진 소비자들은 크래프트(하우스 수제맥주) 맥주 맛집을 찾아나섰다.

최근에는 지역 이름을 내건 맥주가 쏟아져 나오고 있다. 강서·달서·해운대 라벨을 붙였건만 제조지는 이와 무관한 곳이었다. '맥주 김빠지는 소리'가 들리던 와중에 진짜 지역맥주가 나왔다. 제주맥주다. 양조장 규모부터 시스템, 브랜드 아이덴티티(BI), 맛까지 뭐 하나 어설프지가 않다. 알고 보니 5년을 준비했단다. 음식 외에도 제주의 맥주시대는 활짝 열렸는가.

뉴욕 포뎀 대학교에서 경제학을 전공한 '제주맥주' 문혁기 대표는 본래 맥주 마니아였다. 2000년 초반 글로벌 위생관리 업체 스위셔한국 사업권을 획득했고, 2006년에는 다이닝 바를 직접 창업하기도 했다. 그는 미국 맥주시장을 철저히 공부하면서 내공을 다진 뒤 2012년 12월 브루클린과 접촉, 2017년 8월 1일에 제주맥주를 출범시켰다.

문 대표는 "맥주야말로 사람들과 가장 자연스럽게 친해질 수 있는 분위기를 만드는 술"이라고 말한다.

제주를 선택한 이유는 복합적이었다.

"수제맥주는 단순히 제품의 맛이 아니라 경험과 체험을 통해 매력을 느끼죠. 수많은 관광객이 찾아오는 아름다운 자연이 있고, 토속음식이 다채로운 제주도가 그런 매력을 전달하기에 적합한 곳 아닐까요?"

준비를 오래한 만큼 자신감은 넘친다. 문 대표는 "국내에서도 세계적인 수준의 크래프트 맥주를 생산할 수 있다는 자신감으로 지난 5년간 준비를 해왔다"며 "수입맥주가 가장 맛이 있다는 소비자들의 인식을 바꾸고 신선하고 맛있는 제주맥주를 선보이면서 흥미로운 맥주문화를 만들어나갈 것"이라고 했다.

제주맥주는 현재 제주도 내에서만 유통되고 있지만 앞으로 유통망을 넓힐 계획이다.

"제주맥주 양조장을 제주 관광 콘텐츠의 새로운 전환점으로 만들고 싶어요. 제주명물을 넘어 아시아 넘버원 맥주가 되는 게 목표입니다."

어릴 적 과자공장을 방문했다면 이런 느낌일까 싶다. 마실 줄만 알았지 어떻게 만들어지는지 굳이 상상하지 않았다.

투어에 직접 참여했다. 30여 명의 인원은 도슨트의 안내에 따라 체험공간으로 이동했다. 제조 과정을 보는 관객들의 눈빛이 흥미롭다. 여기서 몰트→분쇄→당화→여과

1. 제주맥주 양조장투어를 마치면 3층 펍에서 제주맥주 위트에일 한 잔을 무료로 마실 수 있다. 뒷맛이 깔끔하다.
2. 제주맥주 위트에일은 유기농 제주 감귤 껍질을 재료로 활용. 은은한 감귤 향과 부드러운 음용감이 특징이다.

→가열→침전→냉각→발효→숙성→생산에 이르는 모든 과정을 눈으로 확인할 수 있었다. 18종의 맥주 원재료와 부가 재료를 직접 눈으로 확인하고 맛보고 향을 맡을 수 있는 브루어리랩도 마련돼 있었다. 맥주 원료에 대한 세부 정보도 귀띔 받았다.

투어가 끝난 후에는 3층 테이스팅랩에서 맥주를 시음했다. '제주 위트 에일'은 알코올 도수 5.3도의 밀맥주다. 맥주 업계 최초로 셰프들의 오스카상이라고 불리는 '제임스 비어드(James Beard)상'을 수상한 세계적인 브루마스터 '개릿 올리버(Garrett Oliver)'가 레시피를 개발했다. 직접 마셔 보니 유기농 제주 감귤 껍질을 사용해서 그런지 은은한 감귤 향이 난다. 들큼한 옥수수맛이 치고 올라왔던 어설픈 수제맥주와 사뭇 다르다. 잘 정돈된 산뜻한 맛이다. 끝맛이 가벼워 제주도 향토음식인 흑돼지구이, 고등어회 등 묵직한 제주 향토음식과 궁합이 잘 맞는다고 한다.

펍(Pub) 외에도 미니 도서관, 시어터 등 맥주와 관련된 다양한 문화를 체험할 수 있는 공간이 정감 있어 보인다. 맥주를 만든 비누와 해녀들의 빗창에서 아이디어를 얻은 오프너 등 특색 있는 아이템을 파는데, 선뜻 지갑에 손이 갈 정도로 예쁘다.

흑돼지, 해산물, 그리고 제주맥주. 그 궁합을 테스트하고 싶다는 욕구가 강하게 생긴다.

07
우리도 있소이다, 스타트업 맛집10 이야기

맛집이라고 어디 처음부터 맛집이었나. 산전수전 세월의 더께가 쌓이고, 다년간 무더위와 눈보라 속에서 내공을 다지고 난 뒤 맛집이 된 것이지….

혹자는 이렇게 말할 수 있겠다. 새내기 음식점이라면 더욱 그렇겠다.

'2017 코릿'은 '전국 맛집 랭킹50'을 선정하면서 처음으로 '스타트업 톱10'을 뽑았다. 잠재력 있는 신진 맛집 발굴을 위해서다. 주로 오픈한 지 1년 전후 매장을 대상으로 그 성장 가능성을 평가했다. 특히 실험적인 메뉴와 차별화된 맛 부분에 포인트를 두고, 객관적이고 엄정한 잣대로 선정했다. 실험정신이 탁월한 곳에 특히 눈길을 줬다는 뜻이다.

'스타트업 톱10'은 그렇게 낯설지는 않았다. 이미 유명세를 타고 있던 신진 셰프들이 새 둥지를 튼 매장이 상위권을 차지했다. 한식 전문점은 4곳(옥동식, 두레유, 고메구락부, 비채나)으로 강세가 뚜렷했다.

서울 청담동에 위치한 '가디록'은 '오키친3' 출신의 이재민, 권기석 셰프가 이끄는 뉴아메리칸 다이닝으로, 이탈리아와 프랑스의 요리 등을 아우르는 다양한 요리들을 선

1. 가디록의 서양식 소갈비. '갈수록'이란 의미의 순우리말인 가디록은 이재민, 권기석 두 명의 젊은 셰프가 만든 공간으로 참신한 요리가 강점.

2. 고메구락부의 대표 메뉴 중 하나인 꿩짬뽕. 나가사키 짬뽕스타일의 하얀 국물이 일품이다. 양도 많고 술안주로도 안성맞춤이다.

3. 가디록의 젓갈스파게티. 이재민, 권기석 셰프는 이탈리아·프랑스요리 등을 아우르는 다채로운 요리로 손님들의 까다로운 입맛을 사로잡는다.

4. 고메구락부의 봉골레찜. 조갯살과 소스의 환상 조합. 마니아라면 누구나 다 아는 팁 하나. 여기에 파스타 면을 추가하면 봉골레파스타가 된다.

보이며 만족스러운 런치 코스를 제공한다는 입소문이 자자하다. 와인리스트도 탄탄하고 서비스까지 친절해 와인 마시기 적당한 레스토랑으로 손꼽힌다.

'고메구락부'는 미식가들을 위한, 미식가들에 의한, 미식가들의 요리왕국을 지향하는 곳으로 평양냉면과 바비큐가 주력이다. 매장에서 통 메밀을 자가제분, 자가제면해 100% 메밀순면으로 면을 뽑고 꿩고기로 육수를 낸다. 강한 고기 향이 인상적이다.

'돈키호테의 식탁'은 연남동에서도 깊숙이 들어간 주택가 골목에 자리 잡은 스페인 레스토랑으로 천운영 소설가가 운영해서 더욱 눈길을 끈다. 그는 소설 《돈키호테》를 읽고 미식의 나라인 스페인으로 건너가 요리수업을 받을 정도로 감명을 받았다고 한다. 아담하면서 안락한 이곳 공간은 삶에 지친 손님들에게 깊은 위로를 주는 듯하다.

'두레유'는 창작 한식 다이닝 '이십사절기' 토니유(유현수) 셰프의 두 번째 모던 한식 파인 다이닝으로 북촌 가회동 언덕길에 둥지를 틀었다. 두레유는 한국 전통의 맛에 현대적인 조리 테크닉을 접목해 마니아의 사랑을 받고 있다.

'볼피노'는 김지운 셰프의 세 번째 이탈리아 레스토랑이다. 오렌지색의 문을 열고 들어서면 경쾌한 분위기로 어느 이탈리아 현지의 레스토랑을 방문한 듯한 느낌을 준다. 녹진한 우니(성게 알)가 올라간 우니파스타와 생면을 이용한 오징어먹물 펜네 파스타가 호응이 좋다.

'부첼리하우스'는 정통스테이크 하우스로 문을 연 지 1년이 채 되지 않았음에도 불구하고 미트테리언들에게 호평을 받는 곳이다. 미경산 한우, 즉 36개월 미만의 출산하지 않은 어린 암소를 고집한다. 겉면을 바싹 익혀 육즙을 안에 가두는 시어링 기법으로 겉은 바삭하고 속은 촉촉한 스테이크를 맛볼 수 있다.

모던한식 전문점인 '비채나'는 한남동에서 롯데월드타워로 이전해 재오픈했다. 단품을 선보이던 전과 달리 정갈한 한식 코스만을 내놓는다. 메뉴마다 다른 그릇과 담음새로 다양한 볼거리를 제공하며 81층에 자리 잡은 만큼 아찔한 서울 경관을 한눈에 내려다볼 수 있다.

한남오거리 깊숙한 골목 지하에 위치한 칵테일 바(Bar) '소코바'는 역삼동 '커피바케이'의 수석 바텐더, 청담동의 '키퍼스'를 거친 손석호 바텐더가 자신의 이름을 내걸고

1. 비채나의 홍계탕. 최고의 보양식으로 꼽힌다. 오골계 한 마리와 활전복, 밤, 대추, 마늘 등의 조화가 보는 것 만으로도 건강식임을 알게 해준다. 지친 몸의 기를 보충해주는 홍삼을 48시간 동안 달인 국물이 압권.
2. 소코바의 생강차. 실력이 검증된 손석호 바텐더가 한남오거리에 낸 칵테일 바에선 수준급의 칵테일을 선보 인다. 손 바텐더는 식후주로 생강차를 가끔 내놓는데, 달달하면서도 톡 쏘는 맛이 입을 개운케 해준다.

오픈한 곳이다. 수많은 대회에 참여하고 수상을 거머쥔 실력답게 수준급의 칵테일을 선보인다.

'옥동식'은 2017년 상반기 식도락가에게 많은 관심을 받았던 음식점 중 하나로 돼지 곰탕을 하루 100그릇 한정 수량으로 판매한다. 유기그릇에 담아낸 곰탕은 '버크셔K 돼지' 수육이 넉넉히 들어갔으며 국물은 맑고 담백하다. 중년들의 전유물로 여겨졌던 곰탕이 좀 더 세련되고 고급스러워지는 데 한몫 단단히 한 곳이다.

새롭게 등장한 평양냉면 전문점 '피양옥'은 최근 평양냉면 마니아들에게 가장 좋은 평을 받고 있는 곳 중 하나로 문을 연 지 얼마 되지 않았음에도 안정적으로 자리 잡았다. 돼지, 소, 닭으로 맛을 낸 육수는 겉보기엔 맑디맑지만 고기 향도 은은해 여운이 남는다.

08
그래, 그 집은 맛있었다
100인의 선정단 추천 스토리

건강한 한 끼, 정직한 한 끼, 특별한 한 끼….

2장에서 살펴봤듯이 맛 마니아들이 선택하는 맛집 특징은 이 같은 3대 키워드로 요약된다. 신선한 재료가 셰프만의 음식철학에 버무려져 탄생한 '스토리 메뉴'에 마니아들은 열광하는 것이다. 그런 마니아의 시선을 끌기 위해 오늘도 대한민국 맛집은 성찬(盛饌)을 준비한다.

그렇다면 수만, 수십만 한국의 맛집 중에서 '최고 중 최고'는 어디일까? 셰프 그리고 음식전문가 100명은 어떤 근거로 대한민국 최고의 맛집을 선정했을까? 그 이유를 들어봤더니 객관적이면서 일관성 있는 음식세계관이 빼곡하다. 물론 가장 기본적인 전제는 '오로지 맛으로만 평가하는 것'이었다. 맛 전문가들의 평(評)을 들여다보면 대한민국 프리미엄 맛집, 미식가들에게 한껏 사랑받을 수 있는 대한민국 맛집의 방향이 보인다.

'순대실록'은 '맛의 재정의'를 실천했다는 점에서 높은 점수를 받았다. "순대의 근본을 찾아 재정의하고 재해석해 미래를 보여주는 과정이 모든 한식 분야에 적용할 만하

1. 두레유 관자구이와 해초어장폼. 구운 관자와 구운 꼴뚜기, 어장품과 컬리플라워, 퓨레, 들기름 등이 어우러졌다.
2. 제주 낭푼밥상 코스요리에 나오는 한치물회, 돼지수육과 채소. 낭푼밥상은 제주 전통의 조리법을 고수해 자극적이지 않고 담백하다.
3. 리스토란테 에오의 요리. 신선한 재료 본연의 맛을 살린 담백한 이탈리아요리.

다(김성윤·〈조선일보〉 음식전문 기자)", "순대에 거부감이 있는 사람들도 먹을 수 있을 만큼 담백한 맛의 순대가 매력적(원성진·〈찾아라 맛있는TV〉 메인작가)", "순대의 변신은 무죄(유지상·한국음식평론가협회 명예회장)" 등 순대를 음식의 적자(嫡子)로 탈바꿈시킨 점을 인정했다.

'라연'에 대해선 "곱디곱게 해석한 최고의 한식(김태영·'수불' 대표)", "한식의 품격과 여유(박정배·음식칼럼니스트)"로 표현했다.

음식전문가로부터 실험정신을 인정받은 곳도 눈에 띈다. '두레유'는 "토니유(유현수)의 뚝심 있는 한식 요리들, 섬세한 플레이팅, 익숙한 식재료의 낯선 조리법(김아름·〈바자(Bazzar)〉 피처에디터)", "좋은 재료로 맛깔 나는 한식 다이닝을 멋스럽게 풀어낸다(최석준·'버거B', '빌스트리트' 대표)" 등의 호평을 얻었다.

'리스토란테 에오'는 "신선하고 과학적으로 준비된 반조리 이탈리아 가정식의 독창성(김선경·SK행복나눔재단 이사)", "늘 한결같은 질 좋은 요리(홍신애·요리연구가)", "자타가 공인하는 우리나라 최고 이탈리아요리(석창인·수원 에스엔유치과병원 대표원장)" 등의 추천 이유가 따라붙었다.

'봉피양&벽제갈비'는 "점심시간을 행복하게 해주는 집(신수경·대상 마케팅본부 VI 센터장)", "육향 진한 평양냉면이 감동적(이승기·얍플레이스 이사)" 등 손님과의 공감이 강한 집으로 후한 점수를 얻었다.

'편안한 음식'은 무시 못할 키워드였다. '떼레노'의 손을 들어준 이들은 "스페인의 맛에 정성을 더했다. 편안한 느낌(조유미·퍼플리시스원 대표)", "스페인음식을 맛보고 싶다면 주저 없이 오면 된다(이윤화·다이어리알 대표)"고 했다.

'르꼬숑' 역시 "프랑스 가정집에 초대받은 느낌으로, 로컬 재료로 프랑스 현지 맛을 한껏 살린다(헤머트 미정·일본, 독일 동시통역사)", "리옹 구시가를 느끼게 하는 품 넓은 프랑스 가정식(손현주·전 〈경향신문〉 기자)", "프랑스요리 코스와 와인의 마리아주가 절묘하다(임대순·고려대 신소재공학부 교수)" 등 그 유명세가 이유가 있음을 입증했다.

'수퍼판'을 추천한 이들은 "양식과 한식의 조화를 잘 이뤄내는 특색 있는 메뉴들. 우정욱 셰프의 '엄마의 손맛'이 느껴지는 곳(나은경·얼리키친 대표)", "솜씨 좋은 친구의

1. 수퍼판 문어와 아보카도. 몽글한 아보카도, 쫄깃한 문어의 식감이 기가 막히게 어울린다.
2. 진진의 카이란소고기볶음. 불 맛이 제대로 입혀져 느끼하지 않고 입에서 살살 녹는다.
3. 홍연의 굴짬뽕. 보통 중국집의 빨갛고 매운 짬뽕이 아니다. 고춧가루가 전혀 들어가지 않아 시원한 국물을
   즐길 수 있다.

엄마가 해주는 것 같은 맛(안성희·홍익대학교 조형대학 조교수)"이라고 했다.

거침없으면서도 톡톡 튀는 표현도 상당수였다. '우래옥'은 "평양냉면의 성지, 불고기와 한 몸. 히든 메뉴인 냉면사리를 넣는다면 금상첨화(이준무·SPC 홍보팀 부장)", "불고기는 먹고 냉면은 그냥 마시자(김지형·르 꼬르동 블루 총괄팀장)", "평뽕(평양냉면의 중독성 있는 맛을 마약에 빗댄 말)의 본산(문정훈·서울대 농경사회학부 교수)", "슴슴하지만 중독적이다. 자극적이지 않고 한결같다(이정화·SM F&B Development 마케팅 과장)" 등의 찬사를 받았다.

'홍연'은 "세련된 맛은 이럴 때 두고 하는 말(김병필·CJ푸드빌 외식품질혁신연구팀장)", '도원'은 "서울 시내 중식당 중 최고라고 생각한다(김성동·띠아모 대표)", '진진'은 "산동성의 포장마차 느낌이 난다(왕업륙·웨스틴조선호텔 부주방장)"는 이유로 최고의 맛집에 올랐다.

제주의 맛집인 '낭푼밥상'은 "누구도 보여주지 않았던 제주식 파인 다이닝을 제시. 순결할 만치 담백한 제주의 맛"으로 인정받았고, '올댓제주'는 "제주토박이 셰프가 풀어내는 창의적이고 경쾌한 요리들"이라는 칭찬을 얻었다.

'한 마리 행복'을 가져다준 엄마의 치킨

　　침침한 전등불, 노란색 방바닥……. 그 배경 가운데서 엄마와 동생, 나는 웅크리고 앉아 있었다. 조용한 방 안 가운데는 A사의 양념치킨이 놓여 있었다. 우리 세 사람은 기대에 찬 표정으로 숨을 죽였다.

　　분위기를 바꾼 것은 엄마였다.

　　"장사가 잘되니까, 곧 우리 집 사정도 괜찮아질 거야."

　　고된 일과의 피곤함이 두 눈에 가득 차 있었지만 엄마는 밝게 웃고 계셨다. 엄마의 한마디에 방 안 분위기는 따뜻해졌다. 옆에 앉은 동생의 얼굴에도 화색이 도는 것이 느껴졌다.

　　"자, 먹자."

　　엄마의 말이 떨어지자마자 나와 동생은 각자 좋아하는 부위를 집었다.

　　이윽고 엄마도 한 조각을 집어 드신다.

　　소박하지만 행복했던 그밤의 만찬은 그렇게 시작했다. 입과 손에 양념이 덕지덕지 묻은 것도 모른 채 셋은 맛있게 치킨을 먹으며 이런저런 대화를 나눴다. 미래에 대한 희망이 이야기 주제였다. 그날의 행복했던 밤, 10여 년이 지난 지금도 아련한 기억으로 남아 있다.

　　초등학교 고학년 무렵, 튼튼하던 집안 사정은 아버지의 사업이 어려워지면서

휘청거렸다. IMF 때 누구나 힘들었겠지만, 집안 사정은 눈에 띄게 심각해졌다.

엄마는 이때 생업에 직접 뛰어드셨다. 누구의 도움 없이 혼자서 붕어빵 장사를 시작했다. 인근에 신축 아파트단지가 있던 엄마의 노점은 문전성시를 이루었다. 배후지역(?)을 갖춘 데다, 싹싹한 엄마 성격 덕분에 단골손님도 늘어났다. 우리 가족 얼굴도 점점 활짝 폈다. 이대로라면 내일이라도 당장 어려운 우리 집 사정이 해결될 듯했다.

양념치킨은 그때의 추억이다. 소박했지만, 벅찬 정이 담긴 양념치킨. 그것은 주눅 들지 모를 딸들에게 주는 엄마발(發) '희망의 선물'이었다.

아쉽게도 즐거웠던 기억은 오래가지 않았다. 장사를 시작한 지 얼마 되지 않아 인근 구청에서 노점을 치워줄 것을 요구해왔다. 엄마의 노점 도전은 그렇게 멈추었다. 동시에 우리 집이 활짝 필 것이라는 핑크빛 상상도 끝났다. 어려웠던 시절은 아픔이 아니다. 세월이 지나면 추억으로 되새겨진다. 그때가 그랬다. 다만 이유는 알 수 없지만, 그날 치킨 만찬의 기억은 한동안 내 머릿속에서 사라져 있었다.

그날의 추억이 다시 떠오른 것은 지난 2015년이었다. 당시 소속사로부터 한 통의 전화를 받았다.

"채영 씨, 광고 제의가 들어왔어요. A치킨사예요. 어때요, 괜찮아요?"

10년 만에 A사 치킨과 다른 방식으로 마주친 느낌. 옛날 기억이 불현듯 솟아 가슴이 쿵쾅쿵쾅 뛰었다.

치킨 광고 촬영은 사실 10년 전 기억과 마주한 자리였다. 내 표정 하나, 손짓 하나엔 그날 엄마와 동생의 표정과 손이 담겨 있었을 것이다. 입가엔 저절로 미소가 지어졌고, 즐겁게 촬영할 수 있었다.

치킨은 내게 10년 동안 두 번의 행복을 주었다. 그 행복을 언젠가 또 느낄 수 있을 것이라는 예감이 든다.

요즘도 정신없는 촬영 일정에 고단할 때면 치킨 CF를 찍던 날을 떠올린다. 그러면 힘이 솟는다. 치킨은 내게 가족의 조언이고, 사랑이고, 대화이기 때문이다.

　그날의 치킨 한 마리. 엄마가 그날 가져온 것은 치킨이 아니라, 한 마리의 '행복'이었나 보다.

문채영 (영화배우)
출연작 〈살레(2016)〉 (제25회 애리조나 국제영화제 최우수 외국영화상 수상)
코미디 영화 〈완벽한 파트너〉 출연
한독 합작영화 〈파인딩 조이〉·부천국제영화제 초청작 〈더 크로싱〉 출연

음식, 그가 가족관계론을 새로 써줬다

"저 사람은 어떤 음식을 좋아할까? 어떤 옷을 즐겨 입을까? 그리고 과연 나를 좋아할까?"

그렇게 밤잠 설치며 만났던 그 사람, 혹시 한 지붕 아래에서 눈길 한 번 주지 않는 무심한 가족으로 살고 있지는 않은가.

"손가락 열 개, 발가락 열 개 확인하셨죠? 건강한 아들이네요. 축하합니다."

아들이 걸음마를 하고 변기에 쉬를 했다고 기뻐하던 소소한 감격의 날을 우리는 기억할 것이다. 혹시 눈에 넣어도 아프지 않았던 아이가 이제는 떠올리기만 해도 속 쓰린 존재가 돼버린 것은 아닌가.

그 사람 덕분에 행복했고, 그 아이 덕분에 웃음 넘친 시간이 많았다. 지금 우리 삶을 되돌아보자. 그 사람 때문에, 그 아이 때문에 속상하다는 말을 하루에 몇 번 하고 사는지…….

아들이 초등학생이었을 때다. 바쁜 일과로 저녁 먹거리를 준비하지 못한 날이었다. 퇴근 후 부랴부랴 저녁을 준비하던 내게 아들이 묻는다.

"엄마, 지금 뭐하는 거예요? 거울 좀 봐요."

정신없이 채소를 썰다 거울 속 모습에 눈물이 확 쏟아졌다. 재킷을 입고 백팩을 멘 채 식사 준비를 하고 있었다. 서둘러야 한다는 생각에 앉기는커녕 가방을 벗는 것도 까먹고 있었다.

초라해진 감정을 감추고 준비한 저녁식사. 남편과 아들이 한목소리로 "엄마는 요리에 참 재능이 없지?"라고 우스갯소리로 한 농담에 한없이 초라해지면서도 화가 치솟는다. '지금 화를 뱉으면 3시간 후 우리 집은 엉망이 되겠지'라고 상상하며 참는다. 재빨리 설거지를 끝내고 집을 나왔다. 하지만 청춘의 추억을 담은 음악과 함께 한 산책마저 힘든 속내를 달래주지 못한다.

'오늘 하루의 문제가 아니다. 앞으로 이런 상황이 오지 않도록 할 좋은 방법은 없을까?'

집에 돌아와서도 고민은 계속됐다. 그러다 어딜 다녀왔냐며 걱정하는 아들을 꼭 안으며, 가족 모두 화목한 저녁을 함께 할 수 있는 혜안을 떠올렸다. 다음 날부터 일주일 식단을 냉장고에 써 붙였다. 모두 좋아하는 고기 먹는 날, 혈관에 좋은 오메가3 지방산이 풍부한 생선 굽는 날, 신선한 샐러드 데이, 아들이 좋아하는 새우 찌는 날……

식단의 콘셉트는 영양이었지만, 그 속에는 소중한 가족 화합의 뿌리가 숨어 있었다. 저녁식사에는 코멘트를 달았다. '가족들의 도움을 요함, Menu will be changed!.'

그로부터 지금까지 우리의 식탁은 맛보다 화목이 함께 한다.

아들은 고3 때에도 멋진 스테이크나 해산물볶음 한 접시를 척척 해내며 학업 스트레스를 풀었다. 겨우 라면이나 끓이던 남편이 가끔 양파를 썰면 그의 불거진 정맥에 박수를 친다. 프라이팬을 흔드는 장성한 아들의 남성미에 "완전 멋져"라며 환호성을 지른다.

우리에겐 수많은 분노의 순간이 있다. 가장 어리석은 행동 중 하나는 밖에서 맞은 뺨의 분노를 소중한 가족에게 뱉는 것일 게다. 돌이켜보면 가방 메고 밥을 한 그날은 계획한 톱니바퀴가 맞물리지 않은 일에 대한 걱정으로 퇴근 후 가장 소중한 가족을 만나면서 좋은 엄마, 좋은 아내가 돼줄 마음의 여유가 없었던 것이 아닐까? 남편과 아이의 농담을 화살로 받던 '찌질했던' 속내가 부끄럽다. 가족은 맛 좋은 밥상보다 따스한 엄마와 아내의 웃음을 원했을 것이다.

난 오늘도 그날을 교훈으로 삼는다. 함께 하는 식탁, 함께 만드는 식탁, 그가 우리 집에 새로운 가족관계론을 써줬다.

강태은(프렌닥터연세내과 비만클리닉 부원장)
행복 코디네이터/ 15년 이상 5000건 이상의 다이어트 컨설팅
《상위 4%를 만드는 1등급 다이어트》 저자

PART

03

맛은
소통이다

'공감의 한 끼',
2017코릿 스토리

01
맛 페스티벌
in 제주,
이틀간의 기록

아름다운 바다 빛깔, 가지런히 줄지어 선 현무암 돌담, 곳곳에 올록볼록 솟은
모양새가 정겹기 그지없는 오름, 세상 모든 초록을 품에 안은 듯한 곶자왈,
이들 사이를 묵묵히 스쳐 지나가는 바람이 한데 어우러져
풍경이 되는 섬.
　이런 제주에서의 '2017 코릿 페스티벌'은 그림같이 펼쳐졌다.
2017년 9월 29일부터 30일까지 이틀간 진행된 코릿 축제에선
'제주의 맛' 냄새가 황홀하게 진동했다.

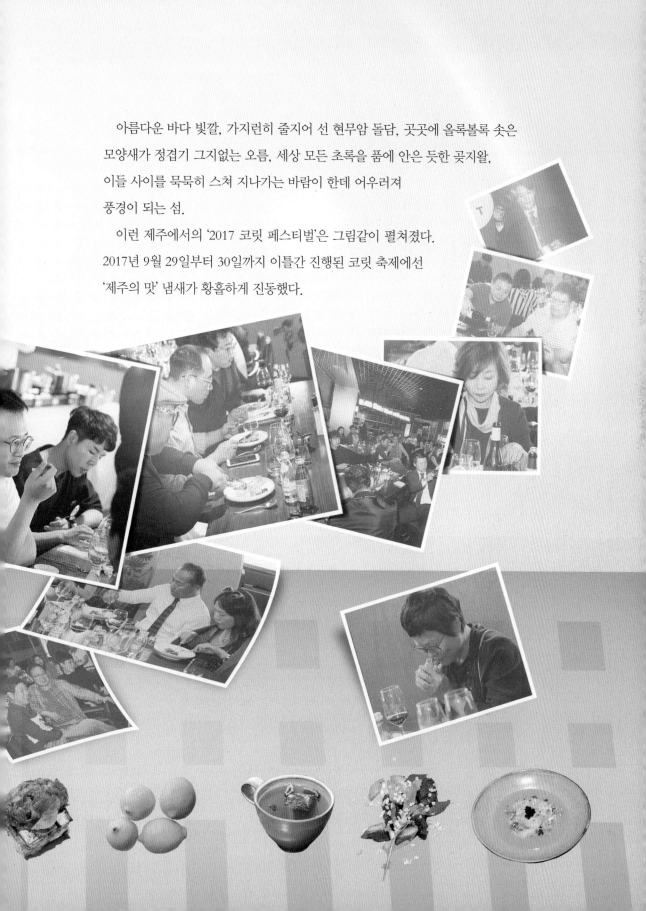

셰프의 요리과정을 관객들이 직접 보고 즐기는 '셰프 라이브쇼'는 이틀간 서머셋 제주신화월드와 해비치리조트에서 점심·저녁 총 4회 진행됐다. '르꼬숑', '리스토란테 에오', '소코바', '더 플라자 도원', '테라13'의 각 셰프들이 직접 요리과정을 보여주며 관객과 라이브로 소통했다. 셰프가 음식 하나하나를 만들어 식탁에 올릴 때마다 감탄사가 쏟아져 나왔다.

백미는 푸드트럭. 톱 셰프의 음식을 간편하게 즐기는 코릿 대표 프로그램인 '푸드트럭'은 둘째 날 제주도 중문에 위치한 제주국제컨벤션센터 야외광장에서 열렸다. 푸드트럭 행사엔 '코릿 전국맛집 톱50'에 선정된 '두레유', '떼레노', '보트르메종',

'봉피양&벽제갈비', '수퍼판', '순대실록', '진진', '홍연'과 '제주 톱30'의 '낭푼밥상', '올 댓제주'가 참여했다. 푸드트럭을 방문한 이들은 대한민국 대표 맛집의 음식을 먹으며 '맛의 즐거움'에 흠뻑 빠졌다. 제주 여행객은 물론 가족 단위 방문 객도 많아 '코릿 제주페스티벌' 이 음식 대축제로 자리 잡았음 을 입증했다.

02
츄성뤄 셰프의 라이브쇼,
제주의 밤을 '맛'에 물들이다

2017년 9월 30일 밤. 해비치호텔앤드리조트 제주(서귀포시 표선면)를 나서는 이들의 얼굴에는 미소가 가득했다. 행복한 모습이었다. 맛있는 음식을 먹고 난 후 즐거움에 취했기 때문일까? 심신을 힐링한 듯, 적잖은 여유를 선물 받은 듯 모두들 화색이 돌았다.

앞서 이날 오후 6시. 이곳에선 셰프 라이브쇼가 펼쳐졌다. 대미를 장식한 주인공은 더 플라자 호텔의 '도원' 츄성뤄 셰프였다.

"코릿을 위해 꼬박 한 달을 준비했습니다. 도원 식구들이 모두 한마음으로 오늘만을 위해 달렸습니다."

정성의 맛을 꾸미는 데 한 달이 걸렸다는 뜻이다. 음식만은 아니다. 셰프 라이브쇼는 셰프가 쇼를 진행한다. 아무래도 말솜씨가 마음에 걸린다. 츄 셰프 주변에선 "라이브쇼를 위해 한 달간 토크 연습을 했다"고 귀띔했다.

츄 셰프는 화교 출신이다. 한국말이 100% 완벽하지 않다. 유머나 재치를 간간이 선보여야 쇼가 사는데, 그게 가장 걱정이었다. 하지만 기우였다. 달변이라고 해도 진정

츄성뤄 셰프(왼쪽)를 비롯해 도원 셰프들이 중식요리를 하고 있다. 셰프들의 협업을 통해 조화가 완성되는 요리는 최상의 맛을 연출한다.

성이 들어 있지 않으면 금세 들키는 법이다. 츄 셰프는 때론 발음이 완벽하지는 않았지만, 그가 던지는 유머나 농담은 개그맨 이상으로 다가왔다. 객석에선 환호성이 계속해서 터졌다.

"스파클링 와인은 직접 서울에서 준비한 겁니다. 맛있어요?"

"네."(일제히 환호성)

백미는 찐빵. 제주도 돌하르방을 닮았다. 왠지 츄 셰프와 닮았다. 답은 나왔다.

"하르방 모양 찐빵도 직접 제가 빚은 겁니다. 하나 빚는 데 30분, 그렇게 50개를 준비했습니다. 저와 닮았지요?"

"네."(일제히 박수)

쇼 행사장을 가득 메운 50명의 미식가들은 츄 셰프의 음식 정성에 점점 매료돼갔다.

도원에서만 18년 경력을 자랑하는 츄 수석셰프는 이날 준비된 와인과 음식 메뉴,

1. 완두콩 비취소스 제주 옥돔. 화룡점정인 적양순을 올려놓으니 군침 도는 요리가 탄생한다.
2. 셰프는 어찌 보면 조각가다. 손길 하나하나에 정성을 담아 플레이팅 완성도를 더욱 높인다.

조리까지 모든 부분을 직접 책임졌단다.

2시간가량의 만찬은 셰프 스페셜로 꾸며졌다. 코스는 유림 장어 건강 샐러드, 완두콩 비취소스 제주 옥돔구이, 제주 활해선 해황소스, 1920 상하이식 생강차, 제주 흑돼지 항정살 탕수육 그리고 디저트로 '제주 황금향 양지감로와 월병, 제주 시그니처 딤섬'이 순서대로 나왔다.

미식가들의 입맛을 제대로 저격했나 보다. 먹을 때마다 감탄사가 울렸고, 여기저기선 예쁜 음식을 먹기 아까운 듯 핸드폰 셔터 누르는 소리가 이어졌다.

쇼를 끝낸 츄 셰프와 잠깐 인터뷰를 했는데, 얼굴이 벌겋다. 무사히 마쳤다는 안도감이 얼굴에 홍조를 띠게 만들었을까.

"셰프 라이브쇼를 위해 한 달간 도원의 셰프들이 매달렸어요. 메뉴 연구개발부터 넘버 1, 2, 3, 4 셰프들이 모두 코릿을 위해 제주도로 왔습니다. 서울 도원엔 오늘만큼은 셰프가 귀할걸요."

단 하루, 단 한 번의 쇼를 위한 도원의 열정은 대단했다. 코릿 특별 메뉴를 개발하기 위해 수십 번의 테스팅을 거쳤고, 임직원과 평가단을 모아놓고 수차례 품평회까지 열었다. 음식에 어울리는 조도, 중국음악, 메뉴판까지 직접 꼼꼼하게 챙겼다.

'시나리오' 역시 만전을 기했다. 멘트부터 요리설명과 퀴즈, 동선까지 영화 한 편을

1. 츄셩뤼 셰프가 테이블을 돌아다니며 미식가들과 소통하고 있다. 셰프 라이브쇼의 최대 매력이다.
2. 맛, 오묘하네요. 미식가가 음식을 먹으며 맛을 음미하고 있다. 맛 평가는 셰프에 전달되기도 한다.

찍는 것마냥 세밀하게 계획했다. 실제 풀코스로 이루어진 리허설도 세 차례나 했다고 한다.

"제주에서만 만날 수 있는 도원의 맛을 위해 최선을 다했습니다. 동료 셰프들에게 감사함을 표합니다."

주류 선택에도 각별한 공을 들였다. 이날 라이브쇼에는 중국 전통주일 것이라는 예상을 깨고 와인이 제공됐다. 그는 "파인 다이닝에 초점을 맞춰 대중이 좀 더 익숙한 술을 제공했다"며 "와인 마리아주를 위해 8종의 와인을 셀렉팅했고, 요리와의 조화를 위해 최종적으로 미국 컬럼비아밸리 와인을 택했다"고 했다.

메뉴 포인트엔 특별히 신경 썼다. 이날 메뉴 포인트는 도원의 41년 전통에 제주 로컬 재료를 이용한 것에 있었다고 한다. 흑돼지 항정살 탕수육에 들어간 과일조차 제주산을 사용했다. 츄 셰프는 "도원에서 제주를 활용한 원산지 네이밍을 할 수 있는 기회도 오늘뿐이었다"고 했다.

만전을 기했지만, 현장에 오니 어려움도 있었다. 중식 조리의 핵심인 '웍'(WOK·화력)이 약해서 조리를 하는데 애를 먹었다.

"중식은 칼과 불의 요리라고 하지요. 아무래도 서울에서의 환경과 달라 조금 고생했지만 그만큼 더 집중해 만들었습니다."

약식동원, 좋은 식재료와 정성에서 중식을 찾다

도원의 콘셉트는 약식동원(藥食同源)이다.

"기름지고 몸에 좋지 않은 음식이라는 인식이 강한 기존 중식과 달리 약과 음식은 그 근원이 같다는 의미의 '약식동원'을 가장 중요하게 생각하고 있어요. 계절성, 특수성, 고급성, 지역성, 브랜드 등 총 5가지를 고려해 기름으로 튀기고 볶는 조리법 대신 냉채, 구이, 찜, 조림 등 건강한 오일프리 조리법에 현대적인 터치를 가미합니다."

츄성뤄 도원 셰프는 이 말을 계속 강조했다. 중화요리 하면 '느끼하다'는 느낌이 들게 마련인데, 이를 최대한 경계하고 건강한 맛을 함께 고려하고 있다는 뜻이다.

여기에 도원의 음식 지향점이 있다. 츄 셰프는 "연 36회 품평회를 진행하면서 '맛'에 관해서 끊임없이 연구한다"며 "앞으로 중국 전통 메뉴를 약선으로 바꿔갈 것이며 도원에서 중식을 먹을 수밖에 없는 기준점을 만들어나가는 게 목표"라고 했다.

그렇다면 약식동원은 구체적으로 뭘까? 제주 셰프 라이브쇼는 이를 상상할 수 있는 단초를 제공했다.

셰프가 예술가라는 말은 이럴 때 딱 들어맞는다. 츄 셰프가 요리를 하며 거대 프라이팬을 흔들자 수십 명분의 탕수육이 허공을 날아다닌다. 미식가들은 감탄사를 연발하며 침을 꼴깍 삼킨다.

츄 셰프는 이날 도원의 대표 메뉴인 항정살 탕수육을 내놨다. 최근에 인기를 끄는 탕수육과 소스가 나뉜 탕수육이 아닌, 한데 어우러져 있는 음식이다. 탕수육에는 당근과 오이, 파인애플에다 간장 등 조미료가 들어간 소스가 곁들여졌다. 부드러운 항정살을 활용한 고기튀김, 여기에 신선한 소스가 곁들여지니 음식은 한층 부드러운 맛을 냈다.

물론 이날 선보인 요리는 대부분 튀긴 것이었다. 대개의 중화요리와 다른 점이 있었다면 제주산 신선한 식재료(채소)를 과감히 활용함으로써 새로운 시도를 했다는 점이다. 신선한 식재료를 활용한 음식은 약에 비견할 정도로 몸에 건강한 영향을 미친다는 약식동원의 근본 원리를 최대한 적용했다.

완두콩 비취소스 제주 옥돔구이를 설명하면서 츄 셰프는 약식동원에 대한 힌트를 줬다.

"완두콩은 음식을 먹는 사람을 편안하게 만들어주는 성질이 있어요. 수프를 만드는 데 최상의 소재라 이렇게 써봤습니다."

활해선 해황소스 이름에 얽힌 재밌는 스토리도 들려준다.

"중국에서 요리사들이 황제에게 직접 만들어 올렸기 때문에 (해황소스라는) 이름이 붙었어요. 오늘 제가 여러분에게 황제에게 바쳤던 음식을 대접한 것이니, 오늘만큼은 여러분이 황제인 거죠."

좋은 음식에다가 좋은 서비스, 거기에다가 최고의 립서비스까지 받는 것, 그게 약식동원 아니겠는가.

도원 라이브쇼 레시피

유림 장어 건강 샐러드

재료(4인 기준)

민물장어 200g, 파 20g
마늘 15g, 식용유 25ml
긴꼬마 간장 20ml, 설탕 27g
고수 7g, 식초 15ml
청량고추 10g, 적고추 10g
적양파 12g, 레몬 50g
감자전분 75g,
베이비 쑥갓 3g
육수(닭고기·소고기) 30ml
적양순 3g

만드는 법

1. 장어는 먹기 좋은 크기로 손질한 후 생강즙과 간장으로 밑간을 하여 비린 맛을 제거한다.

2. 준비한 장어에 마른 전분을 묻혀 기름에 바싹하게 2번 튀겨낸다.(첫 번째 튀김온도: 25초 동안 180℃/두 번째 튀김온도: 20초 동안 200℃)

3. 베이비 쑥갓을 찬물에 담근 후 물기를 제거하여 아삭하게 준비한다.

4. 물 적당량에 닭고기와 소고기를 넣어 끓여내어 육수를 준비한다.

5. 긴꼬마 간장 20g+육수 20g+설탕 27g+식초 15g(다진 파, 다진 적고추, 다진 청량고추, 다진 고수, 다진 적양파, 다진마늘, 레몬즙)을 잘 섞어 유림소스를 준비한다.

6. 접시에 베이비 쑥갓을 깔고 바싹하게 튀겨낸 장어를 얹은 후 유림소스를 뿌리고 얇게 썬 파채(찬물에 담가 매운맛을 제거)와 함께 올려낸다.

도원 라이브쇼 레시피

완두콩 비취소스 제주 옥돔

재료 (4인 기준)

옥돔 280g, 완두콩 60g
해산물육수 60ml
치킨파우다 15g
감자전분 35g, 소금 15g

만드는 법

1. 제주산 옥돔의 가시와 비늘을 제거한 후 정종(1), 레
   몬즙(1), 물(10), 소금(2)의 비율로 만든 육수에 2시
   간 담근 후 물기를 제거하여 170℃ 오븐에 7분간 구
   워낸다.

2. 완두콩과 물을 1:1의 비율로 갈아낸 다음 고운체에
   걸러낸다.

3. 물 적당량에 바지락, 대파, 생강을 넣고 약한 불에
   서 1시간 끓여낸 해산물육수에 걸러낸 완두콩을 1:1
   비율로 섞어 소금과 치킨파우더로 간을 한 후 물 전
   분으로 농도를 맞추어 비치소스를 준비한다.

4. 그릇에 비치소스를 담은 후 오븐에서 구워낸 옥돔
   을 얹고 그 위에 적양순을 올려 마무리한다.

도원 라이브쇼 레시피

제주 활해선 해황소스

재료 (4인 기준)

보리새우 200g
활바닷가재 400g
가리비 100g, 식용유 300ml
감자전분 100g, 소금 60g
청량고추 50g
치킨파우더 40g, 파 80g
해황소스, 상탕육수

만드는 법

1. 보리새우와 바닷가재, 가리비를 먹기 좋은 크기로 손질하여 위생 타월에 수분을 제거하여 준비한다.

2. 만든 해황소스(옆 페이지 참고)는 팬에 파 기름과 청량고추 향이 나게 볶아준다.

3. ②에 상탕육수(옆 페이지 참고), 치킨파우더를 넣고 소금을 간을 하여 준비한다.

4. 손질한 보리새우, 바닷가재, 가리비에 마른 전분을 묻혀 뜨거운 기름에 바싹하게 튀겨낸 후 ③에 넣어 감자 전분으로 농도를 맞추며 졸여낸다.

해황소스 (참게 내장 빛깔을 표현한 건강 소스) 만드는 법

재료

참게 8마리
대파 반 개(1/2)
생강 10g
생강 우린 물 30mL

만드는 법

1. 참게 몸통의 껍질을 솔로 살살 문지르고 흐르는 물에 깨끗이 씻는다.

2. 깨끗이 씻은 참게를 통째로 찜통에 넣어 15분 동안 찐다.

3. 참게 껍질을 벗긴 후 알만 따로 발라낸다.

4. 팬에 기름을 두르고 파를 볶아 파 기름을 낸다.

5. ④에 ③과 생강 우린 물을 약간 넣고 약한 불에 15분간 볶아 해황소스를 완성한다.

상탕육수 (도원만의 최고급 건강 육수) 만드는 법

재료

생닭 500g
돼지다리뼈 500g
돼지 사태 2000g
프로스트햄 500g
통 백후추 10g
말린 무화과 50g
물 8L

만드는 법

1. 흐르는 물에 생닭과 돼지다리뼈, 사태를 담가 핏물을 제거한다.

2. 비린내와 기름기 제거를 위해 끓는 물에 ①을 넣고 중간 불에 10분간 끓인다.

3. 10분간 끓인 재료를 체에 걸러낸 후 찬물에 여러 번 씻는다.

4. 씻은 재료에 물 8L를 넣은 후 약한 불에서 끓는 거품을 제거하며 약 6시간 동안 서서히 끓여낸다.

5. 6시간 동안 끓여낸 육수에 프로스트햄, 통 백후추, 말린 무화과, 당근 등을 넣은 후 기름을 제거하면서 중간 불에서 약 2시간 이상 끓여낸다.

6. 끓인 육수를 체에 걸러낸 후 차게 식혀 조금씩 사용한다.

도원 라이브쇼 레시피

제주 흑돼지 항정살 탕수육

재료 (4인 기준)

항정살 250g, 감자전분 200g
계란 20g, 식용유 200ml
간장 20ml, 파인애플 20g
식초 70ml, 계피 15g
설탕 180g, 적양파 80g
레몬 50g, 오이 80g
당근 80g, 목이버섯 70g
체리 50g
고기 육수(소고기·닭고기)
200ml

만드는 법

1. 항정살 지방을 깨끗하게 손질한 후 길이 4cm, 넓이 1cm로 손질하여 간장과 생강즙으로 마리네이드 해 놓는다.

2. 감자전분과 계란물을 넣어 튀김 반죽을 만들어 고기 1 : 반죽 0.6의 비율로 섞어 반죽하여 기름에 바싹하게 2번 튀겨낸다. (첫 번째 튀김 온도: 150℃ / 두 번째 튀김 온도: 180℃)

3. 소고기와 닭고기를 물에 넣어 끓여낸 고기 육수에 간장(200), 식초(20), 설탕(180)을 넣어 다시 한 번 끓여낸 후 계피, 레몬, 파인애플을 넣어 탕수육소스를 만든다.

4. 뜨겁게 가열한 팬에 기름을 넣고 간장을 조금 넣어 향을 살린 후 탕수육소스와 튀겨낸 항정살, 먹기 좋게 손질한 채소를 함께 넣은 후 물 전분으로 농도를 맞추면서 졸여낸다. 마지막으로 그릇에 담아낸다.

도원 라이브쇼 레시피

상하이 생강차

재료 (4인 기준)

생강 50g, 홍차 16ml
편설탕 48g, 콜라 80ml
물 300ml

만드는 법

1. 물에 홍차와 자른 생강, 편설탕, 콜라를 넣고 약한
   불에서 오랜 시간 끓여낸다. (약 40분)

2. 실온에서 식히거나, 따뜻한 상태로 컵, 잔 등에 담
   아낸다.

03
어윤권 셰프 vs 정상원 셰프,
정통 이탈리아와 모던 프랑스의 만남

이탈리아와 프랑스. 미식(美食)세계에서 한 치의 양보도 없는 나라들이다. 세계 어느 나라와도 견줄 수 없을 정도로 자존심과 자부심은 하늘을 찌른다.

두 나라의 맛을 요리하는 유명 셰프가 한자리에 함께 했다. 팽팽한 요리 대결이 아닌 컬래버레이션을 보여주기 위해 만났다.

'2017 코릿 제주 페스티벌' 첫 번째 공식행사에서 둘은 컬래버레이션 셰프 라이브쇼를 펼쳤다. 프랑스요리와 이탈리아요리의 환상궁합이 나올 수 있을까? 미식가들의 눈이 둘에 쏠렸다.

어윤권(리스토란테 에오) 셰프와 정상원(르꼬숑) 셰프가 바로 주인공이다. 어 셰프는 정통 이탈리아 요리를, 정 셰프는 정통 프랑스 가정식 요리를 선보였다.

이날 테마는 정통 이탈리아와 모던 프랑스의 만남이었다. 제주의 로컬 재료를 이용해 이탈리아의 정통성을 살린 메뉴와 현대적 감각을 더한 프랑스요리를 절묘하게 접목시켰다. 독창성과 탄탄한 짜임새를 강조한 3가지 메뉴가 이어졌다.

'옥수수와 갈치를 이용한 수프', '라따뚜이와 가지치즈', '삼겹살과 전복'이 식탁에 올

어윤권 리스토란테 에오 셰프(왼쪽)와 정상원 르꼬숑 셰프가 셰프 라이브쇼에서 펼쳐질 음식세계에 대해 설명하고 있다. 이탈리아와 프랑스요리를 대표하는 둘은 이날 환상적인 컬래버레이션을 보여줬다.

랐다. 두 셰프가 서울에서 연구한 메뉴로, 제주 서귀포 중앙시장에서 공수한 재료를 활용했다.

수프는 갈치의 고소함과 바질의 산뜻함, 크림의 부드러운 맛이 어우러져 전혀 새로운 맛을 냈다. 백미는 마지막에 등장하는 법. 제주의 3가지 특산물 흑돼지와 전복, 표고버섯을 한데 모은 요리였다.

"제주 흑돼지를 질 좋은 소금과 지중해 허브에 24시간 숙성시킨 다음, 100도 저온 오븐에서 여섯 시간 동안 구워낸 요리입니다."(어 셰프)

지방이 천천히 녹아내리면서 살코기 단백질과 조화를 이루어 향과 식감이 더욱 특별하다.

"프랑스 사람들은 전복을 두고 '바다에서 나온 귀(Oreille de mer)'라고 하죠. 한자의 뜻풀이처럼 유럽에도 이런 재미있는 단어들이 많아요."

정 셰프의 각주도 이어진다.

두 셰프는 상반된 매력으로 쇼를 이끌어갔다. 어 셰프는 이탈리아 유학 시절의 생생한 비하인드 스토리와 노련한 경험을 풀어놓으며 미시각의 귀와 혀를 집중시켰고, 정 셰프는 요리에 주석을 달듯 프랑스 역사와 문화 전반의 해박한 지식을 자랑했다.

셰프 라이브쇼를 마친 두 사람을 만났다. 이들은 "어젯밤, 오늘 새벽까지 제주 중문시장을 찾아 장을 봤다"며 "최대한 제주의 맛을 살리기 위해 연구했다"고 했다.

두 사람이 보는 서로의 스타일은 어떨까?

"어윤권 셰프님의 요리는 '뺄셈의 미학'이라고 할까요? 제거돼야 할 것들이 잘 처리된 느낌이에요. 더 이상 뭔가를 하지 않아도 완전한 느낌. 뭔가를 덧대서 만들어진 게 아니라 그 자체로 충분하다는 느낌을 받습니다. 맛, 디자인에서 아주 잘 정돈됐다는 말이죠. 맛을 즐기는 사람이라면 '에오스타일'에 대해 공감할 수 있을 거예요."(정 셰프)

"정상원 셰프의 매력은 파워풀하다는 것이에요. 요리의 피니시(마지막)까지 이끌어가는 강한 힘이 느껴져요. 처음부터 끝까지 흔들리지 않는 꾸준한 에너지가 있어요. 다소 러프하고 자유로운 가정식을 추구하는 것이 아주 큰 매력이지요."(어 셰프)

두 셰프가 바라는 건 사람들이 음식을 좀 더 행복하게 먹는 것이다.

"만족에서 오는 기쁨. 그 느낌을 온전히 느끼는 게 음식을 즐기기 위한 가장 중요한 게 아닐까 해요. 유럽에서는 글로리(Glory)라는 말을 많이 써요. 셰프의 요리를 기다리는 시간, 기대하는 순간을 영광처럼 여긴다는 의미지요. 함께 하는 사람들과 행복을 느끼며 먹을 수 있는 요리를 만들고 싶습니다."(어 셰프)

"아, 그리고 정말 맛있는 요리를 먹었다면 셰프들에게도 칭찬과 격려를 해주세요. 비평도 감수하는 게 저희 몫이지만, 긍정적인 피드백을 받으면 에너지가 생기거든요. 만약 그렇게 해주신다면 더 맛있는 음식을 맛볼 수 있는 기회도 많아집니다. 하하하."(정 셰프)

이탈리아, 프랑스의 맛과 사랑에 빠진 두 남자가 마주 보더니 히죽 웃는다. 둘의 얘기는 이어진다.

이탈리아풍 맛도 있고, 프랑스풍 맛도 철철 넘치고…. 미식가들이 이탈리아와 프랑스음식을 맛보고 있다. 이들은 한결같이 "어울릴 것 같지 않으면서도 딱 어울리는 맛"이라고 했다.

갈치 손질하고 채소 달달 볶고…… 오감으로 맛보는 셰프 라이브쇼

어윤권 리스토란테 에오 셰프와 정상원 르꼬숑 셰프의 음식은 '기다림'이 필요했다. '영광'을 느끼기 위해서 말이다.

둘은 갈치를 손질하고, 채소를 달달 볶으면서 서로 교감했고, 음식 궁합을 맞췄다. 관객들은 셰프가 직접 음식을 만드는 과정을 오감으로 체험하고, 결국은 완성된 음식을 맛볼 수 있었다.

어 셰프는 셰프 라이브쇼를 농담으로 시작했다. 서귀포 시장에서 촌놈 취급당한 일화를 꺼낸다.

"제주도 사탕옥수수를 사러 갔는데, 상인들이 '날짜가 언제인데 이제야 찾냐'고 하더군요. 제철은 6월이라네요. 역시 식재료에 대한 배움의 길은 멀고 머네요."

서울에선 식재료 고수였는지 모르겠지만, 제주에 와선 촌놈이 다 됐다는 넉살에 관

1. 올리브는 마법의 힘을 가졌다. 요리조리 온갖 재료에 묻히면 속살까지 부드러워진다. 셰프가 요리를 위해 올리브유를 프라이팬에 붓고 있다.
2. 제주의 땅은 농작물엔 인색했지만 집안팎 들채소에겐 아낌없는 정을 줬다. 가지는 그중 하나였다. 셰프가 영양만점의 가지치즈 요리를 하고 있다.

객들은 폭소를 터뜨린다.

사실 제주산 사탕옥수수가 필요했다. 이날 선보일 요리가 제주산 사탕옥수수 수프와 콜라비, 은갈치 인푸시오였기 때문이다.

셰프의 현란한 손놀림이 시작된다. 시작은 차가운 옥수수수프 위에 갈치 폼이 올라가는 정갈한 요리였다. 옥수수와 양배추, 전복 육수가 한데 섞이고 뒤엉켜 수프로 만들어지는 과정이 눈앞에서 펼쳐진다. 어 셰프가 긴 칼 모양의 갈치를 들어올려 관객에게 보여준 후 빠른 손놀림으로 다듬기 시작한다. 옆에서 정 셰프는 핸드믹서로 갈치를 곱게 갈며 "거품은 적당히 내고 밀도를 잡는 게 핵심"이라는 요리비법을 공개한다.

"재료를 갈거나 거품을 낼 때, 회전속도에 따라 완전히 다른 음식이 나오기도 하거든요."

미식가들은 침을 꼴깍 삼킨 채 조리 과정을 넋을 놓고 바라본다. 시선을 셰프의 손놀림에 고정하고 있노라니 허기에 무감각해지다가도 프라이팬에 달달 볶이는 채소를 보며 다시 살아나는 식욕을 느낀다. 기다림 끝에 단비 같은 요리 한 접시가 관객 앞에 놓인다.

개나리의 색감을 덧입은 옥수수수프는 미각을 묘하게 자극한다. 한 관객은 "바질 향이 코끝을 부드럽게 찌른다. 옥수수와 은갈치 조합은 처음 먹어보는데, 부드러우면서도 산뜻한 끝맛이 돋보인다"고 평했다.

두 번째로 식탁에 오른 요리는 가지와 치즈 요리(오베르진 오 프로마주)다. 속은 말랑하고 겉은 단단한 가지를 10개 정도 팬에다 노릇하게 굽는다. 모짜렐라 치즈, 파마산 치즈, 토마토와 빵가루를 갈아 샌드위치처럼 겹겹이 올려 오븐에서 40분 정도 굽는다.

"사실 이 요리는 궁핍한 전쟁 기간 사람들이 귀한 파마산 치즈를 구하기 힘들어 빵가루를 치즈 맛이 나도록 조리한 것입니다."(어 셰프)

요리의 탄생비화에 관객들은 귀를 쫑긋한다. 가지와 치즈 요리를 나이프로 조심스럽게 썰어 입에 넣었다. 턱 근육을 부지런히 움직이는데, 담백하고 맛있다.

라이브쇼 피날레를 장식한 요리는 제주도의 대표 식재료를 사용한 '제주산 흑돼지 삼겹살, 전복 저온요리와 제주산 성게소스, 표고버섯'. 불에 구운 따뜻한 세라믹 용기

칭찬은 '음식'도 춤추게 하나 보다. 어 셰프와 정 셰프는 서로의 요리에 대해 아낌없이 후한 점수를 줬다. 과장도, 포장도 없었다. 최고의 음식은 서로 통하는가 보다. 셰프는 음식을 열심히 만들었고, 미식가들은 그 맛에 흠뻑 취했다.

에 저온으로 요리된 두툼한 흑돼지 삼겹살이 나온다. 전복과 표고버섯을 우린 물을 농축해 성게알과 올리브오일에 넣은 소스가 곁들여진다.

손 한 뼘 높이의 돼지고기는 푸딩처럼 탱글거린다. 속살은 부드럽고, 껍데기는 쫄깃하다. 요리를 맛본 한 관객은 "제주도 대표 식재료인 흑돼지, 성게, 전복이 다 들어간 요리인데, 이거야말로 제주도 트리니티(삼위일체)"라고 했다.

향기로 음식을 감별하는 법도 소개한다.

"좋은 화이트와인은 상온에 마셔야 깊은 향을 느낄 수 있어요. 그리고 최상의 올리브유에서는 날카롭게 베인 풀 향이 납니다."(정 셰프)

라이브쇼를 관람한 관객들은 생기가 돌았다.

"대표 이탈리아, 프랑스 셰프가 신선한 제주산 식자재로 요리한 게 좋았습니다. 멀게 느껴졌던 서양요리를 쉽게 접할 수 있었습니다."(박준명 씨)

"오늘 셰프들이 전수해준 비법을 집에 가서 응용해보고 싶어요. 프랑스, 이탈리아 요리가 절묘하게 어우러졌는데 어쩌면 이게 서양 전통요리인지도 모르겠네요."(함은열 씨)

일부 미식가는 '특별 노하우'를 전수 받은 날이었다.

옥수수수프

1. 옥수수는 냄비에 삶고 옥수수알만 분리하여 준비하고 삶은 물은 따로 보관한다.

2. 냄비에 양파, 당근, 샐러리를 버터를 이용해 노릇하게 볶는다.

3. 옥수수 삶은 물과 옥수수알 그리고 월계수잎과 클로브를 ②의 냄비에 넣고 30분 이상 약한 불에서 충분히 끓인다.

4. 생크림을 넣어 크리미한 맛을 더하고 소금, 백후추로 간하여 마무리한다.

에스푸마를 이용한 제주은갈치 폼

1. 갈치는 뼈를 발라 살만 팬에 굽는다.

2. 냄비에 생크림과 갈치살 그리고 감자를 넣고 중약불에 올려 끓지 않도록 하면서 천천히 끓인다.

3. 에스푸마 휘핑건에 위의 내용물을 넣고 질소가스를 충전한 후 30초 정도 흔들어 준비한다.

4. 그릇에 수프를 담고 에스푸마를 그 위에 짠다.

5. 샐러리잎, 바질잎 등을 올려 산뜻함을 더해 마무리한다.

어윤권·정상원 셰프 라이브쇼 레시피
라따뚜이와 가지치즈 (가지 라자냐)

프로방스풍 라따뚜이

1. 토마토, 가지, 주키니호박, 피망, 양파, 샐러리 등 각종 채소를 한입 크기로 먹기 좋게 썬다.

2. 오븐용기에 ①의 채소를 담고 토마토소스를 위에 살짝 올린다.

3. 바질, 로즈마리 등의 허브를 넣고 오븐에 구워 완성한다.

가지치즈구이 (가지 라자냐)

1. 가지는 길고 얇게 잘라 준비한다.

2. 가지를 깔고 그 위에 베샤멜소스를 살짝 바르고 그 위에 토마토소스와 치즈를 얹고 가지를 덮는다.

3. 위의 과정을 한 번 더 반복하고 오븐에 구워 완성한다.

완성요리

1. 가지치즈구이 위에 라따뚜이를 퀜넬 모양으로 떠서 얹어준다.

2. 오븐에 구운 후 접시에 담고 바질을 올려 마무리한다.

어윤권 · 정상원 셰프 라이브쇼 레시피

제주 흑돼지 삼겹살과 전복

흑돼지 삼겹살

1. 제주 흑돼지를 질 좋은 소금과 지중해허브에 24시간 숙성한다.

2. 100℃ 오븐에 6시간 동안 구워낸다.

전복과 성게소스

1. 냄비에 물과 미르포아 재료를 넣고 끓인다.

2. 손질한 제주산 전복을 위 냄비에 넣어 살짝 데쳐 준비한다.

3. 전복 삶은 물에 성게 내장, 생크림, 소금, 후추로 간을 맞춰 준비한다.

완성요리

1. 접시에 성게소스를 담고 그 위에 저온오븐에 구운 흑돼지를 올린다.

2. 표고버섯은 고유의 향을 살리기 위해 진공 포장하여 데친다.

3. 데친 전복과 표고버섯을 옆에 같이 올려 마무리한다.

04
푸드트럭 셰프들
"덥지만 손님들이 맛있게 드시니 좋네요"

늦여름의 날씨는 뜨거웠다. 낮 최고기온 28℃. 구름 한 점 없는 하늘에선 강렬한 태양빛이 내리쬐었다.

하지만 더운 날씨도 미식가의 발걸음을 막을 순 없었다. 2017년 9월 마지막 날, 제주도의 중문 컨벤션센터 야외광장에서 열린 '코릿 푸드트럭' 행사엔 많은 인파가 몰렸다.

푸드트럭은 총 10곳이 참여했다. '낭푼밥상', '수퍼판', '두레유', '순대실록', '떼레노', '올댓제주', '보트르메종', '진진', '봉피양 & 벽제갈비', '홍연'. 대한민국 대표 맛집과 셰프들은 푸드트럭을 찾은 미식가들의 입맛을 사로잡기 위해 좁디좁은 푸드트럭 안에서 하루 종일 땀을 흘렸다.

낭푼밥상과 올댓제주를 제외하고는 서울이나 수도권에서 온 셰프들이다. 제주까지 날아와 비지땀을 흘리는 이유가 뭘까?

행사장에 들어가자 중식당 홍연 푸드트럭이 먼저 보인다.

"덥지 않으세요?"

1. 푸드트럭 안은 증기탕을 방불케 할 정도로 뜨거웠지만, 셰프의 요리 열정을 막을 순 없었다. 한돈떡갈비 등을 내놓은 봉피양&벽제갈비 푸드트럭.
2. 푸드트럭을 택한 셰프의 철학은 하나였다. 많은 이가 좋은 음식을 맛볼 수 있다면 행복한 것. 바질 향의 새우튀김을 내놓은 보트르메종 푸드트럭.

정수주 홍연 주방장에게 인사를 건네니, 음식 만들던 분주한 손을 잠시 멈춘다.

"오랜만에 야외에 나와 신선한 제주도 공기를 마시며 요리하니까 오히려 즐겁네요. 날씨도 정말 좋고요. 손님들이 맛있게 드셨으면 좋겠네요."

전날 제주로 내려온 정 주방장은 필요한 재료들을 서울에서 직접 가져오는 것이 상당히 힘들었다고 한다. 이날 제공할 수백 개의 상품에 맞춘 물량을 서울에서 전부 공수해온 것이다. 딤섬과 춘권을 만드는 데는 상당한 숙성기간이 필요하다.

"저와 홍연 동료들은 제주 푸드트럭 행사를 위해 이미 서울에서 상당기간 음식을 재우고 맛을 우려내는 준비작업을 했습니다. 우리 음식을 맛보고 손님들이 '행복'을 느낀다면 우리도 행복한 거죠."

더 힘들게 내려온 이도 있다. 스페인 레스토랑 떼레노의 신승환 오너셰프다. 신 셰프는 험난(?)한 여정을 거쳐 제주에 도착했다. 전날 밤 김포에서 출발하는 비행기를 타고 오는데, 기상악화로 비행기가 상공에서 2시간 동안 선회하는 일이 벌어진 것이다. 결국 비행기는 김포로 회항했고, 기상이 정상화된 후 다시 제주행 비행기에 오를 수 있었다.

"비행기에 500인분을 프렙(prep·레시피에 맞게 재료를 손질해 준비한 것)해 실었는데,

뜨거운 날씨 속에서도 푸드트럭 앞에서 음식을 기다리는 미식가의 발길은 줄지 않았다. 순대실록, 두레유, 진진 등 푸드트럭에선 하루 종일 맛있는 음식이 쏟아져 나왔다.

제주에 빨리 가지 못하면 재료에 이상이 생길까 봐 속이 타 죽는 줄 알았습니다."

그러면서도 신 셰프는 전날의 악몽을 완전히 잊은 듯 푸드트럭 앞에 줄을 선 손님들에게 명랑하게 음식을 건넨다. 역시 셰프는 음식 할 때가 가장 행복하다는 듯이 말이다.

다른 셰프들도 마찬가지였다. 다들 즐겁다고 했다. 떡갈비와 순대 등 열기구를 많이 사용하는 일부 요리트럭 내부는 증기탕을 방불케 할 텐데도 표정들이 하나같이 밝다.

미쉐린 1스타인 보트르메종의 박민재 오너셰프는 "코릿에는 3년째 참가하며 의리를 지키고 있는데 시민, 특히 제주도민을 대상으로 우리 음식을 선보일 수 있어 너무 좋다"며 "프랑스음식을 편안한 장소에서 자유롭게 즐기는 시간이 됐으면 좋겠다"고

했다.

'봉피양&벽제갈비'에서는 이날 제주산 고사리를 넣은 한우육개장을 제공했는데, 1시간이 조금 넘었을 뿐인데도 동났다.

"280접시 팔았어요. 오늘 준비한 수량을 다 팔고 갈 것 같네요."

떡갈비 패티를 굽고 있던 허상아 벽제외식산업개발 대리가 귀띔한다. 그와 옆의 동료들은 밀려드는 손님을 응대하는 데 정신이 없다.

"사실 하나도 안 남아요. 팔수록 적자죠. 하지만 푸드트럭을 찾은 손님들에게 봉피양&벽제갈비가 판매하는 상품을 알릴 수 있는 행사니까 기쁜 마음으로 참여했습니다."

전통순대와 순대스테이크를 들고 나온 순대실록은 인기가 폭발했다. 500세트를 준비했는데 그 수량을 '완판'했다.

"정말 행복합니다. 특히 어린이가 가족들과 함께 많이 왔는데, 잘 먹는 것을 보니 제주에 잘 왔다는 생각이 듭니다."

순대실록 셰프의 이야기였지만, 이날 함께한 모든 셰프도 똑같은 생각을 했을 것이다.

미쉐린 스타 셰프의 요리가 고작 5500원? 언빌리버블(unbelievable)!

"미쉐린 스타 셰프의 음식을 이 가격에 먹을 수 있다니 너무 좋아요."

"이름만 들어도 쟁쟁한 레스토랑 요리인데, 오늘 계 탔네요."

'2017 코릿 푸드트럭' 현장에서 만난 미식가들은 감탄사를 연발했다.

이날 미식가들이 만난 요리는 그야말로 대한민국을 대표하는 최상의 메뉴. 제주돼지갈비수육(낭푼밥상), 청고사리설야멱(두레유), 토마토 하몽 샐러드(떼레노), 바질 향의 새우튀김(보트르메종), 벽제설렁탕·한우육개장·한돈떡갈비(봉피양&벽제갈비), 굴라쉬·서리태 마스카포네 치즈 스프레드(수퍼판), 전통순대·순대스테이크(순대실록), 올댓제주 수제소시지(올댓제주), 멘보샤·샤오기(진진), 새우춘권, 샤오마이 딤섬(홍연) 등이 얼굴을 내밀었다.

1. 누가 요리를 플레이팅이라고 했는가. 비싼 접시는 없을지라도, 훌륭한 요리 하나만 있으면 그게 플레이팅
이다. 남다른 품격의 푸드트럭 음식들.
2. 푸드트럭에서 제공된 한돈떡갈비 등이 먹음직스럽게 놓여 있다. 미식가들은 몇 개의 푸드트럭에 들러 요리
의 조합을 이렇게 완성시켰다.

푸드트럭에서는 맛집 요리를 한 손에 들고 가볍게 즐길 수 있는 타파스(tapas · 스페인에서 식사 전에 간단히 먹는 소량의 음식을 이르는 말) 형태로 제공됐다. 메뉴당 5500원.

소량이기에 다소 비싸다고 생각할 수 있지만, 푸드트럭에 온 맛 마니아들은 최고의 셰프 음식을 5500원에 먹을 수 있다는 사실에 놀라는 눈치였다.

푸드트럭을 둘러보면서 하나하나 메뉴를 고르던 정세연 씨는 "서울의 맛집뿐 아니라 미쉐린 스타 셰프들이 온다는 말에 한 달 동안 기다렸다"며 "육지를 가지 않고도 제주 안에서 이런 축제를 즐길 수 있는 게 큰 행운"이라고 했다.

연인과 함께 제주도 여행을 왔다가 푸드트럭 이야기를 듣고 한걸음에 달려왔다는 박민규 씨 역시 만족감을 표했다. 박 씨는 "중문관광단지 쪽에서 묵다가 찾아왔다"며 "5500원이라는 저렴한 가격에 프랑스요리, 중국요리, 이탈리아요리, 한식 등을 즐길 수 있는 기회라 종류별로 하나씩 다 맛봤다"고 했다.

푸드트럭 뒤편 야외에선 때아닌 소풍잔치가 벌어졌다. 방문객들은 아예 돗자리를 깔고 눌러앉아 고수 셰프의 음식을 먹으면서 웃음꽃을 피웠다.

아이와 함께 세 가족이 오래만에 제주 여행을 왔다는 심재원 씨는 "늦여름 가족과 소풍을 온 것 같아 너무 좋고, 내 아이에게 좋은 추억을 안겨주는 것 같아 뿌듯하다"고 했다.

선선한 제주 바닷바람에 곁들인 따뜻한 요리 한 접시

바다와 바람 그리고 음식. 코릿 푸드트럭을 방문한 박찬희 씨의 '코릿'에 대한 인상은 그랬다. 황금연휴를 맞아 제주도를 찾은 박 씨는 우연히 제주국제컨벤션센터 야외광장에서 푸드트럭 행사가 열린다는 안내문을 보고 이곳으로 발걸음을 옮겼다.

그의 선택은 옳았다.

"저 맛 마니아거든요. 여기에 온 푸드트럭 셰프들 이름을 몇 명 알 정도로 맛에 관심이 많습니다. 유명 셰프의 음식을 바람의 섬, 바다의 섬 제주에서 만나니 너무 반갑습니다."

박 씨는 푸드트럭을 순례자처럼 순회하듯 돌아다녔다. 그를 잠시 따라다니는데, 그

227

"소풍이 별건가요? 이게 바로 소풍이지." 푸드트럭은 미식가들에게 늦여름 소풍의 추억을 제공했다. 방문객들은 돗자리를 깔고 음식의 세계에 흠뻑 빠졌고, 어떤 이들은 편한 곳에 걸터앉아 맛과 함께 담소를 즐겼다. 환한 미소의 어린이들은 푸드트럭 행사를 더욱 풍요롭게 해줬다.

육한 숯불 향이 코를 간질이고 지글지글 식재료 달구는 소리가 달팽이관을 자극한다. 바질 향의 새우튀김, 한돈떡갈비, 굴라쉬, 순대스테이크, 수제소시지, 샤오기, 샤오마이 딤섬 등 시그니처 메뉴들이 금세라도 혀끝에 맴돌 듯하다.

박 씨도 더 이상 식탐을 못 참겠는지, 진진 앞에 선다. 맛집 진진을 잘 알고 있으며, 가끔 들른다고 했다. 투박한 식빵이 쫄깃한 다진새우를 감싼 채 팔팔 끓는 기름에 던져지고 잠시 후 멘보샤가 완성된다. 진진의 대표 메뉴다. 박 씨의 손에 멘보샤가 쥐어진다.

"음식이 너무 따뜻하고 맛있어요. 이런 행사가 제주는 물론 서울 한복판에서 자주 있었으면 좋겠네요."

미식가들은 푸드트럭의 세계화에도 관심이 많았다.

김지선 씨는 "유럽에 가면 오스트리아 필름 페스티벌이나 독일 재즈 페스티벌에 가곤 했는데, 그곳에도 푸드트럭이 있었다"며 "덕분에 유럽의 기억을 떠올리게 할 만큼 만족스러운 축제로 기억된다"고 했다. 그는 "처음에는 제주도에서 레스토랑을 운영하는 셰프들이 오는 줄 알았는데 대부분 서울에서 온 셰프라니 반가웠다"며 "우리도 외국인이 추억을 쌓고, 그래서 한국에 또 오게 만드는 푸드트럭 문화가 활성화됐으면 좋겠다"고 했다.

두레유의 '청고사리설야멱'을 먹었다는 오성연 씨는 "부드러운 약채, 고기와 버섯 그리고 후레이크가 한 접시에 담긴 음식을 먹었는데, 한 접시에 여러 재료를 담아 정성을 듬뿍 녹여낸 환상적인 음식"이라고 평했다. 그는 "다음에는 서울에서도 푸드트럭 행사를 하면 꼭 달려가겠다"며 활짝 웃었다.

PART 03

05
코릿에 빠진
청년들 이야기

#1. 오지연(LG유플러스 선임) 씨에겐 라면에 대한 잊지 못할 추억이 있다. 대학생 때 1년간 미국에 교환학생으로 갔다. 기숙사 생활을 했다. 그런데 다른 친구들은 룸메이트가 배정됐는데, 자신만 룸메이트가 없었다. 이대로 방을 혼자 쓰게 되는 것은 아닌가 하고 걱정됐다. 다행히 학기가 시작된 지 2주 후 룸메이트가 왔다. 이름은 Courtney Boyett(이하 코트니). 오 씨보다 네 살 어린 이 친구는 대학에 갓 입학한 신입생이었다. 할머니가 한국사람이라 기본적으로 한국에 대한 이해와 관심은 있는 친구였다. 좀처럼 친해지기 어려웠다. 코트니는 학교 응원단 중 깃발 퍼레이드를 하는 컬러가드(Color guard)로 활동했다. 수업을 마치고도 컬러가드 연습을 했는데, 체력적으로 힘든 일인지 코트니는 방에 돌아오면 그대로 뻗기 일쑤였다.

어느 날 오후 5시쯤인가, 평소보다 일찍 들어온 코트니는 안색이 좋지 않았다. 더운 날씨로 열사병 증상이 있어서 일찍 귀가했다는 것이다. 배

230

고파 보였다. "배고프니? 괜찮아?"라고 했더니 뜻밖의 답이 돌아왔다.

"라면 먹고 싶어."

"그러면 김치도 줄까?"

"응."

"계란도 넣을까?"

"응, 좋아."

오 씨와 코트니는 이후 1년간 정말 친하게 지냈다. 한국음식, 미국음식 할 것 없이 가리지 않고 먹어 치웠다. 우정이 쌓인 것은 물론이다.

코트니는 인천에서 에어비엔비 한국 담당자로 일하고 있다. 한국음식에 대한 사랑이 한국에서 잡(Job)을 구한 계기가 됐을 것이다. 오 씨와 코트니는 미국을 건너와서도 우정을 이어가고 있다.

#2. 미국 유학을 했던 김수진(한국청소년활동진흥원 대리) 씨. 유학 첫 학기에 하숙을 했는데, 주인아주머니는 베트남 출신의 미국 고등학교 교사였다. 주인아주머니는 요리를 좋아했다. 꼬박 이틀에 걸쳐 쌀국수와 스티키라이스(쩐밥)를 만들어준 적도 있다. 김 씨는 그 맛을 아직도 잊지 못한다. 한국의 어느 쌀국수 집에서도 그 맛을 맛볼 수 없었다. 지나가다 베트남음식점을 보면 김 씨는 유학 시절을 떠올리곤 한다. 그럴 때마다 주인아주머니와 그 정(情)과 그 손맛을 그리워하게 된다.

음식은 추억이고 회상이다. 소통이고 공감이다. 네트워크이며 인연이다. 오 씨와 김 씨처럼 누구나 저마다 음식에 대한 사연이 있다. 그래서 음식은 저마다의 '스토리'이며, 사람에 대한 '그리움'이다.

각각의 음식 스토리를 가진 대한민국 청년들이 제주에 함께 모였다. 오 씨와 김 씨, 그리고 이건욱(스쿠버다이빙 강사), 김민석(SK플래닛 매니저), 최수현(한국사회여론연구소 대리) 씨다.

2017년 9월 말, 역사상 가장 긴 황금연휴 기간의 초입에 이들 5명은 제주로 내려왔다. '2017 코릿' 행사를 직접 참여하기 위해서였다.

대학원 동기인 이들은 '섬'에서 한데 뭉쳤다. 이들이 뭉친 공통점은 맛 마니아라는 것. "맛있는 음식이 있다면 어디든지, 언제든지 간다"는 게 이들의 삶의 방식이다.

"황금연휴라 해외여행을 계획했는데, 제주에서 코릿 푸드 페스티벌이 열린다는 정보를 알게 됐습니다. 셰프 라이브쇼와 푸드트럭도 있다고 해서 뒤도 안 돌아보고 제주로 달려왔죠."(김민석 씨)

"요리는 힐링의 시작이라는 게 제 음식철학입니다. 제주에서 요리로 여유를 찾고 싶었어요. 음식을 통해 더할 나위 없이 훌륭한 소통을 보여준 츄성뤼 셰프의 라이브쇼에 정말 감명을 받았습니다. 제주에 잘 왔다는 생각이 들더군요."(이건욱 씨)

'2017 코릿' 행사에 참여한 이들은 셰프들과 시종일관 호흡을 같이 했다. 푸드트럭 긴 줄을 서는 데도 마다 않았다. 셰프의 음식에서 눈을 떼지 않았고, 셰프의 요리에 혀의 온갖 감각을 동원하면서도 셰프의 말을 하나도 놓치지 않았다. 음식은 이들에겐 새로운 소통이자, 세상의 관문이자, 또 다른 행복의 진입 문(門)이었다.

제주에서 이들을 만났다. 젊은 사람에겐 뭔가 독특한 음식세계관이 있는 법이다. 궁금했다.

예상은 정확했다. 이들이 가슴에서 꺼낸 음식에 대한 스토리는 다양했다.

"저의 35년 인생 최고의 음식은 동태조림입니다. 어렸을 때 할머니가 해주던 음식이었습니다. 소금에 절인 다음 아무런 양념 없이 고춧가루와 정성으로 만들어준 할머니표 동태조림, 지금 생각만 해도 침이 돌 정도죠. 그걸 보면 어렸을 때 할머니가 마당 빨랫줄에 생선을 말리고, 저도 같이 거들던 때로 돌아갑니다. 향수죠. 동태조림은 어린 시절의 저와 다름이 아니죠."(이건욱 씨)

"유학 시절 특별한 인연을 맺었어요. 베이비시팅을 하며 재미교포 1.5세대 가족을 알게 됐는데, 한국인이라기 보다는 미국인에 가까웠죠. 그 가족과 10년 이상 가족 같은 인연을 맺고 있습니다. 제가 미국어머니라고 부를 만큼요. 그 어머니는 요리와 차에 대해 해박했어요. 그 분야에서 상당히 인정받는 분이죠. 미국어머니의 음식은 지금의 저를 있게 한 원동력이었는지 모릅니다. 음식은 격려와 위로였죠. 힘들 때도 그

음식의 세계에 흠뻑 빠진 청년들. 김민석(왼쪽 첫 번째), 오지연(왼쪽 두 번째), 최수현(왼쪽 다섯 번째), 김수진 (왼쪽 여섯 번째), 이건욱(왼쪽 일곱 번째) 씨가 츄성뤄 도원 셰프(가운데)의 라이브쇼를 관람한 후 함께 포즈 를 취하고 있다.

분과 그분 요리를 생각하면 에너지가 생깁니다."(김수진 씨)

"어렸을 때 부모님은 맞벌이를 하셨죠. 집에 오면 제가 밥을 직접 차려 먹어야 했습 니다. 할 줄 아는 요리는 계란프라이가 전부였지요. 간장계란비빔밥을 자주 해 먹었 습니다. 질릴 만도 한데 그렇지 않아요. 지금도 가끔 해 먹습니다. 간장계란비빔밥은 저의 친구니까요."(김민석 씨)

"좋다는 맛집, 남들이 추천하는 맛집을 돌아다니는 것은 즐거움입니다. 야근을 하 고 출장을 다녀오고 일에 치여 파김치가 되곤 하지만, SNS에 맛집이라고 남들이 올린 곳에 저 혼자 또는 친구와 함께 가 있는 저를 보고 속으로 놀란 적도 있어요. 맛집은 저에게 자유이고, 힐링입니다."(최수현 씨)

평범한 것 같지만, 가슴 따뜻하고, 때론 시리는 음식에 대한 기억을 갖고 있는 젊은 이들. 이들은 또래 아니 조금은 어린 친구들의 맛 트렌드를 어떻게 평가할까? 아니, 본인은 어떤 맛 트렌드를 즐기고 있을까?

"나만의 맛집이 최고 아닌가요?" 코릿에 매료돼 제주까지 내려온 청년들의 맛 철학이다. 남이 얘기하는 곳이 아니라, 나만의 맛 길을 걷는 것. 그게 요즘 청년이다. 청년들은 제주에 내려온 김에 다양한 제주 맛을 섭렵했다. 제주 음식들.

"요즘은 혼밥, 혼술이죠. 맛있는 음식을 사랑하는 사람과 나눌 때 엔도르핀이 발생한다고 하던데, 맛있는 음식을 나 혼자서 천천히 음미하는 것도 아주 큰 행복이라고 생각합니다. 바쁘게 돌아가는 일상생활 속에서 가끔 점심시간에 혼자 밥을 먹으면서 이 생각, 저 생각을 정리할 수도 있고, 일찍 퇴근한 날엔 혼자 분위기 있는 식당에서 저녁을 하며 스스로를 위로하곤 합니다. 그게 힐링이죠."(오지연 씨)

"요즘 청년의 맛 트렌드는 맛의 밸런스(balance) 아닌가요? 저는 그런데… 한 가지 맛에 집중하기보다는 단짠단짠(단것을 먹으면 짠 음식을 먹고 싶은 것)같이 밸런스를 통해 맛을 극대화하는 음식을 좋아합니다."(김민석 씨)

"저도 젊지만 요즘 젊은 청년들은 맛을 모르는 것 같아요. SNS세대답게 많은 이들이 맛(taste)보다는 보는 것(view) 또는 과시를 즐기는 것 같아요. 저도 그런 면이 없지는 않지만, 좋아 보이지는 않아요. 정말로 좋은 맛집은 '핸드폰을 갖고 있다는 생각을 하지 못할 정도'로 혀와 뇌를 얼얼하게 만드는 것, 그게 아닐까요. 그런 집을 찾는 게 맛의 고수 트렌드라고 봅니다. 저도 그러려고 해요."(이건욱 씨)

"블로그나 SNS 맹신주의는 생각해봐야 할 것 같아요. 여기저기 올린 맛집, 상당수는 그거 사실 아니거든요. 나만의 맛집을 찾는 게 중요하죠. 저는 남이 올린 맛집을 믿지 않습니다. 제가 찾는 거죠. 요즘 젊은이들, 다들 그렇지 않나요?"(김수진 씨)

청년들과 음식에 대해, 코릿에 대해 이런저런 얘기를 나눴더니 생각보다 '여운'이 크다. 아, 요즘 젊은 사람은 이렇구나. 맛에 대해 저마다의 철학으로 무장하고 있구나.

코릿에 빠진 청년들은 코릿에게 오히려 음식에 대한 성찰과 미래의 맛 방향성에 대한 해답 일부를 제공했다.

내 입맛은 싸구려?

음식·외식산업 관련 매거진에서 취재하고 글 쓰는 일을 한다고 하면 사람들은 대부분 "좋은 것 많이 먹고 다니시겠어요"라는 반응을 보인다.

물론 틀린 말은 아니다. 취재를 한다는 미명 아래 평소 자주 찾아먹지 않는 한우구이나 일본 정통 스시, 유럽의 생소한 요리들을 맛보는 것은 물론 곳곳의 좋은 사람, 재미있는 이야기들을 접하고 다니는 것 또한 이 직업만이 지닌 절대적 매력이다.

하지만 본래 '나'라는 제품 사양은 싸구려 입맛을 갖추고 있다. 음식·외식전문지에 디테일한 정보를 담아내는 구성원으로서 미세한 맛·플레이팅·서비스 등등의 차이를 구별하기 위해 조금 더 가느다란 실눈을 뜬 채 바라볼 뿐이지 한우보다는 돼지고기, 파스타·메밀소바보다는 컵라면, 전문점 참치회보다는 편의점의 통조림 참치를 더 좋아한다.

가격이나 업종 혹은 음식형태에 상관없이 어떤 음식도 가리지 않고 즐겁게 먹을 수 있지만, 그중에서도 내가 가장 좋아하는 건 아마 '편안한 상태에서 내 맘대로 간단히 먹을 수 있는 음식' 정도가 아닐까 생각한다.

나를 돌아보면 이게 음식뿐만은 아닌 것 같다. 사람, 음악을 대하는 것도 잡식이다. 함께 무언가를 만들어가는 업무 진행과정에서 지향하는 방향이 맞지 않아

관계가 껄끄러워지는 일은 있을지언정 그 사람 본연의 성격과 색깔을 싫어하는 법은 없다. 음악도 마찬가지. 그 옛날 프로그레시브 록과 하드코어에서부터 최근의 EDM과 아이돌 댄스음악에 이르기까지, 그 나름의 매력을 충분히 찾아내 즐길 수 있으니 "이게 그것보다 좋아"라는 말은 할 수 있지만 "이게 그것보다 나아"라는 말은 점점 더 하기 어려워지는 것이다.

최근 1~2년 사이 '평냉 힙스터'라는 단어가 유행이었다. 평양냉면에 대한 각자의 철학을 가지고 이게 더 높은 레벨이라느니, 고수의 맛이라느니 하는 개개인의 평가 대결. 물론 객관적인 기준으로 봤을 때 그중 어느 음식이 상위에 있을 수도 있다. 하지만 정말 음식을 좋아한다는 건 '아무거나 맛있게, 잘 먹는' 걸 말하는 게 아닐까.

맞은편에 앉은 사람과 이런저런 얘길 나누며 먹는 즐거움을 누릴 수 있다면 사실 난 어느 것이든 좋다. 지금 입안 가득 들어차 있는 행복, 혀로 조심스레 굴려 본다.

김준성 (월간 〈외식경영〉 편집장)
전 KBS 월드 케이웨이브 (World Kwave) 수석에디터
전 와우 이미지 (Wow image) 현대카드 페이스북 콘텐츠 제작
전 Makers&Partners 미디어전략본부 팀장

음식이란
'사람을 사랑한다'는 것의 결과물

처음 '빵'에 관심을 갖게 된 것은 고등학생 때였다. 자주 가서 먹던 빵집은 부모님의 친구 분이 운영하시던 가게였다. 때마침 진로에 대해 고민하던 시절이었다. 에어컨 설비 기술자인 아버지의 '기술에 대한 예찬'을 받들어 실업계 고등학교에서 기계공학을 공부했지만, 나는 섬세하고 소프트한 일에 관심이 많았다. 그렇게 빵이라는 음식에 자연스럽게 첫 걸음을 내딛었고 베이커리라는 신비로운 세계에 매료됐다.

빵은 어떻게 보면 정말 쉽게 만들 수도 있고, 또 굉장히 만들기 어려운 음식이기도 하다. 빵을 만드는 과정은 이렇다. 반죽을 한 뒤 1차 발효를 하고 분할과 성형과정을 거쳐 2차 발효해 굽는 것. 여기에 소화를 돕거나 영양소를 올리거나 특색 있는 맛을 위해 추가적인 작업들이 이루어진다.

나는 유학파 출신이 아니다. 흔히 말하는 '필드'에서부터 빵을 만들었지만, 운 좋게도 좋은 기회를 만나 제품 개발자 그리고 식품회사의 베이커리 연구개발팀장까지 경험했다.

그러던 어느 날, 다양한 빵을 연구하고 시제품을 만들면서 나온 한 결과물을 아내에게 줘 반응을 살폈다. 평소 위가 좋지 않아 위장약을 달고 살아 빵을 잘 먹지 못했던 아내는 그 빵을 아주 맛있게 먹었고, 후유증도 전혀 없었다. 신기했다. 그래서 그 빵에 대해 더욱 깊이 연구하게 됐다. 이왕이면 내 아내도 잘 먹는 이것으로 아이템을 정해 사업까지 하게 됐다. 탕종빵은 이렇게 만들어졌다.

음식이란 '사람을 사랑하는 마음'에서 만들어져야 한다고 생각한다. 시중에 나오는 많은 음식들이 그저 사람의 위장에 들어가 영양소를 공급하는 오직 그 한 가지에만 집중하는 것이 사실이다. 위장에 들어가도록 선택받기 위해 다양한 색소와 양념을 쓰되 그것이 사람에게 정말 이로운 것인지에 대해 고민하기보다는 의도한 맛을 낼 수 있는지 그리고 경제적인지에 대해서만 따지는 것 같다. 그래서 솔직히 아쉽다.

그저 '내 가족이 먹을 음식', '내 가족이 될지도 모르는 사람이 먹을 음식'이라고 생각하면 어떨까. 꼭 비싼 원재료를 쓰자는 것이 아니다. 내가 만들어 파는 음식에 대해 조금 더 마음을 써 고민해보자는 뜻이다.

혹시 아는가. 그 과정에서 나만의 사업 아이템이 만들어질지. 나는 오늘도 새벽 5시에 출근해 사랑하는 내 아내, 내 가족이 먹을 빵을 기쁘게 만든다.

최수민 ('모찌모찌베이커리' 대표)
전 파리크라상 패션파이브팀 / 전 CJ푸드빌 뚜레쥬르 연구소 빵 파트장
전 이디야커피 베이커리 R&D팀 팀장

맛은 공존이다

'맛'의 실종 위기, 지구의 강력한 경고

01
레드카드 꺼낸 지구…

멸종 위기에 처한 지구의 4대 식재료(감자 · 쌀 · 옥수수 · 물고기)
그리고 커피

'2017 코릿'에서 내로라하는 셰프들이 공통적으로 강조한 것은 '건강한 식재료'였다.
사람 몸에 좋은 신선한 음식 재료. 그것은 건강한 요리, 맛있는 요리의 대전제였다.
음식의 진화, 나아가 음식혁명도 '좋은 식재료'가 없으면 무용지물이라는 뜻이다.

인류 역사상 음식혁명을 처음 주도한 것은 '불(火)'이었다. 신이 인간을 위해 선물했
다는 불은 인류문명의 발화였다.

원래 지구의 모든 동물은
익히지 않은 '날것'을 먹었다. 날것은 소화가 늦다.
뱀이 자기보다 몸집이 큰 다른 동물을 삼키고, 오랫동안 그것을
소화하기 위해 웅크리고 잠을 자는 것은 이 때문이다. "보아구렁이는 먹이를
씹지 않고 통째로 삼킨 뒤 꼼짝하지 않고 소화시키기 위해 여섯 달 동안 잠만 잔다《어린

왕자》》"는 유명한 구절처럼 말이다.

그런데 천운으로 인간은 불을 얻었다. 음식을 익혀 먹게 됐다는 의미다. '익힌 음식'은 날것에 비해 소화가 상대적으로 잘된다. 다른 동물이 음식을 소화하는 데 시간을 소비하는 반면, 인류는 그 시간을 벌면서 사고능력을 진화시켰고, 결국은 최상위 포식자로 지구를 지배하게 된 것이다. 불은 그래서 인류역사상 최초의 '음식혁명의 리더'라고 할 수 있다.

음식혁명의 리더 중 다른 하나로는 감자가 꼽힌다. 태초의 인류식량으로 불린 감자는 신대륙의 주요 작물이었다. '콜럼버스의 신대륙 발견' 이후 감자는 유럽에 들어왔다. 유럽인들은 처음엔 감자를 비웃었다. 돌덩이처럼 울퉁불퉁 못생긴 탓에 "천연두균 같다"며 꺼렸다.

하지만 감자는 유럽 역사를 송두리째 바꾼 '위대한 음식'이 됐다. 유럽의 오랜 기근을 해결해줬고, 유럽인의 식탁을 푸짐하게 해줬으니 말이다. 특히 저장성이 높은 감자 덕분에 인구가 폭발적으로 늘었다는 것이 학계의 정설이다. BC 1000년부터 1900년까지 세계 인구는 3억 명에서 16억 명으로 증가했는데, 이는 감자의 보급과 관련성이 크다는 것이다.

결국 감자는 거대 도시 형성을 촉발했고, 산업혁명과 인류문명의 한 단계 진화에 촉매제가 됐다는 것이다. 그래서 감자가 없었다면 오늘날의 문명 색깔이 약간 달라졌을 것이라는 주장도 나오는 것이다.

인류란 이름으로 영원히 떠받들고 모셔도 모자랄 이 감자가 지구에서 점점 사라지고 있다. 정확히 말하면 감자 재배가 어려워지고 있다.

지구를 마구 파헤친 인간, 그 스스로의 탓이다. 산업화란 미명 아래 지구는 매일매일 인간의 공격을 받아왔고, 오늘도 받는다. 땅은 눈에도 보일 만큼 황폐해졌고, 지구는 사람 외 다른 동식물이 못 살 정도로 점점 뜨거워지고 있다. 지구온난화가 심각하다 보니 지구 생태계는 완전히 틀어졌다. 생체 리듬이 뒤틀린 지구는 매일 신음한다. 그런데도 지구의 비명에 귀 기울이는 이는 별로 없다. 신은 그래서 인류에 벌(罰)을 준비한 것일까.

그 벌의 조짐은 안데스 감자부터 시작됐다. 안데스는 전 세계 '감자의 고향'이다. 감자는 1만 년 전 뿌리내린 이 땅의 생명이자, 잉카문명이 남긴 유산이며, 수천 년간 인류의 허기를 채워준 세계 4대 작물 중 하나다. 안데스의 감자는 해발 2500~3000m에서 재배하던 게 일반적이었다. 그런데 지금은 3500m 이상으로 가야만 정상적인 생육이 가능하게 됐다. 지구환경 파괴 영향으로 땅 오염이 번지고 있어 자꾸자꾸 고지대로 올라가야 하기 때문이다.

즉 기존 감자를 생산하던 땅이 쓸모없게 되면서 매년 높은 지대로 올라가 땅을 경작해야 할 처지에 놓인 것이다. 고도가 올라가는 만큼 재배면적도 감소하니, 감자 생산량은 해마다 줄어든다.

전문가들의 경고는 섬뜩하다. 2050년을 기점으로 페루 사막과 해안 지대에서 재배되는 감자는 자취를 감출 것이라고 한다. 인류의 식탁에서 언젠가 감자 메뉴 이름을 지워야 할지도 모를, 어처구니없는 상황으로까지 몰린 것이다. '감자의 멸종'이라는 극단적 용어를 거론하며 환경파괴자 인간에 경고하는 목소리가 줄을 잇는 것은 이 때문이다.

'지구 식재료의 위기'에 처한 것이 감자뿐만이 아니라는 것은 더 큰 문제다. 지구환경 파괴로 감자는 물론 쌀, 옥수수, 물고기, 나아가 세계인의 기호식품으로 자리 잡은 커피도 이대로라면 종말은 시간문제로 보인다.

기후변화 타격이 현실화되고 있는 케냐에선 전 세계에서 가장 많이 생산되는 옥수수 재배가 어려워지고 있고, 생태계 리듬이 뒤죽박죽된 베트남에선 바닷물의 유입으로 쌀농사가 쉽지 않다.

케냐의 거대한 호수는 바닥을 드러내며, 좀 과장해서 말하면 호수에 손만 집어넣으면 물고기를 꺼내던 때는 호랑이 담배 피우던 시절이 됐다.

베트남을 비롯해 세계적인 커피벨트인 동남아 커피는 생산량이 급감했고, 아프리카산 커피 역시 매년 줄어들고 있다.

이상기후 직격탄을 맞은 페루는 수십 년간 커피재배 산지의 평균 기온이 2℃ 이상

PART 04

245

상승하면서 커피 작황이 몸살을 앓고 있다. 전 세계 커피시장의 최강자인 중남미의 '커피대륙' 신화도 위협받고 있다.

이처럼 지구환경 파괴와 온난화로 수은주가 $1℃$씩 올라갈 때마다 곡물 생산량은 급격히 감소하고, 바닷속 자원은 살아갈 곳을 잃어가는 것이다. 지구의 역습이 몰고 온 인류 식탁의 위기, 나아가 인류 생존 자체의 위기다.

현장을 알아야 답이 보이는 법이다. 아메리카, 동남아, 아프리카 등지에서 벌어지고 있는 지구 식량의 위기. 몸이 부르르 떨릴 만큼 심각한 그 현장을 가본다.

1. 기후변화로 비명을 지르고 있는 안데스의 감자. 태초의 인류의 식량으로 불리는 안데스 감자는 땅이 황폐해
   짐에 따라 저지대에선 수확이 어렵게 돼, 점점 높은 지대로 경작지를 옮겨야 하는 비운의 주인공이 됐다.
2. '옥수수의 나라' 케냐에서조차 옥수수재배가 어려워지고 있다. 이상기후로 덜 자란 옥수수가 넘치고 넘친다.
3. 케냐의 거대 호수가 바닥을 드러내면서 물고기 어획량이 예전보다 못하다. 케냐 어민의 한숨은 깊어만 간다.
4. 지구촌 최대 쌀 생산지인 메콩 델타의 쌀. 농지가 바닷물에 침수되면서 쌀 생산량은 막대한 타격을 받고
   있다.
5. 어디 식재료뿐이랴. 세계인의 기호식품인 커피도 울음을 터뜨린다. 기후가 변하면서 커피나무는 병들어간다.

02
'인류 원조 식량'
페루 감자가 사라진다

햇볕에 그을린 다부진 손이 별별 종류의 감자를 들어올린다. '대지의 색'을 닮은 갈색은 물론 노란색, 빨간색, 보라색, 흰색까지 모두 다 감자다.

싹둑 썰어 반을 갈라 보니 연노란 속살 사이로 알록달록한 자연의 색을 고스란히 품었다. 모양도 제각각이다. 한국에서 흔히 보던 매끈하고 동그란 감자는 이곳에선 평범하기 그지없다.

페루 해발 4800m까지 오가는 거대한 토양에서 자라는 이 감자들은 전 세계 감자들의 조상 격이다. 감자는 페루에서 약 8000~1만 년 전부터 재배됐다. 페루인에게 감자는 특별하다. 그들에게 감자는 '신이 주신 영광'이자, '생명의 원천'이다.

잉카제국의 후예인 아니세또 꼬요꼬요(Aniceto Ccoyo Ccoyo) 씨의 말도 그랬다.

"감자는 안데스의 성스러운 산과 어머니 지구(la madre tierra)가 품어낸 선물입니다."

그러더니 한숨을 쉰다.

"올해도 또 올라가야 할 것 같아요."

감자 농지에 관한 얘기다.

페루에도 이상기후가 닥쳤고, 안데스 기온이 상승하면서 높은 지역으로 감자 재배지를 옮길 수밖에 없다는 뜻이다. 올해에도 또 올라가야 한단다. 기존 땅이 오염돼 생산성이 떨어지니 자꾸만 고지대, 고지대로 올라가 감자를 키워야 한다. 잉카 후예의 '감자의 숙명'은 이렇듯 더욱 험난해졌다.

잉카의 후예들이 보존한 4500가지의 감자

페루의 수도 리마에서 비행기로 1시간을 날아가면 잉카제국의 옛 수도 쿠스코에 도착한다. 쿠스코에서 다시 북동쪽으로 1시간 30분, 우루밤바 강을 따라 가파른 절벽을 아래에 두고 달리면 광활한 감자공원이 모습을 드러낸다. 해발 3100m부터 시작되는 감자공원(Parque de la Papa)에는 잉카제국을 세운 케추아(Quechua) 주민들이 살고 있다. 이곳은 지난 2010년 토종 작물을 보존하기 위한 목적으로 지역 주민과 비영리단체 '안데스'가 관리하는 보호구역으로 설정됐다.

아니세또 꼬요꼬요 씨는 "감자공원 9200헥타르(ha)에는 6개 공동체, 6500명의 주민이 살고 있다"고 했다. 그는 보호구역으로 설정된 페루의 감자공원 내에 거주하는 감자재배 농민이자, '감자 보존'에 참여하고 있는 사까까(SACACA) 마을의 전통 연구원이다. 그 역시 감자농사를 위해 어느덧 해발 4000m까지 올라갔다. 해발 4000m 이상까지 오르면 주민들의 자취도 드물다고 한다. 꼬요꼬요 씨의 감자 저장창고는 태양의

아니세또 꼬요꼬요 씨의 감자 저장창고. 그에겐 보물창고다. 해발 4000m 피삭 지역 사까까 마을에서 감자 농사를 짓고 있는 아니세또 꼬요꼬요 씨는 "기온이 올라가 감자재배 지역이 점차 높아지고 있다"고 호소했다.

기운을 받으며, 가장 높은 곳에 우뚝 솟아 있단다.

"10년을 주기로 감자농사를 짓는 고도가 높아졌어요. 해마다 10~15m씩 꾸준히 올라가고, 그 이상 재배지역을 높여야 하는 종도 있죠."

감자 재배지역이 자꾸 '더 높은 곳'으로 향하는 것은 '페루의 산맥' 안데스도 피하지 못한 기후변화 때문이다.

지나친 일조량, 강우 패턴의 변화, 높아진 기온으로 인해 농민들은 해마다 고도를 바꿔가며 감자농사를 짓고 있는 것이다.

기존 감자 땅이던 해발 2500~3000m 지역에서의 감자농사는 망치기 일쑤다. 온도와 습도 증가는 감자 전분 형성에 악영향을 주기에, 더 서늘한 고온지대로 올라갈 수밖에 없다.

기온이 올라가면서 '추뇨(chuño)' 생산도 어려워졌다. 추뇨는 인류 최초의 건조식품으로, 수확한 감자를 말려 새로운 감자로 만들어낸 잉카의 유산이다. 추뇨는 주로 '빠빠 아말가(Papa amarga)'로 불리는 '쓴 감자'로 만든다. 고산지대에서 자생하는 야생종 감자는 0℃ 이하에서 살아남기 위해 독성 성분을 가지고 태어난다. 빠빠 아말가에는 쓴맛을 내는 글리코알칼로이드(glycoalkaloids) 성분이 들어 있어 사람이 바로 먹을 수 없다. 이를 없애기 위해 3~4일간 강물에 세척한 뒤 햇빛에서 수분을 제거하고, 밤 시간 동안 추운 곳에서 완전히 얼려 건조시킨다. 이 방식이 바로 추뇨다. 잉카인들은 추뇨를 통해 독성 성분을 제거하고 새로운 종류의 감자를 만들었다. 이렇게 만들어진 감자는 '추뇨 블랑코(chuño blanco)' 혹은 '모라야(moraya)'로 불린다.

페루의 감자는 수천 가지다. 종별로 모양은 같은 게 하나도 없으며, 색깔도 다양하다. '감자의 고향'인 안데스 산맥에서 자라는 토착감자는 4500가지. 이런 안데스 감자 역시 기후변화의 직격탄을 맞았다.

추뇨는 안데스 주민들에겐 무려 10~15년까지 보존 가능한 식량 자원으로, 식량 안보를 의미한다. 하지만 기후변화로 인해 기온이 높아지니 자연 동결건조가 힘들어 추뇨 생산도 예전 같지 않은 상황이다.

한 걸음 앞으로 떼기도 쉽지 않은 고산지대는 바로 '감자의 고향'이다. 감자는 '페루의 정체성', 그 자체다.

그 귀한 작물이 지금 고난의 시간을 보내고 있다. 뜨거워진 대기, 가물어가는 땅에서 감자는 생명력을 잃는다. 고온 현상으로 병충해도 들끓는다. 저지대에선 농사가 힘들어지니, 안데스 농민들은 해마다 더 높은 곳으로 밀려나고 있다. 해발 2500m부터 재배가 시작됐던 과거와 달리 이젠 3500m 이상에서만 농사가 가능하다. 감자 재배지역도, 생산량도 나날이 줄고 있다.

특히 이상기후에 따른 전염병 확산도 감자 생산에 걸림돌 요소다. 전염병의 한 종류인 잎마름병은 확산 추세이고, 해안지역과 안데스 계곡에 분포하고 있는 감자뿔나방도 고지대로 빠르게 이동 중이다. 감자뿔나방은 현재 해발 3500m에서도 발견된다. 이 나방 종류는 토종 감자의 생장에 악영향을 미친다.

페루의 감자는 수천 가지다. 국제감자센터에 따르면 안데스 산맥에서 발견되는 토착 감자는 이상기후로 악전고투하고 있음에도 불구하고 4500가지나 된다.

"한 가지, 한 가지 종류가 각각의 지역과 기후에 적응할 수 있는 기능성을 갖고 재배되고 있습니다."(벤자민 키한드리아·페루 농업부 차관)

야생감자는 100~180종이다. "야생감자는 쓴맛이 강하지만 생물 다양성을 위해 보존해야 하는 중요한 종인데, 해충과 질병, 기후 조건에 대한 자연적인 저항력을 가지고 있기 때문"(아나 판타·국제감자센터 연구원)이란다.

감자공원에 거주하는 농민들은 모두가 '감자 지킴이'다. 이들 농민이 지키고 있는 품종의 숫자도 상당하다. 아니세또 꼬요꼬요 씨는 "우리 공동체(사까까 마을)는 1367개 품종을 보존하고 있다"고 했다.

주민들은 '잉카의 유산'을 지키기 위해 조상들이 해왔던 전통적인 방식으로 감자농사를 짓고 있다. 기후변화에서도 감자를 지켜내고 보존하기 위해 1만 년 전의 지혜를 통해 고도를 바꿔가며 농사를 짓는다. 국제감자센터와의 협력으로 세계인의 식량자원 보존을 위해 사투를 벌인다.

페루인의 식량, 안데스 감자

야생종을 포함해 4000여 종에 달하는 감자는 종류에 따라 자라는 지역과 높이가 다르다. 안데스 감자는 원래 계단식으로 재배됐다. 하지만 요즘은 평면으로 심어진다. 이상 고온으로 올라갈 경작지가 한계에 달했기 때문이다. 감자 종류에 따라 재배 고도가 달랐는데, 이젠 별 차이가 없는 높이에서 키운다.

감자는 본래 고지대 작물이기 때문에 고산지대에서도 적응이 빠른 편이다. 하지만 재배 과정이 수월한 것만은 아니다. 감자는 예민하다. 5~8월엔 냉해가 껴서 감자 성장에 영향을 받고, 생산량에 타격을 입기도 한다.

안데스에선 일반적으로 고지대는 토양의 질이 좋지 않은 '가난한 땅'으로 불린다. 상대적인 저지대보다 영양분이 부족한 땅이다. 감자 생산에 영향을 미칠 수밖에 없다. 하지만 이상고온으로 기존의 감자 재배지가 쓸모가 없어지면서 할 수 없이 고지대로 향하고 있다. 잉카의 좋은 감자, 본래의 안데스 감자 품질이 떨어질 수도 있다는 의미다.

잉카의 후예들이 거주하고 있는 최고 고도는 4500m. 감자 재배지역이 올라가는 만큼 감자가 재배될 수 있는 땅의 면적 역시 점차 줄어들고 있는 셈이다. 2500m부터 감자를 재배하던 과거에 비한다면 재배면적은 벌써 1000m 높이만큼 사라졌다.

감자는 페루를 비롯한 전 세계 사람들의 식량자원이다. 페루 국민은 감자를 1인당 연간 100kg 소비한다. 쌀(60kg)보다 많은 수치다. 하지만 지금과 같은 상황이 지속된다면 향후 40년 안에 안데스에서 감자를 키울 수 있는 곳은 사라질 수도 있다는 우려가 나온다.

'다양성의 보고(寶庫)' 페루, 벼랑 끝에 몰리다

남미에서 세 번째로 큰 나라 페루는 '다양성의 보고'다. 전 세계엔 150개 지역에서 나타나는 계절이 존재하는데, 그중 페루는 120개 지역의 다양한 계절이 있다고 한다.

산맥 지대인 안데스, 정글 지대인 아마존, 리마를 중심으로 한 사막지대는 페루가 가진 '독특한 지형'이다. 여기에 태평양을 마주하는 해안 지대도 끼고 있다. 천혜의 환경을 가진 축복받은 땅이지만, 다양한 지역에서 나타나는 계절은 날씨의 작은 변화에도 예민하게 작용한다. 축복받은 땅이지만, 기후변화에 대한 면역력은 강하지 않다는 뜻이다.

페루 정부와 기관들이 지구 기후변화에 예민해진 까닭이다. 페루에서 기후변화로 인한 가장 큰 문제는 세 가지다. 엘니뇨 현상, 안데스 빙하의 감소, 강우 패턴의 변화다.

2017년 2~3월엔 엘니뇨로 인해 피해가 컸다. 곤살로 데하다 로페스 유엔 식량농업기구(UN FAO) 페루 본부 지역 기술 조정관은 "전문가들은 엘니뇨 현상이 향후 4만 년간 나타날 것으로 보고 있다. 온난화 등 기후 변화들이 엘니뇨를 더욱 강력하고 자주 발생하게 만들고 있다"고 했다.

엘니뇨는 잉카 문명 때부터 발생한 기상 이변이다. 그런데 과거엔 9~10년 주기로 오던 것이 지금은 3년에 한 번씩 일어나고 있다. 주기가 훨씬 짧아졌다.

태평양 수온이 비정상적으로 높아지는 엘니뇨로 인해 강우 패턴도 크게 변했다. 페루의 우기는 원래 10월부터 4월까지인데, 요즘엔 12월부터 3월까지로 변화했다. 이 시기 강우량도 급격히 늘었다. 5년 전만 해도 우기 땐 50~60㎜가 내렸는데, 최근엔 900~1000㎜로 불었다. 2017년 2~3월 페루 북부 피우라 지역에 하루 동안 무려 252㎜의 비가 쏟아졌고, 홍수로 인해 수십 명의 실종자와 사망자가 발생한 것도 강우량의 변화와 무관치 않다.

북쪽 지역이 홍수 피해로 시달릴 때 남쪽 지역은 극심한 가뭄을 겪는 등 페루의 이상기후는 심각하다. 가뭄 지역은 만성 물 부족에 시달린다. 페루 농업부에 따르면 가뭄 타격을 받은 농업지역은 전체의 75.25%이며 축산업 지역은 74.65%에 달한다. 산맥 지역이 이상기후로 몸살을 앓은 지는 오래전 일이다.

게다가 고온 현상이 극심해 안데스 빙하의 20%는 이미 사라졌다. 해안가 기온은

10년 전 평균 13℃에서 현재 18℃로 상승했다. 페루는 2050년까지 적게는 2℃, 많게는 6℃까지 평균 기온이 상승할 것으로 예상되는 곳이다.

이 같은 기후변화는 결국 농작물의 재배 환경에 악영향을 미친다. '농작물의 천국'인 페루의 타격은 전 세계 농작물의 위기와 연결된다.

국제연합식량농업기구(FAO)가 페루 이상기후에 대해 관심을 기울이는 이유다. FAO는 아미까프(AMICAF) 프로젝트를 통해 향후 '(페루에서) 사라질 위험이 있는 지역의 농작물'과 '살아남을 수 있는 지역의 농작물' 지도(Map)를 만들었다.

이에 따르면 사라질 위기에 처한 지역의 작물은 대체로 사막과 해안 지역에 걸쳐 나타난다. 리마와 이까 지역에서 수확되고 있는 감자(Papa)를 비롯해 아마존에서 재배되는 바나나(Platano), 토마토(Tomate), 양파(Cebolla), 아바(Haba·리마콩), 커피(Cafe), 노란 옥수수(Maiz Amarillo), 완두콩(Arveha)과 북부 지역 쌀(Arroz)도 포함돼 총 10가지다.

지역별로 살아남을 작물은 총 8가지다. 고지대인 쿠스코에서 재배되는 바나나와 유카, 콩류(Frijol), 보리(Cebada), 유까(Yuca), 아바(Haba·리마콩), 카카오(Cacao), 노란 옥수수(Maiz Amarillo) 등 페루의 수도 리마를 중심으로 북쪽으로 뻗어 있는 안데스 산맥 지역의 작물들이다.

페루 감자를 지켜라

감자의 위기를 극복하기 위한 페루 정부와 기관의 몸부림은 눈물겹다. '감자 종주국'의 자부심으로 자리하고 있는 국제감자센터의 '유전자은행'이 대표적이다. 이곳은 '감자의 조상'을 지켜내기 위한 연구를 주요 과제로 삼고 있다. 유전자가 사라지면 결국 종이 사라지기 때문이다.

아나 판타 연구원은 "유전자는 감자가 1만 년 동안 생존하며 누적된 특징"이라며 "국제감자센터에선 유전자를 보관해 중요한 특징들을 지킬 수 있도록 연구하고 있다"고 했다.

국제감자센터에선 페루에 존재하는 4500개 감자의 작은 씨앗은 물론 전 세계 토착

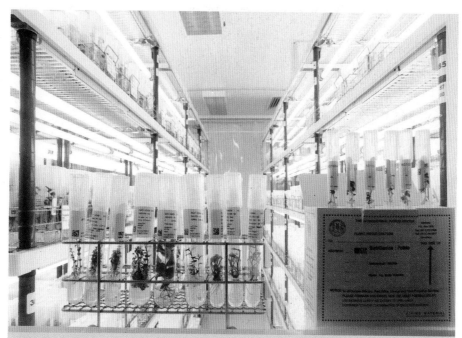

수천 종의 감자를 보관 중인 국제감자센터의 유전자은행. 감자의 종(種)을 지키기 위한 페루인의 몸부림은 거의 사투라고 해도 과언이 아니다. 조상이 물려준 토착 감자를 수호하고, 미래세대에게 물려주기 위한 노력 중 하나가 유전자은행이다. 수천 가지의 감자 씨앗을 비롯해 각종 작물 종자를 보관하는 곳이다.

감자와 고구마, '감자의 친척'들로 분류되는 마슈아(Mashua), 유카(Yuca), 마카(Maca) 등 각종 작물 종자를 보관한다.

보관 방식은 두 가지다. 영상 7℃에서의 보관과 영하 196℃에서의 보관이다. 크리오뱅킹(Cryobanking) 시스템은 영하 196℃에서의 동결보존 방식으로, 이곳엔 1800종의 감자가 보관돼 있다. 인간이나 동물의 각막, 피부, 간 세포를 보관하는 방식과 흡사하다. 센터에선 동결보관 방식을 통해 '조상'이 되는 식물을 대상으로 세포 보존을 하고 있다. 영하 196℃에서의 보관 목적은 분명하다.

"낮은 온도에서 감자 세포를 100년 이상 보존 가능하다는 연구결과를 얻었죠. 우리의 목표는 이 세포들을 미래 세대를 위한 식량자원으로 남기는 것입니다."(아나 판타 ·

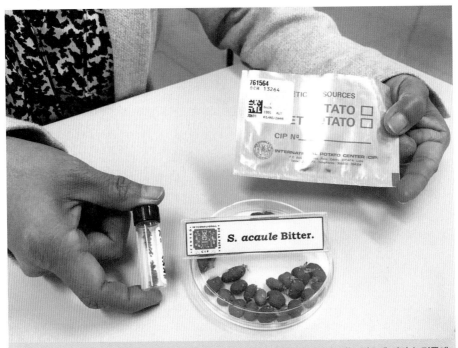

국제감자센터의 유전자은행이 보관하는 감자 씨앗과 유전자는 샘플로 보관된다. 이는 필요에 따라 농민들에게 전달되고, 새로운 감자 종을 개발하는 데 쓰인다. 기후변화로 인해 멸종할지도 모를 감자를 수호하기 위한 고육지책이다.

연구원)

'감자의 증조할아버지'로 불리는 아까울레(s. acaule bitter)종은 국제감자센터와 연계된 노르웨이 스발바드 세포 뱅킹 시스템(svalbard vault)에서 보관한다. 이 종은 1만 년 전부터 존재해 기후변화에도 살아남은 감자다. 우리 세대가 먹고 있는 감자는 아니다. 하지만 미래에도 걱정 없이 감자를 먹을 수 있게 하기 위한 가장 중요한 종이자, 아까울레 속 성분을 추출해 다른 종에 넣어 새로운 미래식량을 만들기 위해선 반드시 지켜야 하는 종이란다.

국제감자센터가 보관하는 감자 씨앗과 유전자는 샘플로 만들어 안데스의 농민들에게 전달된다. 병충해나 기후변화에 민감성을 보일 경우 특정 영양소를 강화하는 등 건강한 상태로 되돌린 씨앗은 다시 안데스에 뿌리내린다.

전통과 과학의 결합, 이것은 안데스 감자를 위험 지대에서 구출하려는 노력의 일부다. 4000여 종의 감자가 자라고, 사차인치·마카·퀴노아·아보카도 등 각종 슈퍼푸드를 전 세계로 공급하는, 명실상부한 농업대국 페루에서 벌어지고 있는 사투다.

고승희 헤럴드경제 리얼푸드팀 기자(글·사진)

PART 04

03

죽어가는 메콩강,
지구의 쌀이 위태롭다

기후변화의 심각성이 먼 미래에 있다고? 그렇게 말한다면 어리석은 일이다. 기후변화는 당장 우리의 주요 먹거리인 쌀농사에 치명적인 위협을 가한다.

세계 3대 쌀 수출국인 베트남은 이미 기후변화로 인한 막대한 피해 당사자가 됐다. 베트남 메콩강 삼각주 유역, '동남아 최고의 곡창지대'라는 이곳의 명성은 지구 이상 기후 앞에선 무력하기 짝이 없다.

직접 둘러본 메콩강 삼각주 곳곳은 신음하고 있었다. 쌀 재배지역까지 밀려들어오는 짠 바닷물의 범위는 점점 확산되고 있고, 많은 농민들이 해수 침수와 가뭄으로 쌀농사를 망쳤다. 농촌을 떠나거나 농지를 아예 새우 양식장으로 바꾸는 경우도 허다했다.

"지구상에서 가장 위태로운 지역 중 하나"(버지니아 버켓·미국 지질조사국 수석과학자)라는 이야기를 들을 정도로, 지구 이상기후가 가져다준 피해실태는 처참했다.

현지 농민들이 하소연 일색이었다. 위기를 느낀 베트남 정부는 큰 예산을 들여 대책을 세우고 있지만, 돌파구가 쉽게 보이지 않는다. 메콩강 유역 피해는 지구인의 공동범죄(?) 결과물인데, 속을 끙끙 앓고 있는 것은 주변 농민들이라는 점에서 안타깝지 않을 수 없다.

벼랑 끝으로 몰린 농민, 떠나거나 새우 양식

베트남 쌀농사는 메콩강이 흐르는 삼각주 유역인 메콩 델타(Mekong Delta) 지역에 의존하고 있다. 메콩 델타는 중심도시인 껀터(Can Tho)를 비롯해 속짱성·안장성·벤째성 등 13개 성(省)을 포함하고 있다.

메콩 델타를 찾아가기 위해 호찌민시에서 남서쪽으로 170km를 차량으로 달렸다. 4시간 후 껀터에 도착했다. 어디를 가도 사방이 논으로 둘러싸인 풍경이 끝없이 펼쳐진다. 쌀농사 규모가 도대체 어느 정도인지 가늠하기 불가능할 정도로 광활한 땅이다.

현지에서 만난 농민들은 고통을 호소했다. 2016년 육지 방향으로 최대 90km까지 짠물이 유입됐단다. 소금이 조금이라도 들어오면 벼는 자랄 수가 없다. 농민에겐 청천벽력과 다름없다. 짜빈성에 산다는 농민 후엔 티 딴 씨는 그때의 충격을 아직도 믿을 수 없다는 듯 낯선 이방인을 붙들고 오랫동안 하소연했다.

"논밭이 있었는데 바닷물이 많이 올라와서 수확을 못했어요. 그냥 앉아서 한 해 3억 동(한화 약 1512만 원)을 날려버렸습니다."

바닷물 유입으로 바닷물에서 사는 벌레도 생겼다. '룬소안라'라는 이름의 벌레는 벼를 갉아먹는다. 꼭 벌레 때문은 아니다. 땅속에 여전히 남아 있는 소금물 때문에 다시 벼 재배를 시작하려 해도 품질이 떨어져 포기할 수밖에 없다. 한 번 바닷물에 잠식당한 땅은 쌀농사 재배지로서의 자격을 박탈당한 것과 같다.

"그동안 빚도 많이 생긴 데다가 정부 지원도 못 받아서 논을 다른 사람에게 헐값에 팔아버렸어요. 억울하고 서럽지만, 어쩔 수 없었어요."

이상기후로 인해 바닷물이 농경지에 범람하는 현상이 잦은 탓에 메콩강 인근 농지는 엉망이다. 바닷물이 한 번 공격하면 몇 년간 쓸모없는 땅이 된다. 메콩강 일대 바닷물 침수 장면.

후엔 티 딴 씨는 현재 쌀농사를 포기하고 새우 양식을 하고 있다. 3000만 명의 농민들이 살고 있는 메콩 델타에서는 후엔 티 딴 씨처럼 쌀농사를 접고 다른 양식을 하는 이가 상당수에 달한다. 아예 도시로 떠나는 농민도 크게 늘었다고 한다.

이처럼 메콩 델타는 벼랑 끝에 몰려 있다. 더 큰 문제는 이상기후를 해결하지 않고는 메콩 델타가 '황폐의 땅'으로 전락하는 것을 막을 도리가 없다는 것이다.

아시아개발은행(ADB)은 오는 2050년엔 메콩강 해수면이 대략 65cm~1m 높아져 메콩 델타의 13~39%가 바다에 잠길 것으로 전망했다. 심지어 메콩 델타가 기후변화 여파로 100년 뒤에는 사라질 수 있다는 경고가 전문가들 사이에서 나오고 있다.

'신의 선물'이던 메콩강, 혹독한 시련의 땅으로

메콩 델타의 논 면적은 180만 헥타르(1만8000㎢). 베트남 전체 논 면적의 50%를 차지한다. 메콩 델타의 크기는 남한 면적의 약 40%(405만7700헥타르)에 이른다. 이 지역은 베트남 쌀 생산의 약 60%를 차지하며, 총 수출량의 90%를 책임질 정도로 베트남에서 매우 중요한 지역이다.

하지만 2016년 기후변화의 타격으로 쌀 생산량이 급감했다. 메콩 델타의 한 해 평균 쌀 생산량은 2500만 톤인데, 2016년 한 해에만 100만 톤이 줄었다.

메콩강이 흐르는 태국도 마찬가지다. 쌀 생산량이 현저히 줄었다. 메콩강은 중국 티베트에서 발원해 라오스와 캄보디아, 태국, 베트남의 5개국에 걸쳐 4020km를 흐르는 동남아시아 최대의 강이다. 수천 년 동안 '동남아의 젖줄'로 불리며 도도하게 흘러왔지만 최근엔 간신히 그 생명력을 유지하고 있다.

기후변화는 메콩 델타에 가뭄과 해수 침입, 두 가지 혹독한 시련을 안겨줬다.

"2015~2016년 엘니뇨(해수면 온도 상승 현상) 영향을 가장 많이 받았는데, 해수 침입과 가뭄이 들어 농민들이 굉장히 힘들었습니다."

껀터에서 만난 베트남 농업농촌개발부 소속 끄롱 벼연구소의 쩐응 옥탓 소장의 설명이다.

기후 전문가들은 엘니뇨를 기후재앙을 만드는 원인으로 꼽는다. 뜨거워진 바다에서 나온 엄청난 수증기는 기상이변을 발생시키는데, 슈퍼엘니뇨가 전 세계를 강타하면서 남미에서는 폭우가 쏟아진 반면 아시아에서는 최악의 가뭄이 일어났다는 것이다.

베트남에서도 2016년 100년 만의 기록적인 가뭄을 겪었다. 메콩강 수량은 평년에 비해 30~50% 정도 줄었고, 2016년에는 지난 1920년 이후 가장 낮은 수치를 기록했다. 쩐응 옥탓 소장은 "쌀농사에는 물이 많이 필요한데 가뭄으로 농업용수를 공급하는 주요 하천이 메말라 벼에 주는 물의 양이 터무니없이 부족했다"고 했다. 속짱성에서도 2016년 벼가 말라 죽어 큰 피해를 봤으며, 벤째성의 경우엔 '비상사태'를 선포할 정도로 상황이 심각했다고 한다.

가뭄 피해는 여기서 그치지 않았다. 메콩강이 가뭄으로 말라붙자 밀물 때 강 안쪽으로 들어왔던 바닷물이 썰물 때 밀려나가지 못한 것이다. 내려갈 강물이 없어 바닷물이 밀리지 않았고, 바람이 반대로 불어 바닷물이 농가까지 들어왔으며, 바닷물 침수로 20만 헥타르(2000km²) 정도의 논이 사라졌다고 한다.

최근 2~3년간 바닷물이 빠르게 육지로 들어오면서 메콩 델타의 농지 중 41%가 염해 지역으로 변했다. 2016년에는 전년에 비해 두 달 일찍 바닷물이 유입됐으며, 20~30km 정도 더 깊게 들어왔다. 베트남 환경부에 따르면 메콩 델타에서는 2005년 이후 침식이나 침하로 매년 약 300헥타르의 토지가 사라지고 있다.

그러다 보니 인근 주민들 생활은 더 궁핍해졌다. 주민들 역시 물 부족 사태에 시달리고 있다. 염분 유입과 가뭄이 겹치면서 지하수가 고갈돼 깨끗한 물을 찾는 게 어려워진 것이다. 지역 주민들은 점점 더 깊게 땅을 파내 지하수를 이용하고 있지만, 그 물마저 말라버릴지 모른다며 걱정이 한 아름이다.

신음하는 메콩강, 누구의 잘못이며 누구의 책임인가

'쌀의 나라' 베트남에서 총 생산량의 절반 이상을 차지하는 메콩 델타(삼각주). 이곳은 1년에 3모작이 가능한 비옥한 지역이었다. 신이 내려준 축복 지대였다. 하지만 비옥한 땅은 점점 척박한 땅으로 변해가고 있다.

베트남 끄롱 벼연구소의 쩐응 옥탓 소장은 베트남 기후가 리듬이 깨진 것이 작물 피해로 이어졌다고 말한다. 가뭄과 해수 침수가 번갈아가면서 메콩강 주변 쌀농사에 엄청난 타격을 줬다는 것이다. 수많은 논이 사라지고, 농민이 떠나가면서 메콩강은 '비옥한 땅'이라는 이름을 거둬야 할지도 모른다고 했다.

"메콩 델타는 해수면 상승과 기온 상승 그리고 온실가스 등의 문제에 직면해 있습니다."

메콩 델타의 기후변화에 대응하는 클루스(CLUES) 프로젝트 멤버인 응오 당 퐁 박사는 이렇게 진단한다.

위기 극복 노력이 없는 것은 아니다. 최근 베트남은 정부 예산과 세계은행 지원 등으로 메콩 델타 기후변화 문제에 대처하는 10억 달러(한화 약 1조1465억 원) 규모의 프로젝트를 추진키로 했다.

메콩 델타 현지에선 바닷물 유입을 막기 위한 해수 필터 장치와 물 부족 사태를 해소하기 위한 용수 저장 및 공급용 파이프라인이 설치되는 모습을 쉽게 발견할 수 있었다. 이 프로젝트의 일환이다.

베트남 쌀 생산량의 절반 이상을 차지하는 메콩 델타(삼각주) 지역의 광활한 모습. 이곳은 1년에 3모작이 가능한 비옥한 지대로, 신이 내려준 축복의 땅이었다. 하지만 지구환경 파괴로 신의 노여움을 사 그런 수혜는 거둬들여질 위기에 처했다.

하지만 이는 근본대책이 아니라는 점에서 베트남 정부의 고민을 엿볼 수 있다. 해당 프로젝트 성과 여부를 떠나 지구촌 최대의 쌀 생산지의 시련은 지구인 식탁을 위협해오고 있다.

육성연 헤럴드경제 리얼푸드팀 기자 (글·사진)

04
점점 난쟁이가 되어가는
옥수수나무, 마트에서 사라진
케냐의 주식

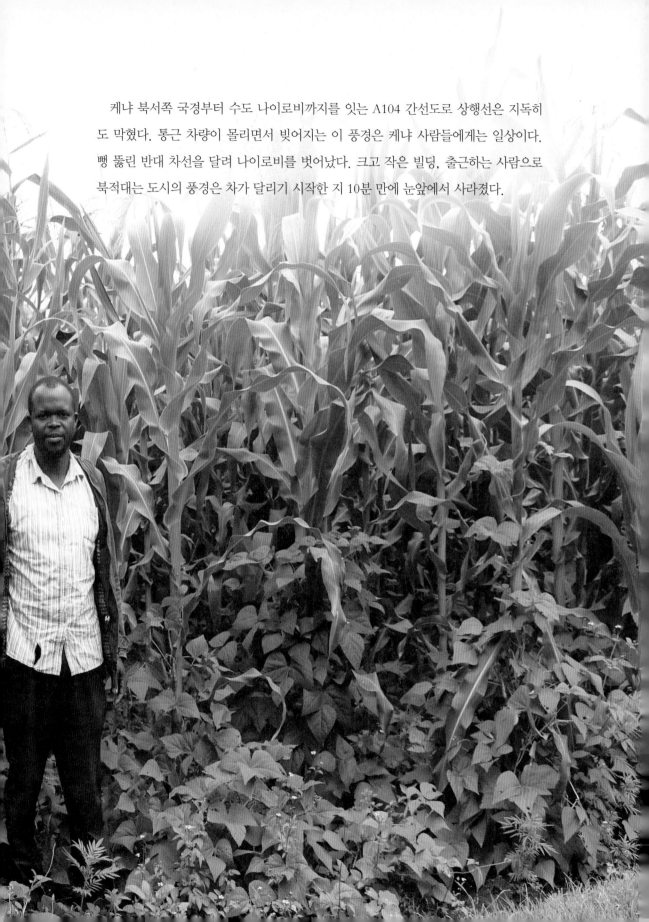

케냐 북서쪽 국경부터 수도 나이로비까지를 잇는 A104 간선도로 상행선은 지독히
도 막혔다. 통근 차량이 몰리면서 빚어지는 이 풍경은 케냐 사람들에게는 일상이다.
뻥 뚫린 반대 차선을 달려 나이로비를 벗어났다. 크고 작은 빌딩, 출근하는 사람으로
북적대는 도시의 풍경은 차가 달리기 시작한 지 10분 만에 눈앞에서 사라졌다.

자동차가 나이로비 경계를 넘어서 키암부(Kiambu) 카운티로 접어들었다. 우리로 치면 서울을 벗어나 경기도로 진입한 셈이다. 1938년 문을 열었다는 시고나골프클럽(Sigona Golf club)을 지나자 사방엔 완연한 농촌 풍경이 펼쳐진다. 지천이 옥수수밭이다. 이국만리 떨어진 곳에 왔음을 그제야 실감한다.

무구가(Muguga)에 닿았다. 이곳에 있는 케냐 농업연구청(KARI) 주변도 온통 옥수수밭이었다.

"멀리서 보면 다 비슷해 보이지만 다가가면 키가 제각각이에요."

운전사 사무엘이 일러준다. 옥수수밭이 시야에 가까워지자 그의 말은 분명해졌다. 어떤 옥수수나무는 2m에 가까울 정도로 키가 컸지만, 어떤 것은 사람 허리 높이에 미치지 못했다.

이 일대 10에이커(약 4만㎡) 넓이의 땅에 농사를 짓는 아모스 키토토(Amos Kitoto) 씨는 "우기에도 가물어서 옥수수농사를 망친 곳들이 많다"고 했다. 그는 소작농이다. 땅을 맡아서 농사를 짓고 소출의 일부를 주인에게 보낸다. 그는 "작년 작황이 특히 나빠서 40kg짜리 포대 5개만 겨우 수확했다. 주인과 고향집에 보내고 나니 남는 게 없더라"고 푸념했다.

하늘만 쳐다보는 케냐 농사

케냐는 1년간 우기가 두 차례 찾아온다. 대우기(3~5월)와 소우기(10~12월)다. 농부들은 통상 3~4월에 씨를 뿌려 5개월 정도 키운 뒤 거둬들인다. 파종 이후에 비가 충분히 내리느냐가 풍작과 흉작을 가르는 관건이다.

하지만 아프리카를 덮친 기후변화는 평화로웠던 우기·건기 사이클을 깨버렸다. 우기와 건기의 경계가 모호해진 것이다. 우기가 시작하는 시점이 평년보다 1개월 이상 늦어지거나, 우기이더라도 비 내리는 날이 크게 줄어들었다. 그렇게 되니 농부들은 파종시기를 결정하기 어려워졌고, 옥수수도 균일하게 크지 못한다는 것이다.

키토토 씨의 동네에는 이미 농사를 망친 땅들이 많았다. 옥수수나무가 무릎 높이에도 오지 못한 밭들도 상당수였다.

케냐의 기후 리듬 파괴는 옥수수 성장에 방해작용을 한다. 가만있어도 쑥쑥 컸던 옥수수는 옛날 말. 영양실조에 걸린 난쟁이 옥수수도 흔하게 발견된다. 이러다 보니 곳곳에선 갈아엎은 옥수수밭이 발견된다.

"이런 밭들은 아예 갈아엎어서 다른 작물을 키우거나 그냥 방치하기도 합니다."

키토토 씨의 말이다.

동행한 농촌진흥청 산하 케냐 코피아(KOPIA)센터 김충회 소장은 케냐의 농업을 '하늘만 쳐다보는 농사'라고 표현했다. 기술이나 인프라가 너무 낙후했다는 얘기다.

"케냐의 관개농지 면적이 전체의 0.03%에 불과하기 때문에 우기에 맞춰서 파종시기를 결정하는 게 아주 중요한데, 기후변화로 그게 어렵게 되고 있어요."

때아닌 벌레의 습격, 고통받는 농민

옥수수를 키우는 농민들은 때아닌 '벌레'와도 싸워야 했다. 기후변화는 단순히 비가 덜 내리고, 대지가 마르는 데서 그치질 않고 해충까지 활개 치게 만들었다. 줄기에 숨어 옥수수에 해를 입히는 밤나방(Fall Army Worm) 애벌레가 그 주범이다.

밤나방은 2016년 아프리카 서부 나이지리아에서 발견됐다. 이후 빠르게 동쪽으로 퍼졌다. 2017년 초부터는 케냐에서도 밤나방이 나타났다는 보고가 이어졌다. 케냐 농

나이로비 재래시장에서 장사를 하는 상인. 시장에서 만난 상인들은 "옥수수가루는 물론이고 콩, 밀 가릴 것 없이 작황이 나쁘다"고 한결같이 말했다.

축산부는 밤나방이 창궐했음을 공식 발표하고 대책 마련에 나섰다. 하지만 벌레가 번지는 속도는 광속이다. 케냐 곡창지대인 리프트밸리(Rift Valley) 지역을 지나 동부 해안까지 진격했다.

이 해충은 작물은 물론이고 농부들의 마음까지 갉아먹었다. 나이로비의 한 재래시장에서 만난 상인 수잔은 "옥수수는 물론이거니와 콩, 밀, 쌀, 채소들도 다 피해를 입어 시장에 물량을 공급하지 못하는 농부들이 열에 서넛쯤 된다"고 했다.

영국에 있는 국제농업생명공학연구소(CABI)는 2017년 5월 "밤나방 애벌레가 창궐하면서 앞으로 1년간 아프리카 국가들이 옥수수농사에서 30억 달러(약 3조3800억 원) 정도의 손실을 입을 것"으로 전망했다.

케냐 마트에서도 사라진 옥수수가루

케냐 사람들은 옥수수가루를 '웅가(Unga)'라 부른다. 웅가로 주식인 우갈리(Ugali)를 만든다. 옥수수농사의 어려움은 곧 먹고사는 문제로 이어진다. 유엔 인도주의업무조

272

정국(OCHA)은 케냐에서 340만 명가량이 식량 위기에 놓인 것으로 추산한다. 이 중 260만 명은 심각한 식량 부족에 직면해 있다.

특히 상황이 나쁜 건 에티오피아와 맞닿은 케냐 북부 지역이다. 투카나(Tukana), 마사빗(Marsabit), 만데라(Mandera), 와지르(Wajir) 등이 대표적이다.

"케냐 북부의 가뭄이 아주 지독한 상황입니다. 이런 지역은 원체 건조한 지역이기 때문에 옥수수를 포함한 작물 재배와 축산업 전반이 위기에 놓였습니다."(지포라 오티에노·유엔식량농업기구 케냐본부 조정관)

케냐 농축산부 통계를 보면 2016년 옥수수가루 생산량은 720만 톤으로, 전년보다 13%가량 줄었다. 자연스레 옥수수가루의 가격도 치솟았다. 2kg짜리 소포장된 옥수수가루는 소매점에서 통상 80~90실링(약 900~1000원)에 판매되지만 물량이 부족하자 일부 지역에선 값이 150~200실링까지 뛰었다. 급기야 케냐 정부는 2017년 상반기부터 옥수수가루 수십만 톤을 외국에서 급히 들여왔다. 에티오피아, 잠비아 같은 이웃 국가는 물론 우크라이나에서도 수입했다. 정부는 수입한 옥수수가루에 보조금을 붙여서 90실링 수준으로 유통시켰다.

나이로비의 대표적인 유통체인인 나쿠마트(NAKUMATT)를 둘러봤다. 옥수수가루를 찾기 어려웠다. 소포장된 옥수수가루가 잔뜩 널려 있었다던 자리에는 밀가루만 채워져 있었다. 점원 데니스 데구와 씨는 "며칠 전 들어온 웅가는 이틀 만에 다 팔렸다. 나이로비 중심지에서도 웅가 유통은 원활하지 않다"고 했다.

탈(脫)옥수수, 공허한 울림의 케냐

"우후루는 배고픔 전쟁에 진실하게 임하지 않는다."

2017년 8월, 케냐에서 대통령선거가 치러졌다. 당시 대통령 우후루 케냐타와 경쟁자 라일라 오딩가 후보의 양자대결로 펼쳐졌다. 기후변화가 초래한 식량 문제가 화두에 오르며 선거전에선 '식량', '농업' 등이 최대 이슈였다. 경쟁자인 오딩가 후보는 대통령의 식량정책을 비판하며 이렇게 집요하게 물고 늘어졌다.

케냐를 찾은 것은 이보다는 좀 앞선 때였다. 선거전이 한창이었다. 나이로비 곳곳엔 대선주자의 선거벽보와 홍보물이 가득했다. 언뜻 보기엔 정치 모습이 열정적이었다.

하지만 케냐 현지인들은 피로감을 호소했다. 20년 가까이 케냐에서 살고 있는 한 교민은 "케냐 사람들도 정치인들의 발언에는 크게 신경 쓰지 않는다. 다만 먹거리 부족을 실질적으로 해결해주길 기대할 뿐"이라고 했다.

당장 주식인 옥수수재배에 타격을 입은 케냐는 기후변화에 대응하는 것을 고민하고 있다. 기후변화를 상수(常數)로 설정하고, 그 환경에 적응할 수 있는 방안을 찾는 식이다. 낙후된 케냐 농업 기술력과 인프라를 업그레이드하는 작업이 절박하다는 목소리가 크다. 다만 답은 요원해 보인다.

케냐 농업연구청인 칼로(KALRO)는 기후변화에 견디는 옥수수 품종을 연구 중이다. 프로젝트를 진두지휘하는 필립 레일리 박사는 "(기후변화 등) 환경 변화로 죽는 옥수수를 줄여나가는 게 목표"라고 했다.

"케냐는 동부 해안 지역부터 북쪽까지 고도가 서서히 올라가는 지형이어서 옥수수의 생육조건도 지역마다 제각각입니다. 우리의 연구는 옥수수재배량이 가장 많은 중

나이로비에 있는 대형 유통업체. 이곳에서도 옥수수가루를 구하기가 어렵다. 옥수수가루 대신 밀가루만 잔뜩 진열돼 있다. '옥수수 천국'이 일대 기로에 서 있음을 대변한다.

274

케냐 농업연구청의 필립 레일리 박사. 그는 해충과 건조기후에 견디는 옥수수 품종을 연구하고 있다. "환경변화로 죽는 옥수수를 줄여나가는 게 목표"라는 그의 말에선 왠지 힘이 느껴지지 않는다.

간지대에서 불거진 문제(해충·건조)를 해소하는 데 방점을 둡니다."

케냐에서 다른 나라로 수출할 수 있는 작물은 커피와 차(茶) 정도에 그친다. 나머지 작물은 내수용으로만 쓰인다. 그렇다고 풍부하게 식량이 유통되지도 않는다. 국민들이 소비하는 농작물의 70%만 자급하고 부족분은 수입에 의존하는 실정이다. 기후변화가 기승을 부릴수록 식량자급률이나 생산성은 더 떨어질 수밖에 없다. 여기에 케냐의 고민이 있다.

케냐 일각에선 '옥수수 일색'의 케냐 식생활을 바꿔야 한다고 외친다. 점점 생산량이 떨어지는 옥수수만 쳐다보고 있을 순 없다는 것이다. 식량 부족이 심각한 케냐 북부지역에선 특히 어린이와 임산부들이 치명적이 위험에 놓여 있는데 고구마, 카사바(열대작물), 감자 같은 작물을 통해서도 영양소를 공급받을 수 있음을 알리고 농부들이 이런 작물을 경작하도록 유도해야 한다는 것이다.

기후변화 앞에서 케냐의 식량부족난이 더 심각해졌음을 방증하는 분위기다.

박준규 헤럴드경제 리얼푸드팀 기자(글·사진)

PART 04

05
바닥 드러낸 빅토리아호(湖),
아프리카 어촌의 울음

오전 8시의 빅토리아호는 고요했다. 어부 조지 씨는 묵묵히 호수로 나갈 채비 중이었다. 그의 고깃배는 선수에서 선미까지가 4m쯤 되는 소형 목선이었다. 배 몸통에 칠한 초록색 페인트는 거의 벗겨져 있었다. 모터 같은 동력장치는 달려 있지 않았다. 물가에 늘어진 다른 배들도 생김새는 대개 비슷했다.

이제 스무 살이 갓 넘었다는 조지는 색 바랜 청바지에 진녹색 외투를 걸쳤고 신발은 신지 않았다. 호수로 나가면 언제 돌아오느냐고 물었더니 "오후 1시에 다시 돌아온다"고 답한다.

주로 잡는 물고기는 나일퍼치와 틸라피아. 약 200가지 어종이 모여 사는 빅토리아호(湖)에서 어부들이 건져 올리는 대표적인 물고기다. 조지는 "호수가 전보다 많이 말라서 물고기가 잘 잡히질 않는다"고 토로했다.

케냐 나이로비에서 비행기를 타고 50분을 날아 서부 거점도시 키수무(Kisumu)를 방문했다. 아프리카 대륙에서 가장 큰 면적을 자랑하는 빅토리아호(6만9485㎢)에 접한 도시다.

빅토리아호는 총연장이 6700여㎞에 달하는 나일강의 수원(水原)이다. 덕분에 '아프리카의 젖줄'이라는 수식어가 붙는다. 이웃한 세 나라(케냐·우간다·탄자니아)가 호수를 공유한다. 케냐 키수무를 비롯해 호수 둘레에 사는 수백만 명의 아프리카 사람들은 전통적으로 '어업 경제'를 영위했다. 호수에서 잡은 물고기는 이들의 주요 식량원이자, 돈벌이 수단이었다.

이상기후가 가져다준 색 바랜 생태관광 마을

하지만 현재의 빅토리아호 주변에선 활력을 느끼기 어려웠다. 키수무 국제공항에서 자동차로 20분을 더 달려 둥가(Dungga)라는 어촌으로 향했다. 시내 중심가에는 화웨이(Huawei), 인피닉스(Infinix), 오포(Oppo) 같은 중국 휴대폰 브랜드의 간판이 눈에 들어온다. 뭔가 어울리지 않는 느낌이 든다.

키수무 도심을 빠져나온 뒤로는 계속 비포장도로를 달려야 했다. 마을 어귀에 세워진 안내판엔 '둥가, 생태관광 마을(Dungga, Eco-culture Village)'이라고 새겨져 있었다. 하지만 마을 어디에도 관광객이 갈 만한 식당이나 즐길 시설은 보이질 않았다.

오전 9시쯤 조용했던 호숫가가 웅성거리기 시작했다. 고무대야나 플라스틱 소쿠리를 손에 든 마을 아낙네들이 물가로 우르르 몰려간다. 먼 호수에서 어업을 마친 고깃배 서너 척이 느리게 뭍으로 다가온다. 새벽에 고기잡이를 나간 배들이다. 오매불망배를 고대하던 마을 여성들이 배로 다가갔다. 한 주민이 "여자들은 어부들에게 물고기를 사서 시내에 있는 시장에서 판다"고 귀띔해준다.

1. 조업을 마치고 뭍으로 배가 들어오면 마을 여자들은 앞다퉈 배로 다가가 물고기를 구입한다. 이 물고기를 보다 싸게 사서 시내에 있는 시장에 내다 판다.
2. 배에서 물고기 값을 두고 흥정이 이뤄지고 있다. 어부들이 잡은 건 '오메나'라는 물고기다. 고기잡이배에 주민들의 생계가 달려 있는 것, 이 어촌의 모습이다.

선주 마이클 오코토 씨의 배에 올라탔다. 배 바닥엔 '오메나(Omena)'라는 고기로 가득했다. 생김새는 멸치와 비슷했지만, 몸집은 조금 더 커 보인다. 배를 둘러싼 주민들이 어부와 한창 흥정 중이다.

마이클 씨는 "오메나를 대야 하나에 가득 담으면 보통 50실링(약 540원) 정도에 거래된다. 오늘 잡은 물고기 양은 잘될 때의 60~70% 수준밖에 안 된다"며 "요즘은 건기인 데다가 물 상태가 나빠져 땅에서 가까운 호수에선 물고기가 잡히질 않고 먼 곳까지 나가야 한다"고 했다.

키수무 카운티 정부가 집계한 자료를 보면 키수무 어부들이 잡은 물고기는 2009년 4013톤이었으나 2016년엔 2689톤으로 33% 이상 줄었다.

호수는 말라가는데, 어부는 늘어나고

이곳 어부들은 "호수의 환경이 과거보다 나빠졌다"고 하소연했다. 이들은 일단 매년 물이 줄어드는 걸 체감한단다. "20년 전에는 호수 물이 마을 어판장 바로 앞에서 찰랑거렸지만 이제는 호수와 땅의 경계가 5m 이상 밀려나 바닥이 드러날 정도입니다. 지금이 아무리 건기라고 해도 상황이 너무 안 좋아요."

어부 니콜라스 씨의 말이다.

케냐 키수무에 있는 둥가 어촌의 한 풍경. 평화로워 보이지만 그렇지 않다. 호수의 물이 줄고 물고기가 사라지면서 어민들 생계가 위협받는, 안타까운 지구촌의 한 현장이다.

빅토리아호어업협회(LVFO)가 펴낸 보고서에서도 빅토리아호의 어업 환경이 꾸준히 나빠지고 있음이 확인된다. 보고서에선 "빅토리아호가 점점 탁해지면서 수초와 물고기가 생존하려면 필수적인 태양빛을 충분히 확보하지 못하는 상태"라고 지적했다. 그 배경으로는 지구 온난화에 따른 수온 상승, 오염물질 유입, 치어까지 잡아들이는 무분별한 어획 등이 거론된다.

호수에서 물고기 잡기는 매년 어려워지고 있는데, 어촌에는 사람들이 몰린다. 2017년 7월 기준으로 둥가에서 활동하는 어부는 300여 명. 10년 전(150여 명)보다 2배 정도 늘어났다. 그만큼 살기가 어려워졌다는 뜻이다.

"경제상황이 나빠 일자리가 매년 감소하고 있어요. 시내에서 일거리를 찾지 못한 사람들이 어업으로 몰리는 거죠. 그렇지만 어업 상황도 좋지 못하니 거기에 더 큰 고충이 있는 거죠."(요남 에시앙·키수무 카운티 어업국장)

실제 10년 전 2500명 수준이던 키수무 카운티의 어업 종사자는 현재 3200명으로 불어났다.

니콜라스 씨는 "수요는 많은데, 공급이 따라가지 못하면서 시장에서 물고기 가격이 올랐다"며 "그래도 잡는 양 자체가 줄다 보니 어부들이 버는 돈은 하루에 고작 1500~2000실링(약 1만6000~2만1000원) 정도이며, 물고기가 잘 잡히던 때 3000~4000실링을 벌던 것과 비교하면 반토막인 것"이라고 했다.

사실 케냐만의 고통은 아니다. 우간다와 탄자니아 어업 역시 기후변화로 막대한 타격을 입었다. 특히 빅토리아호 면적의 51%를 차지하는 탄자니아는 물고기 개체수 감소를 절실히 느끼는 나라가 됐다. LVFO에 따르면 탄자니아에서 잡힌 나일퍼치는 2014년 9월 65만 톤 수준이었으나 2017년 8월엔 41만 톤 수준으로 떨어졌다. 같은 기간 케냐에서도 나일퍼치 어획량은 70% 수준으로 줄어들었다.

박준규 헤럴드경제 리얼푸드팀 기자 (글·사진)

열 받은 지구,
커피를 회수한다

지난 30년간 기후변화로 목숨을 끊은 인도 농부
는 6만 명. 미국 캘리포니아대학의 이 분석은 바로
우리가 살고 있는 지구에서 벌어진 일이다. 인간
은 지구 환경을 파괴했고, 화가 난 지구는 인간에
공습을 시작했다. 그에 따른 안타까운
인간 참사의 기록인 셈이다.

농사를 생업으로 하는 농부는 기후변화 심각성을 피부로 느끼지만 평소 우리는 잘 인식하지 못하고 지낸다. 하지만 우리 식탁에도 먹거리가 사라지거나 그 형태, 맛이 달라진다면 어떨까? 데이비드 로벨 스탠퍼드대학 식량환경안전센터 부국장은 "기후 변화로 인해 가장 큰 영향을 받는 것은 식량"이라고 했다.

전 세계인이 사랑하는 커피도 기후변화 앞에서 생존의 기로에 섰다.

커피는 기호식품이지만, 오늘날 식량 이상의 의미를 지닌다. 커피가 생산 위기에 빠진 것은 커피 생산국인 베트남도, 케냐도 마찬가지다. 호주 기후학회는 오는 2050년 이면 커피 재배지가 절반으로 줄어들어 전 세계 커피부족 사태가 일어날 것으로 경고 한다.

현재 기후변화로 인한 커피 생산량 감소는 중남미나 아프리카뿐 아니라 세계 2위 커피 생산국인 베트남에까지 감염됐다. 베트남 최대 커피 생산지 달랏에서 만난 현지 농민과 커피 업계 관계자는 이상기후로 "커피가 죽어간다"고 호소했다.

"아라비카 종보다 재배가 쉽다는 베트남의 '로부스타종'마저 생산량 감소와 품질 하락의 타격을 입고 있습니다."

그들의 한결같은 말이다.

커피재배를 포기하는 달랏 농민들은 갈수록 증가 추세다. 베트남 현지인들이 느끼는 기후변화 체감온도는 생각보다 훨씬 컸다.

로부스타종 너마저, 기후에 강하다는 그도 백기를 들었다(베트남)

기후변화는 땅의 수몰과 생태계 파괴 등 광범위한 영향을 미치지만 커피처럼 농작물 재배에도 큰 피해를 준다.

호주 기후학회에 따르면 전 세계 커피 농가 중 80~90%가 기후변화 타격권에 노출 돼 있다. 공급이 우려되는 상황에서도 전 세계 커피 수요는 꾸준히 늘고 있기는 하다. 월드커피리서치는 최근 보고서에서 전 세계 커피 수요는 오는 2050년까지 현재의 배로 뛸 것이라고 했다.

여기서 고민이 출발한다.

"커피 수요가 계속 증가하는 데 비해 재배면적이 축소되고 있다면 이는 결국 가격 인상을 불러올 겁니다. 미래엔 커피가 더 이상 기호식품이 될 수 없을 것이라는 예측이 가능한 것이죠."

한빛나라 한국 기후변화센터 실장의 시각은 이를 대변한다.

세계적인 커피수출국인 베트남 상황 역시 암울하다.

"베트남이요? 기후변화 피해는 이미 진행 중이라고 보면 됩니다."

하노이에 위치한 커피카카오협회(VICOFA) 루옹 반 투 회장은 이렇게 단언한다.

그에 따르면 베트남은 최근 몇 년 동안 때아닌 비와 가뭄, 서리 등 비정상적인 날씨로 커피 생산에 굉장히 큰 피해를 입었다. 2016년에는 베트남 전체 커피농장의 90% 이상을 차지하는 고원지대인 떠이 응우엔(Tay Nguyen)이 큰 가뭄에 시달렸다. 최악의 가뭄에 따른 피해는 예상보다 심각했다. 4만 헥타르 커피 재배지역이 손실을 봤으며, 그중 8000헥타르 면적의 커피가 말라죽었다. 4만 헥타르(400㎢)는 서울시 전체 면적(605㎢)의 3분의 2에 이른다.

베트남 달랏 고산지대에 위치한 커피농장의 풍경. 강수량 증가와 기온 상승으로 병충해가 늘어나면서 커피 재배에 큰 피해를 입고 있다. 아예 '커피가 죽어간다'는 말이 맞을 정도로 현지의 커피 농가는 생존의 기로에 놓였다.

그러다 보니 커피 생산량은 급감했다. 2016년 베트남 커피 생산량은 2015년보다 20% 줄었고, 2017년은 더 가파르게 감소 추세를 보이고 있다. 커피 생산량 감소는 커피전문점 업계에 영향을 미쳤다.

그 체감온도를 확인하기 위해 하노이에서 김소연 '브이프레소' 커피전문점 대표를 만났다. 김 대표는 "로부스타 원두 가격이 그 전보다 올라 현재 kg당 약 2.2달러를 넘는다"며 "2016년 커피수확량 감소가 원두 가격에 영향을 미친 것"이라고 했다. 실제 국제커피기구(ICO)는 베트남과 브라질 등에 가뭄이 이어져 2016년 12월 로부스타의 가격이 연초보다 27.2% 올랐다는 분석을 내놨다.

농가들은 점점 '커피 엑소더스'

커피는 워낙 온도나 강수량에 민감하기 때문에 '커피 벨트'라고 불리는 남위 25°부터 북위 25°사이의 열대, 아열대 지역에서 재배된다. 특히 아라비카종은 온도가 23℃만 넘어가면 품질이 떨어지고 30℃를 넘으면 잎이 지고 병이 생겨 죽고 만다.

반면 로부스타종은 아라비카종에 비해 기후에 강한 편이다. 로부스타는 낮은 고산지대에서도 잘 자라고 토양과 일조량, 강수량, 병충해에 덜 민감해 재배하기가 상대적으로 쉽다. 베트남 커피는 이런 로부스타종이 97%를 차지한다. 하지만 베트남의 최근 상황을 보면 결국 로부스타종마저 기후변화에 백기를 들었다는 것을 확인해준다.

베트남 커피의 최대 생산지인 달랏(Da Lat) 지역에 도착하자 선선한 봄 날씨가 느껴졌다. 하지만 현지인들은 해마다 기후가 크게 달라지고 있는데, 외지인은 그걸 못 느낄 뿐이라고 했다.

달랏에서 커피농장과 '라비엣' 카페를 운영중인 짠 늣 왕 씨는 지난 2013년부터 기후변화의 위험성을 실감했다고 한다. 큰 우박이 떨어지고 강수량도 눈에 띄게 변화하는 등 그때부터 커피재배가 어려워졌다는 것이다.

"우기가 보통 4월 중순에 오는데 2016년에는 한 달이나 늦은 5월 중순부터 시작됐어요. 우기가 늦어지면 커피꽃이 잘 안 펴서 피해가 생깁니다."

2017년엔 반대였다. 오히려 비가 많이 와서 병충해가 심해진 것이다.

달랏에서 커피농장과 카페를 운영하는 짠 늇 왕 씨는 '커피의 위기'를 온몸으로 실감한다. 예전에는 기후변화를 남의 일로 여겼다는 그는 "커피 생산량이 타격을 입으니, 지구환경 파괴가 얼마나 위험한 것인지를 깨달았다"고 했다.

"(제가) 운영 중인 커피농장의 2016년 수확량은 전년에 비해 30%나 줄었습니다. 다른 농장도 대부분 마찬가지입니다."

이에 따른 커피 엑소더스(Exodus·탈출) 흐름도 생겼다. 커피 농가 생계가 위협을 받으면서 커피를 접고 꽃이나 과일 등 다른 농작물로 전환하는 농민은 점점 늘고 있다.

기후변화, 커피 품질도 떨어뜨리다

누구보다 기후변화를 가장 가깝게 실감하는 이는 농민이다. 달랏 시내에서 차량으로 20여 분간 비포장거리를 달려 랑비앙산(2169m) 남쪽자락에 있는 커피농장을 방문했다. 마을이 한눈에 들어올 정도로 높은 고산지대였지만, 이곳에서도 기후변화는 피해갈 수 없었다.

12년째 커피농장 재배 관리인으로 일하고 있는 응웬 반선 씨는 "최근 5년 동안 기후변화의 피해를 절감했는데, 고통스러울 정도"라고 했다. 그러면서 커피나무를 보여 줬다. 커피나무 잎은 병충해 피해를 입어 구멍이 송송 나 있다.

"2017년에는 비가 많이 와서 열매가 쉽게 땅에 떨어지고, 어느 때보다도 병충해 피해가 컸습니다."

병충해는 커피나무의 최대 적이다. 특히 커피열매천공충은 과거 라틴아메리카나 에티오피아에서만 발견됐으나 기온 상승으로 확산속도가 빨라져 현재는 대부분의 커피생산국에서 발견된다. 치명적인 병균인 커피녹병 역시 더 많은 지역에서 발병하고 있다. 병충해는 커피 생산에 치명적인 걸림돌로 작용한다.

달랏에서 커피농장 재배 관리인으로 일하고 있는 응웬 반선 씨가 커피나무 옆에 서 있다. 그는 최근 5년 동안의 기후변화로 커피재배가 어려워졌고, 맛과 품질도 현저히 떨어지고 있다고 했다.

이 같은 생산량 감소는 당연히 큰 피해지만, 기후변화가 커피 품질을 떨어뜨리는 문제도 간과할 수 없다.

비가 많이 오면 커피열매의 단맛이 덜해진다. 커피의 질은 기존보다 확실히 떨어진다. 커피를 생산해도 팔 수 없게 되거나 팔더라도 헐값에 넘길 수밖에 없는 것이다. 커피 농민의 한숨이 깊어지는 이유다.

강수량뿐 아니라 기온 상승도 커피 품질에 영향을 미친다. 기온이 상승하면 원두가 빠르게 숙성돼 특유의 풍미를 갖출 시간을 뺏기게 되면서 커피 품질이 떨어진다(월드 커피리서치 보고서). 또 기온이 상승하면 더 높은 고산지역으로 커피 재배지를 옮겨야 하지만 올라갈수록 토지가 적고 생산단가도 높아지며 고품질의 맛도 나오기 어렵다.

기후변화를 멈추지 못하면 커피 한 잔의 행복은 사라질 것이다. 베트남에서 얻은 교훈이다.

커피 농가의 마지막 몸부림, 유기농 커피

전 세계인의 하루 커피 소비량은 무려 29억 잔. 그 커피 수요를 맞추기 위해 커피 농가는 구슬땀을 흘려왔다.

그동안 많은 커피 농장들은 '그늘 재배법' 대신 '양지 재배법'을 택해왔다. 생산량이 높다는 이유 하나 때문이다. 하지만 나무를 벌목하자 해충을 잡아먹는 새들이 사라져 해충과 병균은 번식했고, 더 독한 살충제가 뿌려지면서 토양과 물, 주변 생태계는 파괴됐다. 그리고 지금은 커피생산량 감소와 품질 하락이라는 지구가 내려준 벌을 받고 있다.

베트남에서도 환경파괴에 따른 기후변화 악순환을 끊기 위해선 '유기농 커피'로 하루빨리 100% 전환해야 한다는 시각이 우세하다. 유기농 커피는 자연 생태계를 훼손하지 않는 방식으로 커피나무를 재배하는 것을 말한다. 과연 이것이 죽음 가까이에 내몰린 커피의 부활을 가져다줄까?

달랏에서도 유기농 커피농장을 찾아가는 길은 쉽지 않았다. 차량에서 내려 구불구불한 산길을 힘겹게 10여 분 정도를 올라가니 숲의 한가운데에 도착했다. 이곳은 나무들이 벌목돼 햇빛이 비치는 일반 농장과 달리 커다란 나무들이 자라 그늘을 만든 숲이다. 그곳에 우뚝 서 있는 커피나무는 과일나무들과 풀, 꽃 사이에서 자라고 있다.

"날아든 새들이 커피나무에 해로운 곤충들을 잡아먹습니다."

동행한 응웬 반선 씨의 설명이다.

한구석에는 커피나무 비료가 될 천연재료들이 쌓여 있다.

"가축 분뇨에 커피열매 껍질을 섞어 만듭니다. 화학비료에 비해 영양분이 더 풍부해서 커피 품질에도 좋은 영향을 줍니다."

살충제 역시 살충작용이 있는 인도의 님(neem) 나무 추출물과 고추, 마늘 등의 재료를 알코올에 섞어 만든 천연약을 사용한단다.

커피는 농약을 많이 치는 작물 중 하나다. 하지만 과도한 농약 사용은 수질과 토양, 생물의 다양성을 해치고, 농부의 건강까지 위협한다.

유기농 커피는 토양 오염을 막으면서 이로운 역할도 한다. 주변 나무의 낙엽이 땅에 떨어지면서 토양을 비옥하게 하며, 건기에는 땅이 마르는 것까지 돕는다. 유기농 토양 물질은 이산화탄소까지 효과적으로 흡수한다.

특히 유기농 커피는 일반 커피보다 크고 품질이 더 좋다. 주변 나무들의 뿌리나 떨

1. 달랏 고산지대에서 유기농 방식으로 커피를 재배하는 농장. 주변 나무를 벌목하지 않고 농약이나 화학비료를 사용하지 않는다.
2. 가축 분뇨와 커피열매 껍질을 섞은 천연 비료. 기후변화로 인해 유기농 커피가 새로운 대안으로 떠오르지만, 비용 부담이 크다.

어진 잎에서 나오는 영양분이 커피나무의 훌륭한 자양분이 되기 때문이다. 그래서 유기농 커피는 일반 커피보다 자연환경 변화에 따른 수확량 타격을 덜 받는다. 다만 유기농 커피는 일반 커피보다 재배하는 데 비용과 시간이 더 들어간다.

유기농 커피가 기후변화 대응의 한 대안으로 꼽히지만, 전 세계로 번지기엔 한계가 있는 이유가 여기에 있다. 세계가 장고하는 사이, 베트남 커피는 죽어가고 있다.

땅 파도 커피 키울 물이 없어요(케냐)

소설 《아웃 오브 아프리카(Out of Africa)》에는 저자 카렌 블릭센이 케냐에서 겪은 자전적 이야기가 담겨 있다. 덴마크 출신인 카렌은 20세기 초 영국이 점령하고 있던 케냐로 건너가 17년간 살면서 커피농장을 일궜다. 소설에 등장하는 에피소드는 하나같이 그녀의 커피농장과 농장 일꾼으로 일하는 원주민들을 중심으로 펼쳐진다.

소설 속 그 시기에 기반을 다진 케냐의 커피산업은 오늘날 이 나라의 주요한 먹거리 산업으로 자리 잡았다. 케냐가 영국으로부터 독립한 1963년부터 1988년까지 커피는 케냐에서 외화를 벌 수 있는 몇 안 되는 수단 중 하나였다. 특히 1975~1986년 사이 커피 수출은 전체에서 차지하는 비중이 40%에 달하기도 했다. 커피 전성시대였다고 해도 과언이 아니다.

그런데 옛날 말이다. 케냐 현지에서 만난 커피업계 관계자와 농부들은 "그런 호시절은 지났다"는 한결같은 반응이었다. 커피 대국이란 이름이 무너진 배경은 복합적이지만, 단연코 '기후변화'는 빼놓을 수 없다. 지구촌 이상기후는 아프리카 대륙의 커피 수확량 급감이라는 결과를 낳았고, 케냐 역시 이를 피할 순 없었다.

아프리카에서 다섯 손가락 안에 드는 주요 커피 생산국인 케냐. 이곳 해발 1300~2000m 사이의 고지대에서 고급 품종인 아라비카 커피열매(체리)가 자란다. 키암부(Kiambo), 티카(Thika), 니에리(Nyeri), 키시(Kisii)가 대표적인 커피 생산지역이다. 강수량이 풍부하고 영양분과 미네랄이 풍족한 화산토질로 이뤄진 곳이다. 케냐가 '신이 내린 커피의 나라'라고 불리는 이유다.

하지만 '커피 나라'라는 별칭이 무색할 정도로, 케냐 커피산업은 고전 중이다. 풍부

커피농장을 관리하는 윌슨 은자기 씨는 커피재배를 포기할까 하다가도, 미련이 남아 손을 떼지 못하고 있다. 그는 "커피재배에 활용할 지하수도 찾기 어렵다"며 힘든 표정을 지었다.

했던 생산량은 옛 기억이 됐다. 케냐 농축산부는 커피 주산지인 니에리 카운티에서 2017년 수확할 규모는 2016년에 비해 1480만kg 정도 줄어들 것으로 예상한다. 기후변화로 비가 오는 시기가 오락가락해졌고, 강수량도 10~20% 줄어들다 보니 커피 생산에 심각한 지장을 초래한 것이다.

당장 기후변화에 따른 생존 위협에 직면한 이는 소규모 자작농(small holder)들이다. 케냐 현지에서 커피를 생산하는 박상열 '골드락인터내셔널' 사장은 "대형 농장들은 자체적으로 커피재배를 위한 저수지와 지하수 펌프 등을 보유하고 물을 확보하고 있지만 소규모 농장들은 무방비 상태"라고 안타까워했다.

케냐 농업식량청(AFA)에 따르면 소규모 커피 농가는 지난 2015년 2만7230톤의 커피를 수확했다. 2014년에 비해 5500톤가량 줄어든 수치다.

커피 수확의 감소는 케냐 사람들에겐 치명적이다.

"커피는 그 자체로 식용하는 작물은 아니지만 케냐 사람들의 주요 소득원인 만큼 커피재배의 어려움은 국가 경제 전반에 씻을 수 없는 상처로 남을 수밖에 없습니다."(지포라 오티에노 · 유엔식량농업기구 케냐 본부 코디네이터)

나이로비에서 만난 농부 윌슨 은자기 씨는 커피 재배가 어려워진 최근 상황을 더욱 구체적으로 설명했다.

그는 케냐 동남부에 약 40만4700㎡ (약 12만2000평) 크기의 커피농장을 관리하는 이다. 농장 부지 가운데 90% 이상을 커피재배에 쏟아부었다고 한다.

"지금 관리하고 있는 농장을 처음 조성하던 2016년, 지하수를 끌어올려 커피재배에 활용하려고 했는데 물길을 찾지 못했어요. 두 차례 시도했는데 다 실패했습니다. 그만큼 물이 가물었다는 얘기죠."

결국 은자기 씨는 농장 부지를 파내고 물을 공급할 수 있는 작은 수로를 설치해야 했다. 비용 부담이 커 생산성을 맞출 수 없었지만, 커피재배를 선택한 이상 어쩔 수가 없었다고 한다.

기후변화로 몸살을 앓고 있는 지구는 이처럼 아프리카의 한 농장까지 복수를 하고 있는 것이다.

아프리카에서 커피재배가 어려워진 것은 비단 케냐만의 일은 아니다. 케냐 주변의 아프리카 '커피 벨트'를 구성하는 주요 커피 생산국도 같은 이유로 힘들기는 마찬가지다.

특히 '커피 종주국'을 자처하는 에티오피아에도 '커피 비상등'이 켜진 지 오래다. '기후 탄력적 커피 경제 구축'을 위한 프로젝트를 진행하고 있는 영국왕립식물원은 최근 "아프리카 최대 커피 생산국인 에티오피아를 비롯한 아프리카 커피 벨트의 생산량이 50년 뒤엔 60% 이상 뚝 떨어질 가능성이 있다"고 경고했다.

이의 전조를 몸으로 실감하고 있는 아프리카의 고민은 더욱 깊어만 간다.

육성연, 박준규 헤럴드경제 리얼푸드팀 기자(글 · 사진)

PART 04

07

지구 식재료를 지키는 글로벌 셰프 ①

"한 접시 안에 생태계를 담는다"

비르힐리오 마르티네스

'꽃'처럼 아름다운 도시 미라플로레스(Miraflores)의 고급 주택가 사이. 하나둘 모인 사람들이 줄을 서기 시작했다. 우두커니 솟은 나무가 간판도 없는 건물을 가리니 한낮에 모여든 사람들과 평범한 건물의 정체가 더 수상쩍다. 으리으리한 '자기 과시'는 없다. 세심한 보행자가 아니라면 지나치기 좋을 위치에 '센트럴(CENTRAL)'이라고 적힌 간판이 그제야 눈에 들어온다.

오픈 20분 전, 기다리는 사람들의 얼굴은 기대감으로 들떠 있다. 그럴 법도 하다. 일 년에 세 번, 4개월치 예약을 받는 데 하루, 이틀이면 만석이다.

레스토랑 오픈을 두 시간 앞둔 오전 11시, 한겨울로 접어든 페루의 수도 리마에서 '센트럴 레스토랑'의 오너 셰프인 비르힐리오 마르티네스(Virgilio Martínez) 셰프를 만났다. 그는 자타 공인 페루의 스타 셰프다. 매일 만석이라 부모님을 초대하고 싶어도 그러질 못한다고 했다.

"센트럴은 대체 뭐가 그렇게 특별한 거냐"고 묻자, 돌아오는 답이 걸작이다. 미사여구가 없다.

"한 번 경험해보세요."

이 한 마디가 전부였다.

오후 1시, 센트럴의 작은 문이 열리면서 진작부터 기다리던 직원들이 화사한 겨울 햇살 아래의 테이블로 손님들을 안내한다. 걸음마다 여유가 넘친다. 물 잔을 향하는 주전자의 물줄기는 레스토랑을 가득 메운 라운지 음악처럼 부드럽게 흐른다.

1. 17가지 코스 중 8번째로 나오는 랜드 오브 콘(LAND OF CORN)은 해발 2010m 요리다. 감자와 함께 페루에서 중요한 작물의 하나로 꼽히는 다양한 옥수수로 근사한 플레이팅을 선보인다.
2. 센트럴 레스토랑의 푸드연구소인 마테르 이니시아티바. 페루 사람들도 알지 못하는 180종이 넘는 희귀 식재료가 개발된다.
3. 센트럴을 대표하는 17가지 코스는 페루 화폐로 510솔, 한화 기준 약 18만 원이다.
4. 16번째 메뉴인 아마조니아 화이트(AMAZONIA WHITE). 신맛이 강한 페루요리가 코스로 이어지다 단맛이 당길 때쯤 등장하는 디저트다. 아마존에서 자라는 과일인 치리모야와 카카오, 바후아바라는 아마존 호두를 갈아서 아이스크림을 만들었다.
5. 해발 600m 요리인 워터스 오브 나나이(WATERS OF NANAY). 17개 코스 중 5번째 요리다. 아마존 나나이 강에서 서식하는 생선과 작물이 어우러졌다. 피라니아 껍질을 튀겨 코코넛 열매를 곁들였다. 요리에선 피라니아 머리가 그대로 등장해 시각적 놀라움을 준다.

센트럴의 메뉴는 두 가지. 17가지 코스와 11가지 코스뿐이다. 셰프의 '천재성'은 메뉴의 구성에서 나온다. 해발 3700m의 안데스 고원부터 아마존 정글, 태평양 해수면으로 향하는 고도별 '맛 지도'가 센트럴의 접시에 담긴다. 음식을 통해 만날 수 있는 최고의 경지가 있다면 바로 이곳이라는 미식가들의 얘기는 허언이 아니었다. 센트럴은 많은 사람들에게 전에 없던 '미식의 세계'를 안내한 곳으로 이름나 있다. "경험해보면 안다"는 스타 셰프의 자신감에도 고개가 끄덕여진다.

센트럴은 페루 미식혁명의 중심이자, 전 세계에서 가장 핫(Hot)한 레스토랑으로 떠올랐다. 센트럴 고객의 80%는 외국인. 페루 사람은 이곳을 '꿈의 레스토랑'이라고 부른다.

스타 셰프와의 만남은 쉽지 않았다. 세계 여러 나라와의 컬래버레이션 미식회와 식재료를 구하기 위한 출장이 끊이지 않는다. 게다가 모라이 지역에 새로운 레스토랑 '밀(Mil)'의 오픈을 앞두고 분주한 한 해를 보내고 있다. 2017년 4월 말 연락을 시도했고, 두 달 반의 기다림 끝에 현지에서 셰프를 만날 수 있었다. 그가 한국 언론과 단독 인터뷰를 한 것은 처음이다.

180종의 희귀 식재료 개발, 물·설탕까지 정제

평균 수면시간은 4시간, 비르힐리오 셰프는 '노력하는 천재'(센트럴 레스토랑 정상 셰프)로 통한다.

"오전 8시부터 새벽 1시까지 여기에 있어요. 집도 바로 옆이에요.(웃음) 이곳 센트럴에 제 인생이 있죠."

센트럴을 찾은 오전 11시는 새로운 메뉴 개발을 위한 연구 시간이었다. 분주한 가운데 등장한 스타 셰프는 조명이 낮은 바(Bar)에서도 유난스럽게 눈빛이 반짝였다.

셰프의 인생과 더불어 센트럴에는 '페루의 정체성'이 고스란히 담겼다. 안데스에서 공수한 돌이 자연 친화적인 인테리어를 완성하며 손님들을 맞는다.

비르힐리오 셰프를 따라 계단을 오르니 전혀 다른 세계가 열린다. 센트럴 2층, 메뉴의 식재료를 모아 전시한 공간이 먼저 눈에 들어온다. 셰프의 연구 공간도 이곳에 자리했다. 직원들과 아이디어를 공유하는 사무실, 페루의 모든 식재료를 과학적으로 접근하는 연구실(마테르 이니시아티바Mater Iniciativa)이 있다. 이곳에서 페루 사람조차 알지 못하는 180종이 넘는 희귀 식재료가 개발되고, 생물 다양성에 대한 정보가 다시 정리된다. 500개가 넘는 셰프의 요리도 등장했고, 센트럴을 대표하는 코스 메뉴 '마테르 엘리베이션(Mater Elevations)'은 해마다 진화했다.

이곳은 이미 레스토랑의 차원을 넘어섰다. 센트럴에선 모든 일이 이뤄진다. 물을 정수하고, 향신료를 재배하고, 설탕을 정제한다.

"물은 모든 음식의 첫 번째예요. 물이 좋아야 좋은 음식이 나오죠."

안데스의 빙하를 정제한 신선한 물은 센트럴에서 만드는 모든 음식의 기본이자 차별화의 시작이다. 믿기 힘든 광경들이 지구 반대편의 레스토랑에서 펼쳐진다.

"음식으로 경험을 제공할 수 있는 나만의 장소가 있다면 0부터 100까지 한곳에서 완벽하게 볼 수 있어야 한다고 생각해요. 식재료가 어디에서 오고, 어디로 가는지, 어떤 효과를 내는지를 연구해서 완벽한 음식을 제공하고 싶은 거죠."

센트럴 곳곳에 셰프의 철학이 닿지 않은 곳이 없다. 센트럴의 코스 메뉴에 도입한 '고도' 개념은 기막힌 발상이었다.

"지금의 사람들은 평면으로 살고 있어요. 약국에 간다고 생각해봐요. 직선 도로에서 좌회전, 우회전으로 길을 찾죠. 상하의 개념이 없어요. 음식으로 높이(상하) 개념을 찾아주고 싶었어요."

이 독창적인 발상은 비르힐리오 셰프의 요리 인생에서 전환점이라 해도 과언이 아니다. 지난 2009년 레스토랑을 오픈하고, 2010년 무렵부터 페루 전역을 여행하기 시작했다. 잉카의 옛 수도 쿠스코 여행 중 만난 안데스 주민들은 그에게 발상 전환의 영감을 줬다.

"안데스 사람들은 수평이 아닌 수직 개념의 환경에서 살고 있었어요."

그 발견은 깨달음으로 이어졌다. 2012년 고도 테마의 코스 메뉴가 도입됐다. 2년 후 센트럴은 남미 최고의 레스토랑(월드베스트레스토랑50 · 2014년)으로, 다음 해엔 전 세계 4위(월드베스트레스토랑50 · 2015년) 레스토랑으로 꼽혔다. 미슐랭 스타도 가져갔다.

센트럴 내부의 물 정제실. 모든 음식의 기본은 '물'이라는 것이 센트럴의 철학이다. 안데스의 빙하를 정제한 물은 신선하고, 정갈해 모든 요리에 생명감을 불어넣는다.

한 접시 안에 담긴 페루의 생태계… 음식으로 떠나는 여행

비르힐리오 셰프는 난데없이 휴지를 한 장 뽑더니 아무렇지 않게 손으로 구긴 뒤 테이블 위에 놓았다.

"페루의 지면은 구겨진 휴지와 같아요. 안데스, 사막, 정글로 이어지고 그 안에 높은 지대가 있고, 낮은 지대가 있어요. 지대마다 기후의 다양성을 보이죠."

실제로 전 세계에 존재하는 150개 지역의 날씨 중 페루엔 120개 지역의 날씨가 존재한다. "서로 다른 기후와 높이마다 자라는 작물들이 달라져요. 아스파라거스, 감자, 카카오, 커피, 올리브가 그렇죠. 태평양과 아마존의 생선도 해당되지요."

축복 받은 페루의 환경은 지금의 센트럴을 있게 했다. 센트럴에선 페루의 18개 지

센트럴 레스토랑 내부에 있는 일종의 식재료 지도(Map). 안데스 감자를 비롯해 콩, 올리브, 카카오 등의 생산 지역을 한눈에 알 수 있게 배치했다. 일종의 '신토불이 안내지도'다. '천혜의 자연환경지' 페루의 식재료에 대한 자긍심과 페루음식에 대한 애착이 고스란히 노출된다.

역에서 나는 식재료를 한 접시 안에 담고 있다.

"음식을 통해 다른 지역을 여행하고, 페루의 다양한 생태계를 담아내 새로운 경험을 할 기회를 주는 거죠."

페루의 생태계를 한 접시 안에 담을 때에는 셰프만의 법칙이 있단다.

"한 접시 안에는 한 구역만 담아요. 예를 들면 생선과 커피를 한 접시에 담지 않죠. 한 지역에서 자라지 않으니까요. 생선이 메인이라면 미역·조개가 어우러지고, 해변의 모래가 장식될 거예요. 함께 자라는 작물이라야 한 접시 안에 담길 수 있어요. 그래야 그 안에서 조화가 나오니까요."

비르힐리오 셰프가 접시마다 구현하는 세계는 곧 페루 자체다. 아무리 진기하고 값진 식재료일지라도, 셰프로서 욕심나는 재료가 있을지라도 페루에서 생산되지 않으면 절대로 사용하지 않는다. 철저하게 현지화해서 메뉴를 구성하는 것이 원칙이다. 거기에 반드시 제철 식재료로 사용하되, 뿌리부터 잎까지 버리는 것 없이 쓴다는 요리사로의 철학도 담겨 있다.

해발 2800m인 하이 정글(High Jungle) 코스에선 '밀림의 눈썹'으로 불리는 장식용 돌과 카카오계 열매인 마감보(Mcambo)로 만든 빵, 에어 포테이토(Air potato)가 곁들여진다. 해발 400m 요리인 아마존의 색감(Amazonia Colors) 코스에선 아마존에서 잡히는 민물고기 빠이체(Paiche)와 이 지역에서 자라는 야콘과 레몬그라스를 더해 시각적 효과를 극대화한다. 페루의 생태계가 입안에서 생동한다. 비르힐리오 셰프의 독창적인 발상과 창의력은 페루 요리를 한 단계 끌어올리며 전 세계 미식가들을 불러들이고 있다.

"요리사의 길을 걸으면서 남들이 가지 않는 길을 가고자 했어요. 해발 4000m의 생태계를 리마로 가져와 어떻게 요리할 수 있을지 끊임없이 연구하고 있어요. 요리를 하는 사람이라면 이 음식이 어디에서 와서 어떻게 가는지에 대한 지식을 가지고 있어야만 해요. 그게 당연한 의무이고, 요리하는 사람으로서의 원동력이 되고 있어요."

비르힐리오 셰프의 주무대는 키친(부엌)이지만 그가 영감을 얻는 곳은 키친 밖인 세상의 한복판이다.

"우리는 뭘 가졌는지 모르고 사는 경우가 많아요. 그건 새로운 곳을 찾아가게 만드는 원동력이죠. 도시에선 안데스나 아마존과 같은 청정지역의 생태계를 볼 수가 없어요. 전 도시에 사는 사람들과 농민들을 이어주는 중개자예요. 농민들에겐 작물의 가치와 의미를 해석해주고, 도시엔 쉽게 갈 수 없는 지역의 생태계를 나만의 감성과 창의력으로 재해석해 음식으로 보여줘요. 그들 사이에 다리를 놓는 통역사와 같은 역할을 하고 있는 겁니다."

아티스트적인 발상으로 세계에서 가장 혁신적인 셰프로 꼽히면서도 페루의 정체성을 담는 그에게 셰프로서 가장 중요한 가치는 '자연'이다.

"페루의 미래는 안데스와 아마존에 있어요. 가장 더럽혀지지 않은 땅이고, 가장 자연과 가까운 사람들이 사는 곳이죠. 요리사는 그들을 통해 더 많이 배워야 해요. 제 인생의 목표는 생태계를 해치지 않으면서 식재료를 얻고, 좋은 음식을 만들고, 새로운 경험을 제공하는 것입니다. 맛만 좋은 요리가 아니라 그 안에서 문화와 스토리를 전달하는 역할을 하고 있다고 생각해요. 계속 해야죠."

세계에서 가장 핫한 셰프, 비르힐리오의 창조적 음식

지금 전 세계에서 가장 핫한 셰프를 꼽으라면 주저 없이 센트럴 레스토랑의 비르힐리오 마르티네스 오너 셰프를 들 수 있다. 그는 페루를 넘어 중남미, 전 세계의 미식가들을 페루로 불러들이고 있는 스타 셰프다. 비르힐리오 셰프의 인기는 상당하다.

비르힐리오 마르티네스 (가운데) 셰프와 4명의 메인 셰프. 센트럴을 페루 최고의 맛집으로 이끌어가는 이들이다. 정상(오른쪽 두 번째) 셰프는 센트럴 최초의 한국인 수셰프다.

레스토랑을 찾는 손님들은 그의 책에 사인을 받거나, 함께 사진을 찍기 위해 묵묵히 차례를 기다린다.

페루의 미식혁명을 이끈 젊은 셰프로, 비르힐리오 셰프가 있어 페루비안 퀴진은 놀랍도록 진보할 수 있었다는 평가를 받고 있다.

비르힐리오 셰프의 요리 열정은 10대 시절 싹을 틔웠다.

"열네 살 때부터 요리를 좋아하기 시작했어요. 그러다 열아홉 살에 정식으로 학원에 등록해 요리사의 길로 접어들었죠."

그는 캐나다 오타와와 런던의 르 꼬르동 블루를 졸업하고, 뉴욕과 스페인 등의 레스토랑에서 경력을 쌓았다. 전 세계의 주방에서 요리를 하게 된 것에 대해 비르힐리오 셰프는 '놀라운 경험'이라고 했다. 유럽의 여러 식당에서 경험을 쌓던 중, 페루의 '국민 셰프'로 칭송받는 아쿠리오 가스통이 마드리드에 오픈한 식당도 담당하게 됐다. 그 시절이 바로 비르힐리오 셰프의 창의력과 실험성이 싹트기 시작한 때라고 한다. 이후 다시 페루로 돌아올 결심을 하고, 마침내 2009년 센트럴이 미라플로레스에 문을 열었다.

오픈과 동시에 센트럴이 유명세를 탄 것은 아니다. 그 시절의 음식은 지금과도 달랐다. 비르힐리오 셰프의 성장과정과 오랜 해외 활동도 영향을 미쳤다. 1970~80년대 페루에서 성장하는 동안 리마 이외의 다른 지역은 알지 못했다고 했다. 오늘날 '페루의 미래'라고 말하는 안데스와 아마존의 존재에 대해 전혀 몰랐고, 그 시절엔 테러의 위협에 갇힌 삶을 살았다고 회상한다.

"센트럴 초기 고객들은 센트럴의 음식을 페루음식이 아니라고 받아들였어요."

페루요리로의 정체성을 찾은 것은 2010년부터 페루 전역을 여행하며 식재료 연구를 시작하면서였다. 그 시절 페루의 다양한 기후와 안데스, 아마존에서 자생하는 토착 농작물을 만날 수 있게 됐다. 페루가 지닌 천혜의 환경은 독창적인 비르힐리오 셰프에게 무수히 많은 영감을 제공했다. 샘솟는 창의력과 다양한 식재료가 만나자 센트럴에선 전 세계 어느 곳에서도 나오지 않는 메뉴들이 만들어지게 됐다. 고도(高度)의 개념을 도입한 코스 요리가 생긴 것도 이때(2012년)다.

비르힐리오 셰프가 옥상 정원에서 기르고 있는 향신료와 꽃들. 옥상에 한번씩 올라가 꽃들을 보며 힐링을 한다. 음식의 창의력과 생동감이 이 공간에서 탄생하기도 한다.

각 지역에서 나는 식재료를 리마로 가져와 새로운 메뉴로 개발했고, 페루를 상징하는 고도와 생태계를 센트럴의 접시마다 녹여냈다.

"모든 셰프들이 그렇듯 저 역시 자기만의 독창성을 가지고 끊임없이 연구를 지속하고 있어요. 요리사라면 당연히 해야 하는 일이죠. 손님들에게도 센트럴의 음식에 각 지역의 문화와 전통이 담겨 있다는 메시지와 스토리를 심어주고 있고요. 이제는 센트럴의 음식이 순도 100% 페루음식이라는 인식이 생겼어요."

리마 미라플로레스에서 시작한 센트럴은 이미 런던, 두바이로 확장됐다. 페루의 고산지대 모라이에서 새로운 레스토랑이자 음식 연구소인 밀을 오픈한다.

"식재료를 연구하면서 음식을 만들어 제공할 예정입니다. 모라이 연구소에선 오로지 모라이 지역의 생태계만을 경험하게 될 거예요. 수용인원도 30~40명 정도로 제한했어요. 재배부터 요리까지 모든 과정을 모라이에서 다 경험할 수 있을 겁니다."

센트럴은 곧 미라플로레스 시대를 마감한다. 2018년 4월 이후 '센트럴 2.0' 시대로의 돌입을 준비하기 위해서다.

"바랑코 지역으로 이사를 갑니다. 연구실과 물 생산 공간이 너무 부족해서 더 큰 곳으로 옮기는 거죠."

고승희 헤럴드경제 리얼푸드팀 기자(글·사진)

"요리사가 행복해야 먹는 사람도 행복하죠"

미츠하루 쓰무라

"살롯(Salud·건강을 위하여. 건배)!"

오픈 시간이 다가오자 레스토랑은 분주해졌다. 인터뷰 중 미츠하루 쓰무라(Mitsuharu Tsumura) 셰프는 잠시 양해를 구하고 직원들이 모인 테이블로 향했다. 75명의 '마이도(Maido)' 직원들은 각자의 자리에서 합창하듯 "건배"를 외쳤다. 마침내 오픈. 이제 막 하루를 여는 사람들처럼 활기차고 경쾌하다.

손님들이 모습을 보이면 레스토랑 안엔 일정한 리듬이 생겨난다. 한 사람이 선창하면 경쾌한 화음으로 또 한 번 "살룻(만날 때 하는 인사·안녕)" 한다. 이번엔 인사말이다. 부드러운 운율로 흐르는 건강한 인사가 귀에 착착 감긴다. 뜻밖의 환대를 받는 순간, 이곳을 찾는 모두는 '오늘의 주인공'이 된다. 행복한 시간의 시작을 알리는 소리다.

레스토랑은 셰프를 닮는다. 음식은 당연하고, 식기·테이블·조명·음악은 물론 그 안의 사람들에게도 오너 셰프의 철학과 정서가 스민다. 마이도의 오너 셰프는 일본계 페루인 미츠하루 쓰무라. 페루의 '미식혁명'을 이끈 막내 세대로, 그의 애칭은 미차(Micha)다. 이름을 대신한 애칭이 주는 친근함과 재기발랄함은 마이도의 분위기와 닮았다. 마이도는 들어설 때부터 자리로 안내 받아 메뉴를 선택하고, 요리마다 설명을 듣고 식사를 마친 뒤 레스토랑을 떠나는 순간까지, 사람을 기분 좋게 만드는 곳이다. 이곳은 미츠하루 셰프의 또 다른 얼굴처럼 보인다.

"제게 요리는 '최고의 행복'이에요. 어딜 가서 발표를 하거나 강의를 할 때 사람들에게 요리하는 이유를 물어요. 행복을 목적으로 요리를 시작하라고 이야기하곤 해요. 요리하는 사람이 행복해야 먹는 사람도 행복하니까요."

닛케이 퀴진(Nikkei Cuisine)의 대명사가 된 마이도의 인기가 뜨겁다. 2009년 오픈 1년 만에 페루 유력지 〈엘 꼬메르시오(El Comercio)〉가 선정한 '2010년 최고의 요리사'이자, TV 프로그램 〈마스터 셰프〉(2011)의 심사위원으로 활약한 '스타 셰프' 덕분이다.

"2개월에 한 번씩 예약을 받는데 며칠이면 예약이 꽉 차요."

마이도는 페루 사람들이 가장 가보고 싶은 레스토랑 1위에 선정되기도 했다.

세계적인 관심도 높다. 마이도는 차곡차곡 단계를 밟아 명성을 쌓았다. 2015년 '월드베스트레스토랑50' 중 44위, 2016년 13위, 2017년 8위에 올랐다. 2017년엔 마침내 남미를 석권(월드베스트레스토랑50, 남미레스토랑 1위)했다. 페루 레스토랑이 정상을 차지한 것은 아스트리드 이 가스통(Astrid y Gaston·2013년), 센트럴(CENTRAL·2014년)에 이어 세 번째다.

리마 미라플로레스 부촌에 위치한 마이도는 닛케이 퀴진(Nikkei Cuisine)의 대명사로 코스요리와 단품을 함께 선보이고 있다. 페루 사람들이 가장 가보고 싶은 레스토랑으로 꼽는 곳이기도 하다.

페루 80, 일본 20으로 만든 닛케이 퀴진

이곳은 페루 속 '작은 일본'이다. 통유리를 따라 계단을 오르면 가장 먼저 스시 바가 얼굴을 내민다. 동양적 요소를 강조한 인테리어가 눈에 띈다. 다소 차분한 고급 일식당과는 달리 마이도엔 역동적인 공기가 흐른다. 미츠하루 셰프는 내내 주방 앞에 서서 식당을 진두지휘한다. 스시 바에서 싱싱한 생선을 섬세하게 다룰 때 음료 바에선 짤그락짤그락 얼음 부딪히는 소리가 섞여 나온다. 기분 좋은 소란스러움이 마이도를 부담스럽지 않은 공간으로 만든다.

마이도는 페루 미식 문화에서 상징적인 얼굴을 하고 있다. '페루 토박이'인 일본계 셰프가 만드는 '닛케이 퀴진'. 셰프의 음식은 '페루 미식사'에서 한 축을 담당하는 이민

문화와 결합한 페루 퓨전요리의 걸작으로 꼽힌다.

"닛케이 퀴진은 페루의 식재료에 일본인의 테크니컬이 가미된 요리를 상징해요. 마이도의 음식도 그렇게 소개를 하고 싶어요."

페루와 일본의 역사는 각별하다. 1990년부터 10년간 집권한 일본계 2세인 알베르토 후지모리 대통령의 영향으로 페루 사회에 일본인의 영향력은 커졌다. 미식사에서 끼친 영향은 한참 더 거슬러 올라간다. 일본인들은 1890년대 페루로 이주했다. 농업에 종사하던 일본인들이 식당을 경영하며 페루음식엔 변화가 생겼다.

"오니가미, 오타니, 이무라, 사또 등 일본인 가문들이 지방에서 활동하다 리마로 올라와 해산물 식당을 시작했어요."

마이도 내부에서 포즈를 취하고 있는 미츠하루 셰프. 요리사가 행복해야 먹는 사람도 행복하다는 철학을 갖고 있는 그는 그래서 매일 웃고 또 웃는다. 페루와 일본음식의 결합, 그의 요리 포인트다.

페루를 상징하는 대표 음식 '세비체'는 페루와 일본의 합작품이다. "1960년대 이전까지의 세비체는 생선에 라임을 뿌리는 정도였어요. 일본인들의 해산물 레스토랑에서 세비체는 다양성을 추구하게 됐죠. 생선의 종류를 확대했고, 양념의 변화가 생겼어요."

일본인 이민자들은 세비체의 진화에 결정적으로 기여했다.

마이도의 세비체는 그 진화의 중심에 있다. 흰 살 생선이 주를 이루는 여느 세비체와 달리 마이도에선 참치, 고등어, 정어리는 물론 문어 등 다양한 해산물도 사용한다. 조미료의 종류도 셀 수 없이 많다.

"간장, 된장은 물론 다시마의 종류인 나시도 사용해요. 맛을 보면 다르다는 걸 알 수 있죠."

미츠하루 셰프의 미식 세계에는 경계가 없다. 하지만 그의 '닛케이 푸드'엔 분명 페루가 담겼다. 태평양부터 아마존을 아우르는 풍부한 식재료와 페루의 정체성도 녹였다.

"전 '닛케이'지만 페루 사람이에요. 페루에 얼마나 다양한 요소가 존재하는지 알고 있어요. 그래서 일본적 요소를 첨가하는 것이지 아예 새로운 것을 창조하는 건 아닙니다. 페루적인 요소가 80%, 일본적인 요소가 20%죠."

'발상의 전환'이 만든 요리, 가장 중요한 것은 맛

하얀 눈꽃이 필 만큼 차갑게 냉동시킨 돌판 위에 연노란 빛깔의 알갱이가 자리를 잡는다. 상큼하고 달콤한 아이스크림처럼 보이지만, 레몬으로 만든 소스를 얼려 알갱이로 만든 세비체다. 마이도의 메뉴는 11가지, 15가지 코스에 다양한 단품이 더해진다. 닛케이 체험(NIKKEI EXPERIENCE) 코스로 제공되는 퓨전 요리를 만나고 있으면 미츠하루 셰프의 기발한 창의력에 미소가 절로 나온다. 셰프가 음식을 만드는 방식에 틀에 박힌 것은 없다.

"요리는 음악과 같다고 생각해요. 정해진 공식이 있는 것이 아니라 그때그때의 파트별로 만들어 더해보기도 하고 빼보기도 하죠. 특정한 법칙대로 요리를 하지 않아

1. 마이도의 대표 메뉴인 세비체. 미츠하루 셰프의 음식혁명을 대변하는 요리다. 일반 세비체는 흰 살 생선이 주를 이루지만 '마이도 세비체'는 다르다. 참치, 고등어, 문어 등 다양한 해산물이 등장한다. 손님들은 비범한 세비체 풍채에 한 번 놀라며, 허를 녹이는 유니크한 맛에 또 한 번 놀란다.

2. 마이도의 코스요리 중 하나인 카사바 소바(CASSABA SOBA)는 일본의 색채가 진하게 담긴 음식이다. 버블티의 원료로 사용되는 감자 모양의 작물인 카사바로 만든 소바다.

요. 때로는 즉흥적으로, 때로는 계획을 가지고 음식을 만들어요.”

그는 '일상이 요리'라고 했다. 샤워를 하다가 문득 떠오른 식재료로 요리를 만들고, 여행 중 맛본 음식을 잊지 못해 같은 재료로 새로운 음식을 재창조하는 경우도 많다.

“이게 뭐로 보여요?”

미츠하루 셰프는 인터뷰 중 휴대폰을 꺼내 사진 한 장을 보여준다. 셰프의 눈에 장난기가 스쳐간다. 달걀이 고슬고슬 올라간 볶음밥 사진이다.

“달걀처럼 보이나요? 고구마를 라면처럼 보이게 만든 디저트예요. 짭짤한 맛이 날 것처럼 보이지만 실은 달달하죠.”

예측을 깨는 완벽한 반전이다. 보기와는 다른 의외의 요리에 눈이 휘둥그레졌다. 이제 막 개발 중인 음식이자, 셰프의 비밀병기란다.

“독창적으로 만들어 사람들을 속이는 걸 좋아해요. 제가 요리를 내놓을 때 사람들이 의아해하고, 놀라는 표정을 즐겨요. 제 창의력의 원천은 재미에 있어요.”

미츠하루 셰프의 요리는 그의 기발함 덕에 발상 전환의 연속이다.

“하나의 식재료가 특정 요리만 해야 한다는 생각을 깨려고 해요. 그건 편견이죠. 스튜를 만들어야 하는 감자나 뿌리채소로 쿠키나 전을 만드는 식이죠. 전통적인 방식을 따르자면 특정 식재료는 특정 요리만 해야 했죠. 전 모든 식재료를 모든 요리 방식에 적용해요.”

발상의 전환과 창의력은 마이도 요리에 세계적인 명성을 안겼다. 그럼에도 셰프가 최고로 치는 것은 따로 있다. 사브로사(sabrosa · 맛있는). 바로 '맛'이란다.

“창의력은 얼마든지 발휘할 수 있어요. 하지만 가장 중요한 것은 맛이에요. 전 제 요리의 맛에 대한 확신이 있고, 요리사로의 역량을 믿어요. 제 요리는 맛있어요. 음식은 아무리 창의적이라 해도 결과적으로 맛이 없으면 아무런 의미가 없습니다.”

고승희 헤럴드경제 리얼푸드팀 기자(글 · 사진)

PART 04

음식혁명,
그 현재와 미래

#. 머지않은 미래. 대한민국 내로라하는 셰프와 인공지능(AI)이 요리대결을 펼친다. 언론들은 금세기 최고의 인간과 기계의 대결이라고 떠든다. 사람들도 승패에 갑론을박하며 흥분을 감추지 못한다. 이세돌과 알파고의 바둑 세기의 대결에서 그랬듯이 말이다.

혹자는 말한다. "맛은 손맛이 정수로, 인간의 손맛을 인공지능이 따라갈 수 없을 것"이라고. 혹자는 시각을 달리한다. "수백만, 수천만 레시피를 꿰차고 있는 인공지능을 인간의 요리 솜씨로는 절대 이길 수 없을 것"이라고.

인간 vs 인공지능의 요리대결은 숨막히는 긴장감 속에 진행된다. 결과는 인간의 ○○다.

조만간 다가올 미래를 상상한 것이다. 어쩌면 예상보다 그날은 더 빨리 올 것이다.

인공지능은 이미 요리사가 된 지 오래다. 레시피에 대한 딥 러닝(deep learning)으로 무장한 셰프 '왓슨(IBM 인공지능)'은 신규 레시피를 끊임없이 쏟아낸다. 중국 로봇은 국수를 삶고 있고, 일본에는 초밥을 만드는 로봇이 있다. 유럽연합은 최근 피자 만드는 로봇에 수백만 유로를 투자했다.

이처럼 상상 초월의 숙련도, 게다가 24시간 일해도 지치지 않는 체력을 갖춘 인공지능이 인간 셰프의 일을 밀어버리고, 식당이나 주방을 꿰차는 세상이 올지 모르는 시대에 우리는 살고 있다. 퀴즈는 물론 체스, 바둑까지 점령한 인공지능이 음식영역을 지배하는 것은 시간문제일 뿐이다.

언젠가는 이럴 줄 알았다. 수년 전 본 영화 〈바이센테니얼 맨(Bicentennial Man · 1999)〉은 그 전조였다. 청소, 요리, 정원손질까지 만능으로 해내는 앤드류(로빈 윌리엄스 역)가 인간 가족들의 사랑을 독차지하게 되고, 결국은 인간을 꿈꾼다는 내용은 충격적이었다. 그런데도 전혀 상상 속의 설정만으로는 여겨지지 않았다.

앤드류가 1999년생(영화 제작 연도)이니, 사람 나이로 치면 열여덟 살이다. 18년 동안 앤드류는 딥 러닝을 통해 더욱 진화했을 것이다. 18년은 글로벌 셰프도 제칠 만큼 완벽한 요리사로 거듭나고도 남았을 시간이다. 물론 영화적 시각으로 그렇다는 말이다.

현실적으로도 인정하지 않을 수 없다. 인공지능이 갖춘 상상 이상의 파워는 기존과는 차원이 완전히 다른 음식혁명을 부를 것이다. 지금의 푸드테크(food-tech)와 맞물려 돌아가면서 말이다.

물론 현재의 푸드테크 세상은 초보 단계다. 완벽한 요리사인 영화 속 앤드류에 비하면 초라한 수준이다.

"냉장고 문에 설치한 스크린을 통해 레시피를 택한다. 그러면 블루투스를 통해 레시피에 맞게 프라이팬의 온도가 조절된다. 고기나 생선을 어떤

315

방식으로 구울지 냉장고가 결정한다. 조리가 끝나는 시간에 맞춰 요리가
다 됐다며 가족들 스마트폰으로 문자를 보내 식탁으로 호출한다. 앞서 냉
장고는 유기농 여부, 가격 등을 따져 제철 채소나 과일을 직접 주문하기
도 한다."

현실화됐거나, 조만간 우리 생활 속에서 일어날 일들이다. 이를 보면 분명히 인공
지능이 우리 부엌을 차지할 날이 머지않았다.

"수많은 레시피가 종이지도처럼 최후를 맞이할 것"(타일러 플로렌스 · 미국 요리사)이
라는 진단은 적확해 보인다. 향후 5~10년 안에 인공지능이 우리 식문화 정중앙에 위
치할 것이라는 게 대다수 전문가의 예측이다.

그렇다면 우리는 어떻게 해야 할까? 인공지능이 인간의 식탁영역을 넘본다고 마냥
두려워해야 할까? 셰프나 음식업 관계자, 관련 서비스업 일자리를 인공지능에 빼앗길
수 있다는 우려 때문에 AI 공포 경계령이라도 발령해야 하는 것일까?

답은 '아니올시다'다. 정보기술, 공공 분야뿐만 아니라 두뇌 스포츠 분야에서의 인
공지능 시대의 도래는 거부할 수 없는 흐름이다. 인간의 능력, 좁게 기술 분야는 인공
지능에 추월당한 지 오래다. 음식영역 역시 그렇다.

'2017 코릿'은 인공지능 요리사 시대에 어떻게 대처해야 하는지에 대한 일부 해답을
제시했다.

레시피를 100% 꿰차고 있다고, 인간의 혀맛을 완벽히 공략했다고 해서 '좋은 요리'
는 아니다. 코릿은 그걸 입증했다. 위안이 된다.

인간 코릿 셰프에겐 저마다의 음식스토리, 음식철학이 있었다. 좋은 음식은 레시피
도 훌륭하지만, 셰프와의 소통에서 탄생한다. 소통이 없으면 그냥 음식일 뿐, 좋은 음

식이 아니다. 스토리가 있는 한 끼, 감동이 있는 한 끼는 인공지능에겐 불가능한 영역
이다. 그건 인간만이 할 수 있는 영역이다.

그렇다. 음식은 소통이고, 배려다.

코릿에서 가장 인상적이었던 장면 중 하나는 유명셰프인 어윤권(이탈리아 요리), 정
상원(프랑스 요리) 셰프의 컬래버레이션이었다. 셰프 라이브쇼에서의 이탈리아음식과
프랑스음식의 만남. 그 궁합은 흥분을 불러 일으켰고, 절묘한 조화 앞에선 경탄을 금
치 못했다. 정 셰프는 어 셰프의 요리에 대해 '뺄셈의 미학'이라고 칭했고, 어 셰프는
정 셰프의 음식에 대해 '자유롭다'고 평했다. 인간의 언어유희라고 할 수 있겠지만, 음
식을 통한 소통의 정수를 보여준 것이다. 두 셰프의 교감으로 관객은 가슴속 깊이 내
재된 '발칙한 상상'을 밖으로 끄집어낼 수 있었다. 인공지능이 과연 이런 일을 할 수
있을까? 코릿에서의 음식은 '네트워크'였고, '집단지성'이었다. 인공지능이라면 절대
로 못했을 일이다.

얼마 전 지인과 대화를 나눴는데, 그의 말은 묘한 울림을 준다.

"얼룩말은 흰 띠와 검은 띠가 있어요. 미국 사람은 흰 말에 검은 띠가 섞인 것이라
고 하고, 아프리카 사람은 원래 검은 말인데 흰 띠가 섞였다고 표현합니다. 왜 그럴까
요? 보는 관점에 따라 사물이 달라지는 겁니다."

음식 역시 그렇다. 같은 음식이라도 보는 시각에 따라 다르다. 어떤 나라 사람에겐
주 메뉴인 것이 우리에겐 보조 메뉴일 수 있고, 반대로 우리에게 주 메뉴인 것이 다른
나라 사람에겐 보조 메뉴일 수 있다.

중요한 것은 상대방의 음식을 인정하고 즐기는 자세다. 주 메뉴이든, 보조 메뉴이
든 그건 중요치 않다. 서로의 음식을 통해 만족을 느끼고, 서로 내세우는 맛을 통해
혀의 해방감을 느낄 수 있다면 그만이다. 서로의 '스토리'를 공유할 수 있다면 더 이상

바랄 게 없다. 음식은 지구인의 '공존의 창(窓)'이기 때문이다.

인공지능이 우리 식탁을 점령하는 날까지, 아니 그날 이후에도 인공지능과 공존을 도모하면서도 '스토리 음식' 영역에서 인간만의 창의성을 극대화하는 것, 그래서 행복을 전파하는 것, 그게 우리가 할 일이다.

'2017 코릿'에서 자신의 푸드 스토리를 아낌없이 풀고 창조적 메뉴를 공개한 셰프들에게 박수를 보낸다. 셰프와의 교감을 중시하며 음식과의 소통이 뭔지를 보여준 셰프 라이브쇼 관객과 푸드트럭 손님들께도 감사드린다.

우리가, 지금 이 시대를 살아가는 우리가 음식혁명의 주역이다.

전국 맛집랭킹50, 톱 중의 톱은 어디?

2017 코릿 전국 맛집 랭킹50

(업체이름 가나다순, 맨 위부터 10곳은 톱10 가나다순)

업체명	스타일	주메뉴	셰프	위치	연락처
다이닝 인 스페이스	양식	배추로 감싼 랍스터와 푸아그라	노진성	서울 원서동	02-747-8105
르꼬숑	양식	프랑스 가정식 정식	정상원	서울 삼청동	02-6032-1300
리스토란테 에오	양식	포카치아	어윤권	서울 청담동	02-3445-1926
밍글스	모던한식	숯불양갈비	강민구	서울 논현동	02-515-7306
스시조	일식	모듬회	한석원	서울 웨스틴 조선호텔	02-317-0314
우래옥	한식	평양냉면	김지억 전무	서울 주교동	02-2265-0151
진진	중식	멘보샤	왕육성	서울 서교동	070-5035-8878
쿠촐로 오스테리아	주점	비프 카르파초		서울 용산동 2가	02-6083-0102
톡톡	양식	트러플 파스타	김대천	서울 신사동	02-542-3030
필동면옥	한식	냉면		서울 필동3가	02-2266-2611
가온	모던한식	곰국시		서울 신사동	02-545-9845
권숙수	모던한식	참게계란찜	권우중	서울 신사동	02-542-6268
능라도	한식	평양냉면		서울 역삼동	02-569-8939
달뜨네	한식	고등어초회	위승진 대표	부산 영선동 4가	051-418-2212
도원	중식	탕수육	츄성룡 수석셰프	서울 더플라자호텔	02-310-7300
두레유	한식	꼬막해초찜	유현수	서울 가회동	02-743-2468
떼레노	양식	코스요리 (하몽 코르켓 등)	신승환	서울 가회동	02-332-5525
라연	모던한식	한정식 (가덕도 해삼초 등)	김성일	서울 신라호텔	02-2230-3367
레스쁘아 뒤 이부	양식	빠떼와 테린	임기학	서울 청담동	02-517-6034
류니끄	양식	구운 푸아그라	류태환	서울 신사동	02-546-9279
밀리우	양식	셰프테이스팅	김영원	해비치호텔앤드 리조트 제주	064-780-8328
반피차이	태국음식	뿌빳퐁커리	허혁구, 김성원	서울 논현동	02-3444-9920
보트르메종	양식	금태구이	박민재	서울 신사동	02-549-3800
봉포 머구리집	한식	물회(전복·해삼 등)		강원 속초시 영랑동	033-631-2021
봉피양&벽제갈비	한식	평양냉면		서울 방이동	02-415-5527
상해루	중식	탕수육	곡금초	경기 화성시 반송동	031-8015-0102

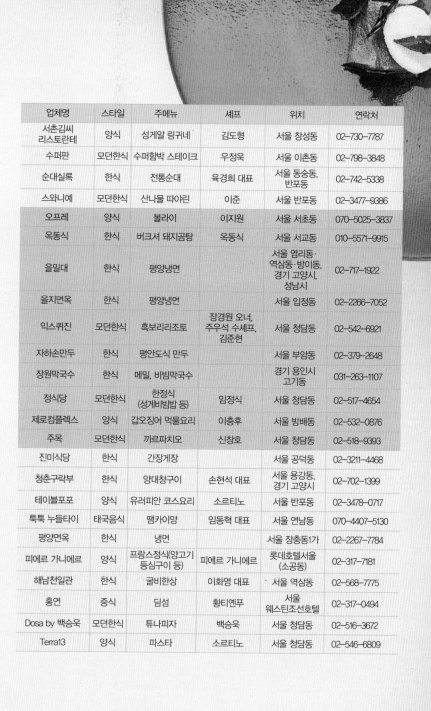

업체명	스타일	주메뉴	셰프	위치	연락처
서촌김씨 리스토란테	양식	성게알 링귀네	김도형	서울 창성동	02-730-7787
수퍼판	모던한식	수퍼함박 스테이크	우정욱	서울 이촌동	02-798-3848
순대실록	한식	전통순대	육경희 대표	서울 동숭동, 반포동	02-742-5338
스와니예	모던한식	산나물 따야린	이준	서울 반포동	02-3477-9386
오프레	양식	볼라이	이지원	서울 서초동	070-5025-3837
옥동식	한식	버크셔 돼지곰탕	옥동식	서울 서교동	010-5571-9915
을밀대	한식	평양냉면		서울 염리동· 역삼동·방이동, 경기 고양시, 성남시	02-717-1922
을지면옥	한식	평양냉면		서울 입정동	02-2266-7052
익스퀴진	모던한식	흑보리리조토	장경원 오너, 주우석 수셰프, 김준현	서울 청담동	02-542-6921
자하손만두	한식	평안도식 만두		서울 부암동	02-379-2648
장원막국수	한식	메밀, 비빔막국수		경기 용인시 고기동	031-263-1107
정식당	모던한식	한정식 (성게비빔밥 등)	임정식	서울 청담동	02-517-4654
제로컴플렉스	양식	갑오징어 먹물요리	이충후	서울 방배동	02-532-0876
주옥	모던한식	까르파치오	신창호	서울 청담동	02-518-9393
진미식당	한식	간장게장		서울 공덕동	02-3211-4468
청춘구락부	한식	양대창구이	손현석 대표	서울 용강동, 경기 고양시	02-702-1399
테이블포포	양식	유러피안 코스요리	소르티노	서울 반포동	02-3478-0717
툭툭 누들타이	태국음식	땜카이양	임동혁 대표	서울 연남동	070-4407-5130
평양면옥	한식	냉면		서울 장충동1가	02-2267-7784
피에르 가니에르	양식	프랑스정식(양고기 등심구이 등)	피에르 가니에르	롯데호텔서울 (소공동)	02-317-7181
해남천일관	한식	굴비한상	이화영 대표	서울 역삼동	02-568-7775
홍연	중식	딤섬	황티엔푸	서울 웨스틴조선호텔	02-317-0494
Dosa by 백승욱	모던한식	튜나피자	백승욱	서울 청담동	02-516-3672
Terra13	양식	파스타	소르티노	서울 청담동	02-546-6809

코릿이 뽑은 전국 맛집50

한국판 미쉐린 가이드로 평가받는 코릿은 전국 맛집 랭킹50을 선정했다. 코릿이 정의한 2017 맛 트렌드, 즉 한식의 재발견, 외식의 고급화, 채식, 다양성 등에서 호평을 받은 곳들이다.

다이닝 인 스페이스 노진성 셰프가 총 지휘를 맡은 프랑스 파인 다이닝 레스토랑. 클래식 프랑스요리에 모던함을 가미한 메뉴는 재료 본연의 맛을 극대화하는 데 초점이 맞춰져 있다. 입맛을 돋우어주는 아뮤즈 부쉬부터 프렌치 코스의 꽃 디저트까지 어느 하나 모자란 곳 없는 프렌치 다이닝의 정수를 보여준다.

르꼬숑 프랑스 가정식을 선보이는 정상원 셰프의 프렌치 비스트로. 어깨에 힘 들어간 프렌치가 아닌, 격은 갖추면서도 진입 문턱은 낮춘 이지(easy) 프렌치를 표방한다. 셰프가 고심해 프랑스 각 지역의 음식들을 소개하는 형식으로 변화를 주는 편이며 그 덕분에 매달 방문해도 항상 다른 요리들을 맛보는 즐거움이 있다.

리스토란테 에오 1980년대부터 요리에 입문해 이탈리아 밀라노 포시즌스 호텔의 조리장을 역임한 어윤권 셰프가 이끄는 유러피언 스타일 부티크 레스토랑. 간판뿐만 아니라 정해진 메뉴판도 없다. 고객과의 조율을 통해 그때그때 다른 메뉴를 선보여 자주 가도 새로운 메뉴를 맛보는 재미가 쏠쏠하다. 제철 식재료를 이용해 재료 본연의 맛을 살리는 데 주력한다.

밍글스 '노부(Nobu)' 바하마 지점 최연소 총괄 셰프 출신인 강민구 오너셰프가 이끄는 모던 한식 레스토랑. 한식을 기본으로 한 아시안 창작 요리를 선보인다. 대표 메뉴는 육질이 부드러운 숯불 양갈비, 된장 크렘브륄레, 고추장 곡물 등 장류를 사용한 시그니처 디저트 '장 트리오'도 인기다.

스시조 웨스틴조선호텔 20층에 위치한 스시 명가. 서울 신라호텔의 '아리아께'와 함께 국내에서 손꼽히는 일식당 중 하나다. 까다로운 과정을 거쳐 엄선된 제철 해산물과 식재료를 사용하며 명성에 걸맞은 수준 높은 서비스와 고품격의 일식 요리를 선보인다.

우래옥 70년의 전통을 자랑하는 평양냉면 전문점. 처음 평양냉면을 먹어보는 사람들은 '밋밋하고 심심하다'고 말한다. 하지만 먹을수록 메밀국수, 고깃육수에 약간의 동치미 국물이 섞인 단순한 조합의 감칠맛을 느낄 수 있다. 냉면 못지않게 불고기도 유명하며 개운한 맛의 김치말이 냉면과 궁합이 좋다. 그 외에 장국밥, 육개장, 갈비탕도 마련해놓았다.

진진 미식가들의 사랑방 같은 곳으로, 국내 중식의 대가로 손꼽는 왕육성 셰프의 중식당이다. 코리아나호텔의 중식당 대상해(大上海) 등 40여 년의 오랜 연륜과 경험을 바탕으로 10여 년간 호흡을 맞춘 황진선 셰프와 의기투합해 문을 열었다. 멘보샤와 대게살볶음 등 모든 메뉴들이 고루고루 인기가 좋지만, 맛본 이들이 입 모아 극찬하는 요리는 칭찡우럭이다. 우럭을 통째로 쪄서 생선의 맛을 제대로 느낄 수 있다.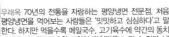

쿠촐로 오스테리아 해방촌에 위치한 이탈리아 선술집. 주방을 이끄는 김지운 셰프는 식재료에 대한 탄탄한 기본기를 바탕으로 이탈리아 요리를 선보인다. 인기 메뉴인 비프 카르파치오는 겉면이 익힌 뒤 종잇장처럼 얇게 슬라이스한 쇠고기 안심으로 입안 가득 트러플오일 향이 퍼진다.

툭툭 프랑스요리부터 일식, 베이커리 등 다방면에서 경력을 쌓은 김대천 셰프가 운영하는 캐주얼 다이닝. 치악산 큰송이버섯이나 제주도산 달고기 등 각 산지에서 공수한 식재료들을 활용해 독창적인 요리를 제공한다. 많은 손님들에게 사랑 받고 있는 '트러플 파스타'는 계란 노른자와 페코리노 치즈를 곁들여 먹는 파스타로 트러플을 넣어 반죽한 면을 사용하고 있다.

필동면옥 충무로 대한극장 근처에 위치한 40여 년 전통의 평양식냉면집. 메밀로 만든 부드러운 면발이 돋보이며 심심할 수 있는 냉면 육수는 먹을수록 담백하면서도 깊은 맛을 자아낸다. 자극적인 맛에 길든 젊은 층의 입맛을 처음부터 충족시키기는 힘들지만 그 그만의 매력이 있다. 뽀얀 육수 속 제육과 수육 한 점 그리고 위에 뿌려진 고춧가루 고명이 낯설지만 특색 있다.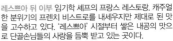

가온 광주요 그룹에서 운영하는 모던 한식 레스토랑. 한식 세계화를 목표로 두고 2000년대 초반 청담동에서 영업을 시작한 뒤 신사동에 2014년 다시 재단장해 문을 열었다. 전국에서 공수한 최상의 식재료를 사용, 정성 들여 만들고 숙성시킨 장을 사용해 깊은 맛을 내는 곳으로 유명하다.

권숙수 '이스트빌리지'와 외식기업의 연구개발(R&D)팀을 거친 권우중 셰프의 모던 한식 레스토랑. 전국에서 나는 진귀한 제철 식재료에 모던한 터치를 가한 한식을 선보인다. 코스 시작을 알리는 우리 술과 홍두깨살 육포, 어란, 문어우족편 등의 안주가 나오는 주안상은 권숙수의 시그니처. 장부터 식초, 김치까지 직접 담근 것을 사용해 더욱 깊은 맛을 느낄 수 있다.

능라도 판교에 위치한 평양냉면 전문점. 제분기를 보유해 직접 메밀을 도정해서 가루를 만들고 전분과 비율을 조정해 면을 만들어낸다. 육수는 한우와 돼지고기를 섞어 푹 고아내 맑고 시원한 맛이 일품이다.

달뜨네 부산 영도에서 계절 생선회와 시락국밥(시래기국밥의 경상도 방언)을 주력으로 판매하고 있다. 식사 메뉴로 회덮밥도 추천할 만한데 큼지막한 그릇에 신선한 채소와 그날그날 잡히는 신선한 선어회가 푸짐하게 올라와 배든든히 먹기 좋다.

도원 1976년 플라자호텔 개관과 함께 자리를 지켜 40여 년의 굵직한 역사를 지닌 중식당. 상하이의 현대적인 조리법과 서양식 프레젠테이션을 가미한 컨템퍼러리 차이니스 다이닝을 표방하고 있다. 신선한 식재료로 이루어진 코스가 가장 인기 좋으며 베이징덕과 광동식 바비큐도 별미 메뉴로 꼽는다.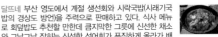

두레유 창작 한식 다이닝 '이십사절기' 토니유(유현수) 셰프의 두 번째 모던 한식 파인 다이닝. 한국 전통의 맛에 현대적인 조리 테크닉을 사용한 모던 한식. 모든 메뉴는 코스로만 구성돼 있으며 직접 담근 장과 육포 등을 사용한다. 7년 묵은 씨 간장으로 입맛을 돋우주는 것으로 코스는 시작된다.

떼레노 스페인 현지는 물론 호주, 두바이, 일본 등에서 실력을 쌓은 신승환 셰프가 주방을 총괄하고 있다. 스페인 북부지방의 요리가 주를 이루며 기존의 타파스 바 형태의 전형적인 스페인 레스토랑에서 벗어난, 보다 클래식하고 격식 있는 요리들을 맛 볼 수 있다.

라연 2013년 8월에 오픈한 한식당 '라연'은 예(禮)와 격(格)을 담아낸 한식 정찬을 콘셉트로 정통 한식의 맛을 세련되게 표현한다. 대표 메뉴 격인 '신선로(열구자탕)'는 '가장 호화로운 탕국'이라고도 불리듯 들어가는 재료들이 하나 같이 손이 많이 간다. 산해진미의 재료들을 정갈하게 담은 뒤 최상급의 한우 양지로 맑지만 깊은 맛을 낸 육수를 부어낸다.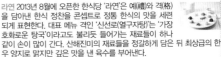

레스쁘아 뒤 이부 임기학 셰프의 프랑스 레스토랑. 캐주얼한 분위기의 프렌치 비스트로를 내세우지만 제대로 된 맛을 고수하고 있다. '레스쁘아' 시절부터 쌓은 내공의 맛으로 단골손님들의 사랑을 듬뿍 받고 있는 곳이다.

류니끄 일본, 영국, 호주 등 세계 유명 레스토랑에서 경험을 쌓은 류태환 셰프의 유니크한 창작 요리들을 만날 수 있다. 컨템퍼러리 퀴진을 표방하는 곳으로, 어디서도 접해보지 못한 셰프의 독창적인 요리들로 보는 재미와 먹는 재미를 만족시켜주는 곳이다.

밀리우 제주 최초의 프랑스 파인 다이닝으로 제주도에서 나고 자란 풍부한 식재료들로 프랑스요리를 선보인다. 해비치 호텔 로비에서 낮은 물론 저녁에도 아름다운 풍경을 볼 수 있다. 위치가 위치니만큼 제주도산 고등어나 옥돔을 프랑스식으로 조리한 해산물 요리는 꼭 맛보시길.

반피차이 논현동 영동시장 먹거리 골목에 위치한 태국음식 전문점. 태국에서 직접 요리를 배워 온 셰프들이 운영하는 곳으로 태국에서 공수해 온 재료로 현지에 가까운 맛을 낸다. 볶음, 국물, 튀김 요리 등 다양한 메뉴 구성으로 태국요리 마니아들의 아지트로 통한다.

보트르메종 프렌치 퀴진의 전설로 알려진 박민재 셰프의 프랑스 파인 다이닝. 가격 대비 훌륭한 구성의 점심 코스도 좋지만 제대로 프랑스요리를 즐기려면 7~8가지로 이어지는 디너 코스를 추천한다. 음식에는 스트레스를 줄여주고 행복을 주는 힘이 있다는 박민재 셰프의 말처럼 그의 요리에는 섬세한 맛의 감동이 있다.

봉포머구리집 속초에서 자연산 물회로 이름 깨나 알린 곳. 대표 메뉴 격인 모둠물회를 많이 찾지만 오징어물회, 해삼물회, 전복물회 등 전체 메뉴가 골고루 인기가 좋은 편이다. 맛을 좌우하는 초장 소스는 오랜 연구 끝에 개발한 것으로 새콤한 맛이 식욕을 돋우준다.

벽제갈비&봉피양 1992년에 오픈해 꾸준한 사랑을 받는 갈비 전문점. 참숯과 함께 최고급의 생갈비와 생등심을 선보이며 진한 맛의 설렁탕과 장인이 직접 뽑아내는 냉면 등 단품 식사류도 수준급의 맛을 낸다. 벽제갈비에서 운영하는 평양냉면 전문점인 봉피양에서는 평양냉면과 함께 최상급의 한우구이를 먹을 수 있다. 냉면 육수는 한우 양지 육수와 동치미 국물을 섞어 내며 면은 높은 메밀 함유량으로 다소 거칠고 툭툭 끊겨 냉면의 매력을 배가시켜준다.

상해루 중식요리 명인으로 존경 받는 곡금초 셰프의 중식당으로 상해요리를 전문으로 하고 있다. 음식 색이 선명하며 술과 설탕 등을 넉넉히 사용해 진한 맛이 특징이다. 탕수육 달인이라는 별칭답게 방문하는 이들은 탕수육을 많이 찾지만 해산요리나 가재, 전복요리 등은 꼭 맛보길 권한다. 상해요리는 항구도시답게 해산물을 이용한 요리가 발달했기 때문.

서촌김씨 리스토란테 김도형 셰프의 레스토랑으로 오리지널 이탈리아의 맛을 그대로 구현하고 있다. 두록등심은 이탈리아 피에몬테 지방의 대표요리인 비텔로 토나토에서 영감을 받은 메뉴로, 송아지 대신 두록 품종의 돼지등심을 사용해 담백한 맛이 특징이다.

수퍼판 가정요리 선생님으로 유명한 우웅욱 선생의 가정식 전문점 수퍼판의 대표 메뉴 격인 서리태 마스카르포네 스프레드는 부드러운 빵과 졸인 서리태의 고소함, 마스카르포네의 크리미함까지 환상의 궁합을 이룬다.

순대실록 전통 순대를 만드는 곳. 매일 가락동에서 구입한 채소들로 속을 채워 매장에서 순대를 직접 만드는 것이 인상적이다. 순대를 찍어 먹는 양념장도 지역의 특색을 고려해 토굴 새우젓, 신안 함초 소금, 초장, 막장 등 다양하게 구비했다.

스와니에 현대적인 서울 퀴진을 내세워 한국, 프랑스, 이탈리아 등 다국적 스타일의 메뉴를 아우르는 컨템퍼러리 레스토랑. '준더파스타', '준더파티' 등 팝업레스토랑을 거치며 이름을 알린 이준 셰프가 주방을 맡아 운영하고 있다. 3개월마다 테마별로 바뀌는 에피소드 메뉴를 선보여 요리를 통해 셰프가 하고 싶은 이야기를 듣는 재미도 쏠쏠하다.

오프레 안락한 분위기의 프랑스 레스토랑. 프랑스 파리의 레스토랑 '알랭뒤카스' 그룹의 비스트로에서 경험을 쌓고 돌아온 이지원 셰프가 주방을 책임진다. 화려한 플레이팅에 치중하기보다 식재료 본연의 맛을 살리는 조리 방식을 고수해 프랑스요리는 무겁고 부담스럽다는 편견을 깨뜨린다.

옥동식 2017년 상반기 식도락가들에게 많은 관심을 받았던 음식점 중 하나. 돼지곰탕을 하루 100그릇 한정 수량으로 판매하고 있다. 유기그릇에 담아낸 곰탕은 버크셔K 돼지 수육이 넉넉히 들어갔으며 국물은 맑고 담백하다. 저녁에는 수육이나 녹두전을 판매하니 술과 함께 곁들여도 좋다.

을미대 주문과 동시에 뽑아내는 투박한 면발의 평양냉면으로 40여 년의 전통을 지켜왔다. 면발은 다른 평양냉면들에 비해 굵은 편이고 육수 위 살얼음 역시 많다. 냉면 외에도 넉넉한 기름에 지진 고소한 녹두전과 수육으로 요기를 할 수 있어 좋다.

을지면옥 실향민들이 즐겨 찾는 평양냉면 전문점으로 허름한 외관이 지나온 세월을 말해준다. 찰기가 없어 뚝뚝 끊기는 면발은 의외의 탄성을 불러일으키며, 심심한 국물을 곁들인 냉면이 대표 메뉴다. 깊고 구수한 맛이 깊이 감칠맛 나는 냉면과는 조금 달라 마니아 쪽에서 주로 찾는다.

익스퀴진 삼청동 '프라이빗133'의 장경원 셰프가 운영하는 컨템퍼러리 퀴진. 한식을 베이스로 한 다국적 요리들을 선보인다. 식재료에 대한 호기심과 끊임없는 연구로 재료 간의 조화, 발효에서 나오는 특유의 풍미를 잘 살렸다는 평을 받는다. 수란이 올라간 흑보리밥이 인상적.

자하손만두 깔끔하고 담백한 손만두 하나로 확고히 자리를 잡았다. 숙주, 애호박나물, 두부를 넣어 정성껏 빚은 손만두는 담백하면서도 은은한 단맛이 돌고, 비트와 시금치, 당근 등으로 색을 낸 알록달록한 만두피는 입맛을 다시게 한다.

장원막국수 메밀 100%를 고집하는 곳으로 제대로 된 막국수를 맛볼 수 있다. 도정한 지 일주일 이내의 메밀만으로 만든 면은 맑고 순하면서도 빛깔이 밝은 색을 띤다. 막국수 위에는 고추장 양념이 얹어져 나오는데 면을 비비기 전 순수한 면발을 먼저 맛볼 것을 권한다.

정식당 명문 요리학교 CIA 출신의 임정식 셰프가 운영하는 뉴 코리안 다이닝. 제철 식재료를 이용한 메뉴 구성에 플레이팅이나 조리법 등이 독창적이고 과감해 기존의 통념을 깬다. 미니멀한 애피타이저부터 소담하게 담긴 '성게 비빔밥'은 먹는 즐거움뿐 아니라 보는 즐거움까지 만족시켜준다.

제로컴플렉스 프랑스에서 다양한 경력을 쌓고 돌아온 이충후 셰프의 제로컴플렉스는 등장과 함께 미식가들의 이목을 집중시킨 곳. 새롭게 해석한 장르인 네오비스트로를 추구하며 음식 또한 그만의 독특한 감성으로 접근해 고루하지 않다. 식재료에 구애 받지 않고 다채롭게 활용하는 것도 눈에 띈다.

주옥 '노부 마이애미' 출신의 신창호 셰프와 퍼브 레스토랑 '치맥'의 박세민 셰프가 의기투합한 한식 비스트로. 요리가 나오기 전에 입맛을 돋워주기 위해 식초 테이스팅을 하는 것도 흥미롭다. 테이블에 올라오는 요리 하나하나 셰프의 섬세함을 담아 표현해내는 주옥같은 곳이다.

진미식당 허영만의 《식객》에 소개된 간장게장 전문점으로 그 명성만큼이나 많은 매체에서 호평을 받고 있다. 꽃게는 서산에서 올라온 물 좋은 것을 이용해 간장 양념으로 게의 비린 맛을 잡아 고소하고 달착지근하다. 암 꽃게는 알이 가득 차 있어 게딱지에 밥을 비벼 먹어도 좋다.

청춘구락부 청춘구락부는 양대창과 고기구이류를 판매하는 곳이지만 특이하게도 평양냉면을 연 곳이 좋다. 자가제면 메밀 100%만을 고집하는 이곳의 냉면은 툭툭 끊기는 면이 매력이다. 한우 양지와 꿩 육수를 사용해 육향에 감칠맛까지 더해져 풍미를 더욱 살려준다.

테이블포포 '4명을 위한 테이블'이라는 의미로 서래마을에 문을 열었다. 김성운 셰프의 탁월함 감각으로 전국 제철 식자재를 이용한 런치, 디너 코스를 선보인다. 특히 세발낙지구이, 주꾸미구이, 대구 꼽미, 방어 카르파치오 등 해산물요리들이 매우 인상적.

툭툭누들타이 연남동 활성화의 선두주자인 임동혁 대표의 첫 레스토랑. 태국음식을 전문으로 한다. 메뉴는 샐러드부터 커레, 누들, 라이스 등 다채로운 편. 시즌에 따라 리스트를 재정비하지만 스테디셀러 메뉴들은 언제든지 맛볼 수 있다. 싱하, 창 등의 태국 맥주도 판매한다.

평양면옥 3대째 30여 년간 이어온 전통의 평양냉면 전문점. 제분소를 갖추고 직접 메밀을 제면한다. 육수는 한우로만 2~3시간 이상 푹 고아낸 맑고 진한 국물을 쓴다. 크고 담백한 맛의 접시만두와 흔치 않은 향토음식인 어복쟁반도 즐길 수 있다.

피에르 가니에르 수준 높은 요리 솜씨와 독특한 플레이팅의 프랑스 파인 다이닝. '최고 셰프들이 뽑은 최고의 셰프'에 선정되기도 한 피에르 가니에르는 미쉐린으로부터 최고 등급인 별 셋을 획득했고 세계 여러 나라에서 레스토랑을 운영하고 있다. 내부 공사로 인해 2018년에 재개관한다고 해 더욱 기대가 되는 곳.

해남천일관 전라남도 해남의 '천일식당'과 음식의 뿌리는 같지만 풀어내는 스타일에 변형을 준 남도 한정식 전문점. 천일식당의 창업자 고(故) 박성순 씨의 외손녀 이화영 대표가 운영하고 있다. 이 집의 떡갈비는 특히 유명한데 오직 소 갈비뼈에 붙어 있는 갈빗살만을 일일이 분리해 둥글게 빚어 숯불에 구워 만든다.

홍연 소공동 웨스틴조선호텔서울의 레스토랑으로 정통 중식, 특히 광둥요리를 선보인다. 다채로운 일품 요리가 연신 입맛을 다시게 한다. 그중 삭스핀과 전복, 새우 등 각종 해물을 넣은 해산물요리는 백미로 통한다.

DOSA by 백승욱 '아키라 백(Akira Back)'으로 더 유명한 백승욱 셰프가 고국인 한국에서 자신의 이름을 내건 모던 한식 레스토랑을 열었다. 백 셰프가 기억하고 있는 한식에 그만의 추억을 입혀 다양한 방식으로 창의적이며 유래하게 풀어낸다. 오랜 시그니처 메뉴인 '튜나피자'부터 '도사가든'까지 코스가 진행되는 내내 셰프의 추억에 관한 이야기를 듣는 재미가 쏠쏠하다.

테라 13 산티노 소르티노 셰프의 새로운 이탈리안 레스토랑 '테라(Terra) 13'. 한국의 제철 식재료를 과감하게 사용하는 그답게 강원도 원주의 오리, 제주산 능성어나 민쏠맛 등을 공수해 신선한 맛을 내는 데 주력하고 있다. 블랙 트러플파스타는 이곳의 시그니처 메뉴이니만큼 꼭 먹어보길 권한다.

제주 맛집30

제주시

톤대섬

낭푼밥상 1135 평화로

성미가든

수우동
금능해수욕장

오가네전복설렁탕 1139 1100도로

어진이네횟집

공천포식당

1132 일주서로

춘심이네

목포고을

제주미항

산방식당

미영이네당

삼대전통고기국수

올래국수

흑돈가

향토음식유리네

늘봄흑돼지

자료제공: 콘텐츠 그룹 재주상회

제 주 도

제주도 맛집

식당명	메인메뉴	주소	연락처
가시식당	순댓국	서귀포시 표선면	064-767-2425
공천포식당	해녀가 직접 잡은 한치	서귀포시 남원읍	064-767-2425
낭푼밥상	제주향토음식	제주시 애월읍	064-799-0005
명진전복	전복구이	제주시 구좌읍	064-782-9944
목포고을	흑돼지연탄구이	서귀포시 색달동	064-738-5551
미영이네 (미영이네 식당)	고등어회	서귀포시 대정읍	064-792-0077
밀리우	프랑스음식	해비치호텔앤드리조트 제주	064-780-8328
산방식당	밀면	서귀포시 대정읍	064-794-2165
섬모라	호텔 레스토랑식	해비치호텔앤드리조트 제주	064-780-8322
성미가든	닭고기 샤브샤브	제주시 조천읍	064-783-7092
수우동	정통 일식우동	제주시 한림읍	064-796-5830
순덕이네해산물장터	해산물(해물탕 등)	서귀포시 성산읍	064-784-0073
어진이네 횟집	자라물회	서귀포시 보목동	064-732-7442
오가네전복설렁탕	전복물회냉면	서귀포시 토평동	064-738-9295
제주미향	갈치요리	서귀포시 색달동	064-738-8588
종달수다뜰	제주향토음식	제주시 구좌읍	064-782-1259
춘심이네	통갈치구이	서귀포시 안덕면	064-794-4010
톤대섬 (한수어촌계 톤대섬)	해산물(물회 등)	제주시 한림읍	064-796-7122

제주시내 맛집

식당명	메인메뉴	주소	연락처
늘봄흑돼지	흑돼지구이	제주시 노형동	064-744-9001
삼대전통고기국수	고기국수	제주시 연동	064-748-7558
흑돈가	흑돼지숯불구이	제주시 노형동	064-747-0088
향토음식 유리네	갈치조림	제주시 연동	064-748-0890
앞뱅디식당	각재기국	제주시 연동	064-744-7942
올래국수	고기국수	제주시 연동	064-742-7355
스시호시카이	제주산 식재료를 활용한 일본음식	제주시 오라2동	064-713-8838
칠돈가	흑돼지연탄구이	제주시 용담2동	064-727-9092
우진해장국	고사리육개장	제주시 삼도2동	064-757-3393
정성듬뿍제주국	몸국 등	제주시 삼도2동	064-755-9388
올댓제주	와인에 곁들인 각종 안주류	제주지 건입동	064-901-7893
은희네해장국	소고기해장국	제주시 일도2동	064-726-5622

제주 맛집30 (가나다 순)

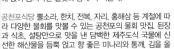

가시식당 양념한 제주산 돼지고기에 파채, 무채, 콩나물을 섞어 철판 위에서 구워 먹는 두루치기가 유명한 돼지고기 요리 전문점. 잘 익혀 채소의 풍미가 고루 배인 고기는 상추에 얹어 큼지막한 멜젓과 함께 싸 먹는다.

앞뱅디식당 제주 모슬포 앞바다에서 갓 잡아 올린 싱싱한 '멜(씨알 굵은 멸치)'로 만든 멜국이 유명한 향토음식점. 된장을 푼 멜국에 멜과 배추를 듬뿍 넣고 끓여내는 이곳 멜국은 조미료 없이도 감칠맛이 가득하다.

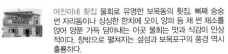

공천포식당 뿔소라, 한치, 전복, 자리, 홍해삼 등 계절에 따라 다양한 물회를 맛볼 수 있는 공천포의 물회 맛집. 된장과 식초, 설탕만으로 맛을 낸 담백한 제주도식 국물에 신선한 해산물을 듬뿍 넣고 향 좋은 미나리와 통깨, 김을 올려 먹는다.

어진이네 횟집 물회로 유명한 보목동의 횟집. 뼈째 숭숭 썬 자리돔이나 싱싱한 한치에 오이, 양파 등 채 썬 채소를 얹어 양푼 가득 담아내는 이곳 물회는 맛과 식감이 인상적이다. 창밖으로 펼쳐지는 섬섬과 보목포구의 풍경 역시 훌륭하다.

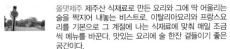

낭푼밥상 제주 향토요리 전문점. 김지순 제주 향토음식 명인이 50년 넘게 지켜온 제주 전통 조리법으로 차린 제주 밥상을 경험할 수 있는 곳이다. 제주의 토종 식재료에 명장의 솜씨를 더해 제주의 맛을 제대로 즐길 수 있다.

오가네 전복설렁탕 전복을 넣은 이색 냉면으로 인기 높은 토평동의 전복요리 전문점. 백년초로 색을 낸 보랏빛 면 위에 전복, 멍게, 해삼 등 신선한 해산물과 해초를 듬뿍 얹은 전복물회냉면에는 시원한 바다 향이 가득하다.

늘봄흑돼지 깨끗한 제주의 초원에서 자란 토종 흑돼지만 사용하는 숯불구이 전문점. 토종 흑돼지는 일반 흑돼지와 달리 구워도 지방이 마르지 않고 탱탱하다. 은은하게 밴 참숯 향도 고기의 풍미를 높인다.

올댓제주 제주산 식재료로 만든 요리와 그에 딱 어울리는 술을 짝지어 내놓는 비스트로. 이탈리아요리와 프랑스요리를 기본으로 그 계절에 나는 식재료에 맞춰 매일 조금씩 메뉴를 바꾼다. 맛있는 요리에 술 한잔 곁들이기 좋은 공간이다.

명진전복 전복요리 전문점. 버터 향 고소한 전복구이와, 전복의 내장인 '게웃'에 비빈 밥에 얇게 썬 생전복과 단호박, 고구마, 당근을 올린 전복돌솥밥이 인기다. 잘 섞어 한 숟갈 베어 물면 쌉싸래한 게웃의 향과 채소의 단맛이 절묘하게 아우러진다.

올래국수 제주 고기국수를 처음 접하는 사람에게도 부담스럽지 않은 깔끔하고 담백한 국물 맛을 자랑하는 국숫집. 담백한 국물, 부드러운 살코기와 고소한 비계, 잘 삶은 통통한 중면의 조화가 인상적이다.

목포고을 서귀포 중문에 위치한 흑돼지 연탄구이집. 두툼하게 썬 돼지고기를 각 부위에 가장 알맞은 굽기로 직원이 직접 구워준다. 목살과 오겹살에 이어 마지막으로 구워내는 솔자살이 쫄깃하고 고소하기로 유명하다.

우진해장국 제주 돼지고기와 고사리를 듬뿍 넣고 메밀가루를 풀어 걸쭉하게 끓여낸 제주식 육개장 맛집. 24시간 이상 푹 고아 우려낸 돼지고기 육수에 잘 삶은 살코기를 손으로 찢어 넣고 끓여 깊고 진한 국물이 고사리 향과 잘 어우러진다.

미영이네 식당 고등어회로 유명한 모슬포항 근처 횟집. 고슬고슬한 밥을 참기름에 비빈 '고등어밥'과 각종 채소를 매콤달콤하게 무친 '양념장'이 고등어회와 함께 나온다. 김에 차례로 얹어 싸 먹으면 회만 먹을 때와는 또 다른 맛이 있다.

은희네 해장국 도민과 여행자 모두에게 입문서 난 해장국집. 메뉴는 소고기 해장국 하나로, 사골과 멸치 등을 넣고 오랜 시간 우려낸 육수에 소고기와 신선한 선지, 콩나물, 우거지, 당면을 넣고 마지막으로 송송 썬 파를 가득 담아낸다.

밀리우 해비치호텔&리조트 제주의 프랑스 레스토랑. 제주 바다의 싱싱한 해산물과 호텔 앞 텃밭에서 직접 키운 채소와 허브, 제철 로컬 식재료로 계절마다 새로운 코스 요리를 선보인다. 시선을 사로잡는 감각적인 플레이팅을 자랑한다.

정성듬뿍 제주국 제주의 겨울철 별미 '장대(양태의 제주어)'로 끓인 시원한 생선국이 유명하다. 통통한 장대에 무를 듬뿍 넣고 끓인 다음 다진 마늘과 파를 곁들여 먹는다. 멜조림, 자리젓 등 직접 만든 반찬이 정갈하다.

산방식당 부산의 향토음식 '밀면'을 제주식으로 풀었다. 즉석에서 뽑아낸 쫄깃한 면에 잘 삶은 돼지고기와 양념장을 얹고 시원한 얼음 육수를 부어 낸다. 아삭한 오이와 삶은 달걀, 양념장과 면의 합이 조화롭다.

제주미향 통갈치구이가 인기 있는 중문의 갈치요리 전문점. '갈치스페셜'을 시키면 그날 잡은 제주산 은갈치로 뜬 회부터 특제 양념으로 담백하게 맛을 낸 조림까지 다양한 갈치요리를 한 상 가득 맛볼 수 있다.

삼대전통 고기국수 할머니, 며느리, 손녀딸이 3대째 운영하고 있어 2012년 '가업 승계 기업'으로 선정된 고기국숫집. 푹 끓인 돼지고기 육수에 배추와 갖은 채소를 숭덩숭덩 썰어 넣어 끓인 뽀얀 국물은 베지근하게 깊은 맛이 난다.

종달수다틈 올레 1코스가에 자리한 제주 향토음식 전문점. 고소한 돌솥밥 위에 얇게 저민 전복과 쫑쫑 썬 파를 보기 좋게 올렸다. 밥은 덜어 양념장에 비벼 먹고 빈 뚝배기에는 물을 부어 식사 후 누룽지로 즐긴다.

섬모라 제주산 식재료로 만든 다채로운 메뉴 구성을 자랑하는 해비치호텔&리조트 제주 1층의 뷔페 레스토랑. 호텔 뷔페의 명성에 걸맞은 엄선된 메뉴에 제주의 계절을 담은 특색 있는 요리를 선보인다.

춘심이네 제주 바다에서 잡아 올린 자연산 은갈치를 구이와 조림으로 선보인다. 갈치를 통째로 구워내는 구이는 압도적인 비주얼로 유명하다. 살만 발라내 무와 파를 넣고 자박하게 끓인 조림은 중독성 있는 매콤함을 자랑한다.

성미가든 매일 생닭을 필요한 만큼만 손질해 사용하기 때문에 재료가 신선하다. 샤브샤브를 시키면 토종닭 한 마리로 샤브샤브, 백숙, 녹두죽을 순서대로 내어준다. 겉만 살짝 익혀 특제 소스에 찍어먹는 샤브샤브가 별미다.

칠돈가 제주 돼지 근고기를 연탄불에 구워 맛볼 수 있는 연탄구이 고깃집. 두툼하게 썬 목살과 오겹살을 직원이 먹기 좋게 직접 구워준다. 노릇하게 구운 고기는 불 위에서 살짝 졸인 멜젓에 찍어 먹는다.

수우동 오전 7시부터 방문·예약해야 맛볼 수 있는 협재의 우동·돈가스 맛집. 자작한 간장소스에 쫄깃한 우동 면을 담가 시원하게 먹는 냉우동이 특히 인기다. 협재 바다와 비양도가 한눈에 보이는 전망이 운치를 더한다.

톤대섬 한림항에 위치한 한수어촌계에서 운영하는 식당. 규모는 크지 않지만 숨은 맛집으로 소문났다. 해녀 출신 주방장이 옥돔 뼈를 갈아 만든 육수에 된장과 고춧가루를 풀어내는 옥돔물회가 별미다.

순덕이네 해산물장터 쫄깃한 돌문어볶음으로 유명한 해산물요릿집. 매콤한 소스에 볶은 돌문어와 홍합을 소면에 비벼 함께 먹는다. 듬뿍 얹어낸 깻잎의 향긋한 향과 볶은 양파 특유의 단맛이 매운 양념의 개운한 맛을 배가한다.

향토음식 유리네 연동에 위치한 향토음식점. 갈치조림, 성게미역국, 전복뚝배기 등 제주 향토요리를 고루 갖추었다. 가장 유명한 메뉴는 도새기몸국으로, 돼지고기를 푹 삶아낸 국물에 제주 대표 해산물 몸(모자반)을 넣고 끓인다.

스시호시카이 옥돔과 금태, 다금바리, 전복 등 제주의 자연산 고급 어종을 완성도 높은 스시로 맛볼 수 있는 곳. 제주 바다에서 건져 올려 잘 숙성된 생선과 해산물을 밥알의 모양과 식감을 고스란히 살린 샤리 위에 얹어 스시로 빚어낸다.

흑돈가 두툼하게 썰어낸 제주 흑돼지를 숯불구이 방식으로 맛볼 수 있는 제주 돼지 근고기 전문점. 잘 구운 고기는 추자도산 멜젓에 8가지 양념을 더해 숙성시킨 이곳 소스에 찍어 먹으면 풍미가 한층 깊어진다.

스타트업 맛집10 (가나다 순)

가디록 '오키친3' 출신의 이재민, 권기석 셰프가 이끄는 뉴 아메리칸 다이닝. 이탈리아요리와 프랑스요리 등을 아우르는 다양한 요리들을 선보이며 런치 코스가 가격 대비 만족스럽다. 와인리스트도 탄탄하고 가격대도 저렴한 편에다 서비스까지 친절하니 와인 마시기 적당한 레스토랑으로 입소문이 자자하다.

고메구락부 미식가들을 위한, 미식가들에 의한, 미식가들의 요리왕국을 지향하는 곳으로 평양냉면과 바비큐를 주력으로 판매하고 있다. 매장에 통 메밀을 자가제분, 자가제면해 100% 메밀순면으로 면을 뽑고, 평고기로 육수를 낸다. 강한 육 향이 첫인상치고는 꽤 인상적이다. 매장 운영 모토처럼 '정말 입이 즐거워지는 곳이 아닐까?' 하는 기대감이 들게 한다.

돈키호테의 식탁 연남동에서도 깊숙이 들어간 주택가 골목에 자리잡은 스페인 레스토랑. 천운영 소설가가 운영해서 더욱 눈길을 끄는데 소설 《돈키호테》를 읽고 미식의 나라인 스페인으로 가 요리수업을 받을 정도로 깊은 감명을 받았다고. 선보이는 염장대구요리나 조개 술 찜이 소박하지만 꽉 찬 만큼 아담하지만 안락한 공간은 삶에 지친 손님들에게 깊은 위로를 주는 듯하다.

두레유 창작 한식 다이닝 '이십사절기' 토니유(유현수) 셰프의 두 번째 모던 한식 파인 다이닝으로 북촌 가회동 언덕길에 자리 잡았다. 한국 전통의 맛에 현대적인 조리 테크닉을 사용한 요리들을 선보인다. 모든 메뉴는 코스로만 구성돼 있으며 직접 담근 장과 육포 등을 사용한다. 7년 묵은 씨간장으로 입맛을 돋우주는 것으로 코스는 시작된다.

볼피노 '쿠촐로 오스테리아', '마렘마'에 이은 김지운 셰프의 세 번째 이탈리아 레스토랑이다. 오렌지색의 문을 열고 들어서면 경쾌한 분위기로 어느 이탈리아 현지의 레스토랑을 방문한 듯한 느낌을 준다. 녹진한 우니(성게 알)가 올라간 우니파스타와 생면을 이용한 오징어먹물 펜네파스타의 인기가 좋다. 문을 연 지 얼마 되지 않았지만 언제 가도 많은 사람들이 찾는 곳.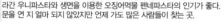

부헬리하우스 정통스테이크하우스로 문을 연 지 1년이 채 되지 않았음에도 불구하고 미트러리언들에게 호평을 받고 있다. 미경산 한우, 즉 36개월 미만의 출산하지 않은 어린 암소를 고집한다. 겉면을 바싹 익혀 육즙을 안에 가두는 시어링 기법으로 겉은 바삭하고 속은 촉촉한 스테이크를 맛볼 수 있다. 결코 저렴한 가격은 아니지만 스테이크의 진수를 느끼기 충분해 한 번쯤은 방문할 가치가 있다.

비채나 광주에서 운영하는 모던 한식당으로 한남동에서 2017년 봄, 롯데월드타워로 이전해 재오픈했다. 단품을 선보이던 전과 달리 정갈한 한식 코스만을 선보이며, 코스 선택 후 백진주 5분도미, 현미, 금쌀 7분도미 등 선택할 수 있다. 메뉴마다 다른 그릇과 담음새로 다양한 볼거리를 제공하며, 81층에 자리 잡은 만큼 아찔한 서울 경관을 한눈에 볼 수 있다.

소코바 한남오거리 깊숙한 골목 지하에 위치한 칵테일 바로 역삼동 '커피바케이'의 수석 바텐더, 청담동 '키퍼스'를 거친 손석호 바텐더가 자신의 이름을 내걸고 오픈한 곳이다. 수많은 대회에 참여하고 수상을 거머쥔 실력답게 수준급의 칵테일을 선보인다. 칵테일 외에도 많은 종류의 위스키나 꼬냑, 보드카 등도 준비돼 있다.

옥동식 2017년 상반기 식도락가들에게 많은 관심을 받았던 음식점 중 하나로 돼지곰탕을 일일 100그릇 한정 수량으로 판매하고 있다. 유기그릇에 담아낸 곰탕은 버크셔K 돼지 수육이 넉넉히 들어갔으며 국물은 맑고 담백하다. 저녁에는 수육이나 녹두전을 판매하니 술과 함께 곁들여도 좋다. 중년들의 전유물이라 생각했던 곰탕이 좀 더 세련되고 고급스러워지는 데 한몫 단단히 한 곳이다.

피양옥 새롭게 등장한 평양냉면 전문점. 최근 평양냉면 마니아들에게 가장 좋은 평을 받고 있는 곳들 중 하나로 문을 연 지 얼마 되지 않았음에도 안정적으로 자리 잡았다. 돼지, 소, 닭으로 맛을 낸 육수는 겉보기엔 맑디맑지만 육향도 은은해 여운이 남는다. 자가제면한 면은 다른 곳에 비해 얇은 편. 거칠거칠한 녹두 입자가 느껴지는 녹두전이나 이북식으로 큼직한 사이즈의 접시만두도 곁들이기 좋다.